高 校 思 想 政 治 工 作 研 究 文 库

教育部思想政治工作司 组编

农科院校“实践育人”特色化探索与实践

何云峰 陈晶晶 王 鹏 等◎著

人 民 出 版 社

序

由我校公共管理学院何云峰教授牵头申报获批的2020年度教育部思政文库项目——《农科院校“实践育人”的特色化探索之路》，是我校首个获此殊荣的项目。据我所知，目前已入选的4批共116部高校思政文库书稿，其中农业类院校仅有中国农业大学、山西农业大学、甘肃农业大学3家4部书稿入选。值此该书稿出版之际，何云峰教授及他的团队嘱我作序，我觉得应该为这个有意义的书稿写点东西，以志纪念。

总的来说，这部书稿是对山西农业大学114年办学中实践育人特色经验及其规律的思考与总结，非常有意义。首先，这是对学校实践育人工作的一次系统提升与总结。学校百余年扎根乡村办学，坚持将人才培养、科学研究和社会服务整合起来，着力探索实践农科教、产学研一体化运作的机制，将农科大学生的培养和社会服务需求有机结合，积淀形成了实践育人优良传统，积累了宝贵经验，培养了数以万计“一懂两爱”的“三农”工作主力军。他们活跃在市、县、乡、村“三农”工作一线，涌现出了“全国就业创业优秀个人”黄超、“全国扶贫先进个人”刘清河、山西省首位“中国大学生年度人物”江利斌等一大批扎根农村基层、带领农民创新创业的优秀大学生，大学生暑期“三下乡”社会实践活动数十次受到团中央表彰。1996年，时任国务院副总理李岚清视察理家庄基地时，称赞山西农业大学走出了一条高校科教兴农的新路子。新世纪以来，山西农业大学创造了山西省高校“双创”工作“十个第一”的佳绩，2016 年被评为首批“全国深化创新创业教育示范校”，2017 年我校“思想政治教育实践育人协同中心”列入山西省“1331 工程”（双一流工程）重点资助建设项目；广大教师和科研人员坚持“以立德树人为根本任务，以强农兴农为己任”，涌现出“全国先进工作者”常明昌、“全国脱贫攻坚先进个人”姚建民、“全国模范教师”张淑娟、“全国优秀教育工作者”温娟等一大批科教兴农育人的典范，他们以创新性研究与实践工作有力地支撑了我校特色化的实践育人工作。其次，是以何云峰教授为主持人的“农业科教管理科研团队”十多年潜心研究，积极参加省高校思想政治教育实践育人协同中心建设，在理论与实践上取得了不少有价值、有影响的成果。本书稿就是以他的团队研究成果为基础，汇集学校实践育人方方面面的工作经验而成，从纵向历史维度、新时代新农科发展的现实使命担当以及实践育人特色化探索等多个层面，系统总结了以我校为例的地方农科院校特色化“实践育人”探索之路，对进一步提升实践育人工作水平具有重要的实践与理论指导意义。

2021 年是中国共产党成立一百周年，是“十四五”开局之年。在高等教育进入高质量发展阶段、教育改革发展的外部环境和宏观政策环境已发生深刻变化，尤其在新时代人才强国战略实施的大背景下，我们要始终如一地坚持以习近平新时代中国特色社会主义思想为指导，不忘初心、牢记使命，进一步完善德智体美劳全面培养的育人体系，特别是要进一步深化创新创业教育、社会实践教育、科教协同育人等工作，不断在实践育人上取得更多更新的成果。同时，也希望何云峰教授及他领衔的农业科教管理科研团队不断进步，能在高等农业教育管理理论与实践研究上取得更加优异的成绩。

是为序。

山西农业大学党委书记 廖允成

二〇二一年九月

前　言

山西农业大学百余年扎根乡村办学，始终坚持农科教、产学研一体化发展，秉承实践育人的优良传统，培养了数以万计“三农”人才，取得了诸多实践育人的宝贵经验。1996 年，时任国务院副总理李岚清视察理家庄基地时，称赞山西农业大学走出了一条高校科教兴农的新路子。学校创造了山西省高校双创工作的“十个第一”的佳绩，入选首批“全国深化创新创业教育示范校”，思想政治教育实践育人协同中心列入山西省“1331 工程”（双一流工程）重点资助建设项目，大学生暑期“三下乡”社会实践活动数十次受到团中央表彰，培养了以黄超、刘清河、江利斌、马红军等为代表的学农爱农兴农的优秀大学生，涌现出以常明昌、姚建民、张淑娟、温娟等为代表的一大批优秀的科教兴农育人工作者。

2019 年 9 月 5 日，习近平总书记给全国涉农高校书记校长和专家代表回信，对涉农高校加强人才培养与科技创新、服务“三农”事业发展予以充分肯定，对新时代高等农林教育发展提出了殷切期望。中国高等农林教育改革行动从“绿水青山就是金山银山”理念诞生地安吉出发，由局部发散延伸至全国。先是推出《安吉共识——中国新农科建设宣言》，从宏观层面提出面向新农业、新乡村、新农民、新生态的新农科发展新理念，随后推出“北大仓行动”，从中观层面推出深化高等农林教育改革的“八大行动”方案，最后，在首都北京发布“北京指南”，从微观层面推出实施新农科研究与改革实践的“百校千项”新计划。全面奏响了中国高等农林教育改革的“三部曲”，着力于解决长期制约高等农林教育改革发展的重点难点问题，着眼于探索面向未来高等农林教育改革发展的新路径与新范式。这对于全面落实“立德树人”根本任务，深化高等教育改革发展，培养德智体美劳全面发展的社会主义建设者和接班人，具有十分重要的意义。尤其是对全面推进新时代高等教育特别是高等农林教育改革发展，大力培养适应时代、引领时代的新型人才，指明了前进方向，提供了根本遵循。

当前，在全国上下深入贯彻党的十九届五中全会精神、深入开展党史学习教育及新时代中央人才工作会议召开的关键历史节点上，深刻领会习近平总书记关于教育、农业、科技、人才工作的系列重要讲话、指示和回信精神，全面推动中国高等农林教育改革，理性思考、系统总结农科院校的“实践育人”工作，为“以更加主动的姿态应对农业农村发展新要求，深入推进卓越农林人才教育培养计划 2.0，进一步完善科教结合、产教融合等协同育人模式，强化农林实践教育，让更多学生走进农村、走近农民、走向农业、走入生态建设第一线，为脱贫攻坚、乡村振兴和生态文明建设输送源源不断的青春力量”①，做好充分的理论与实践准备，切实把立德树人根本任务、强农兴农的时代使命以及实践育人工作的新要求落到实处。

本书在梳理实践育人政策要义和相关理论机制的基础上，以山西农业大学“扎根百年乡村办学，坚持开展特色实践育人”的实践探索为主线，依托国家级山西小麦农科教合作人才培养基地、山西省高校思想政治工作实践育人协同中心（1331 工程平台项目）、山西农业大学农业科教发展战略研究中心，广泛动员学校教务管理、团学工作、创业管理及相关学院的研究力量，从纵向的历史维度、新时代新农科发展的现实使命担当和实践育人的特色化探索等层面，系统总结地方农科院校特色化的“实践育人”成果，汇

① 中共教育部党组：《关于学习贯彻习近平总书记给全国涉农高校书记校长和专家代表重要回信精神的通知》，教党〔2019〕39 号，2019 年 9 月 12 日，http://www.moe.gov.cn/srcsite/A08/s7056/201909/t20190912_398976.html。

集了课程实践育人、双创实践育人、社会实践育人等方面的实践探索与经验，共 7 章成书。

本书是凝聚学校党政领导和师生员工、协同单位及广大杰出校友创造性实践育人工作的倾力之作，由教育部高校思政文库项目资助出版。按照《高校思想政治工作研究文库》项目要求，本书尽可能使用通俗易懂、深入浅出的语言，以达“成果展示、学术研讨与经验交流”之目的。愿借此机会与全国思政育人研究领域的同行专家学术交流与思想碰撞，愿为实践育人理论与实践创新提供有益的借鉴，为中国高等农林教育事业尽献绵薄之力！

适逢成果成书，借此机会对为本项目顺利开展付出心血的各级领导和师生朋友以及“三农”战线和社会各界的鼎力支持，表示最衷心的感谢与最崇高的敬意！

编　者

二〇二一年九月

目　录

第一章

农科院校实践育人政策要义及内涵解读

第一节　实践育人政策要义

一、研究背景

（一）实践育人政策提出与持续深化

教育部等部门出台《关于进一步加强高校实践育人工作的若干意见》（教思政〔2012〕1号）指出，坚持教育与生产劳动和社会实践相结合，是党的教育方针的重要内容。坚持理论学习、创新思维与社会实践相统一，坚持向实践学习、向人民群众学习，是大学生成长成才的必由之路。教育部等部门印发《关于推进高等农林教育综合改革的若干意见》（教高〔2013〕9号）指出，着力开展国家农林教学与科研人才培养改革试点，面向农林业生产一线以及现代农业和新农村建设需要，深化面向基层的农林教育改革，培养数以万计的实用技能型人才。2013年，教育部、农业部、国家林业局发布《关于实施卓越农林人才教育培养计划的意见》（教高函〔2013〕14号）指出，坚持为“三农”服务的改革方向，重点支持改革试点项目的院校建设农科教合作人才培养基地。2018 年 9 月，《关于加强农科教结合实施卓越农林人才教育培养计划 2.0 的意见》出台，这是“卓越农林人才教育培养计划”在“2013 计划”上的升级改造版。文件指出，统筹推进校地、校所、校企育人要素和创新资源共享、互动，实现行业优质资源转化为育人资源、行业特色转化为专业特色。

（二）新时代实践育人工作的新要求

2018 年，新时代全国高等学校本科教育工作会议指出，要“坚持正确政治方向，促进专业知识教育与思想政治教育相结合，用知识体系教、价值体系育、创新体系做”，“要加强医学教育、农林教育、文科教育创新发展，持续深化创新创业教育”。《关于加快建设高水平本科教育、全面提高人才培养能力的意见》（教高〔2018〕2 号）提出，构建全方位全过程深融合的协同育人新机制：一要建立与社会用人部门合作更加紧密的人才培养机制，加强实践育人平台建设。二要强化科教协同育人。结合国家重点、重大科技计划任务，建立科教融合、相互促进的协同培养机制。推动国家级、省部级科研基地向本科生开放，为本科生参与科研创造条件，推动学生早进课题、早进实验室、早进团队，将最新科研成果及时转化为教育教学内容，以高水平科学研究支撑高质量本科人才培养。依托大学科技园、协同创新中心、工程研究中心、重点研究基地和学校科技成果，搭建学生科学实践和创新创业平台，推动高质量师生共创，增强学生创新精神和科研能力。深化协同育人重点领域改革。强调推进校企深度融合，深化农科教结合，协同推进学校与地方、院所、企业育人资源互动共享，建设农科教合作人才培养基地。

（三）新时代对新农科的新共识与新要求

2019 年 9 月 5 日，习近平总书记给全国涉农高校的书记校长和专家代表的回信时提出，希望以立德树人为根本，以强农兴农为己任，拿出更多科技成果，培养更多知农爱农新型人才，为推进农业农村现代化、确保国家粮食安全、提高亿万农民生活水平和思想道德素质、促进山水林田湖草系统治理，为打赢脱贫攻坚战、推进乡村全面振兴不断作出新的更大的贡献。为深入贯彻习近平总书记关于科教的重要讲话、论述、批示和回信精神，中国高等农林教育改革行动从“绿水青山就是金山银山”理念诞生地安吉出发，由局部发散延伸至全国。先是推出《安吉共识——中国新农科建设宣言》，从宏观层面提出面向新农业、新乡村、新农民、新生态的新农科发展新理念；随后，推出“北大仓行动”，从中观层面推出深化高等农林教育改革的“八大行动”方案；最后，在首都北京发布“北京指南”，从微观层面推出实施新农科研究与改革实践的“百校千项”新计划。一系列行动奏响了中国高等农林教育改革的“三部曲”，着力解决长期制约高等农林教育改革发展的重点难点问题，着眼于探索面向未来高等农林教育改革发展的新路径新范式，不断构建完善新时代高等农林教育改革与发展深度融合的完整体系，其旨归就是要培养一批爱农业、懂技术、善经营的下得去、留得住、离不开的实用技能型农林人才，激励青年人在农业农村广阔天地上建功立业，为乡村振兴和生态文明建设注入源源不断的青春力量。

（四）习近平总书记对山西走“特”“优”农业发展之路的重要指示

“有机旱作农业是山西农业的一大传统技术特色，要坚持走有机旱作农业发展的路子，完善有机旱作农业技术体系，使有机旱作农业成为我国现代农业的重要品牌”“山西农业要打好特色优势牌，走‘特’‘优’发展之路”，这是习近平总书记三年两次视察山西，并对山西发展现代农业作出的重要指示。习近平总书记的讲话立意高远，内涵丰富，准确把握了山西的省情农情，深刻揭示了山西农业发展客观规律，以高度的前瞻性指明了山西现代农业发展的根本路径和前进方向，是抓好“三农”工作的根本遵循。

习近平总书记的重要讲话及系列会议、文件精神及全国本科教育工作会议，为不断深化“实践育人”改革指明了新方向、确立了新遵循、找到了新方法。

百年扎根乡村，代代薪火相继，以立德树人为根本，以强农兴农为己任，山西农业大学持续探索的“实践育人”特色化之路，既是对《习近平给全国涉农高校的书记校长和专家代表的回信》的深入贯彻，也是对地方农业院校坚定走内涵发展育人之路、走特色发展育人之路规律性的科学把握、系统总结提炼和展示交流，以期为地方院校和全国农业院校提供有益的启示与借鉴。

二、研究现状

高校实践育人工作虽已取得显著成绩，但实践育人依然是高校人才培养中的薄弱环节，仍需调动整合社会各方面资源，形成“实践育人”合力，推动高校实践育人工作。基于此，笔者对已有研究结果进行了研读、梳理，进而展开综述并简要评价，以期为农（林）业高校实践育人工作提供参考。

笔者在中国知网以“实践育人”为主题词进行搜索，共搜索到1751条文献，以“农林+实践育人”为主题词搜索到了17条文献，文献发表时间跨度为2007年至2018年；以“农业+实践育人”为主题词搜索到了122条文献，发表时间跨度为1999年至2019年。在此基础上分别以“农林+实践教学”“农业+实践教学”“农林+实践基地”“农业+实践基地”“农林+大学生实践能力”“农业+大学生实践能力”这些与实践育人相关的关键词为主题词进行了搜索，搜索到的文献数量分别为508条、173条、23条、17条、5条、101条。文献发表年度从2002年至2020年，其中2007年后的文章相对较多。从这些数据可以看出，目前关于实践育人的文献资料是相当丰富的，但聚焦农（林）高校实践育人的研究相对较少，对农（林）业高校实践教学的研究较多，对农（林）业高校实践基地和大学生实践能力的研究比较单薄。通过对这些文章的归纳和分析，笔者将目前对农（林）高校实践育人的研究归纳如下。

（一）实践育人的内涵

吴亚玲指出，实践育人理念不是不要理论教育，片面强调实践教育；也不是忽视学校教育，片面强调社会教育。而是要兼顾理论教育和实践教育，兼顾校内的实践教育和校外的实践教育。实践育人内涵，强调实践是人的存在方式，教育是一种实践活动。教育作为一种实践活动，具有过程性和不确定性、差异性与复杂性、开放性和生成性等特点。据此可知，实践育人理念具有重要的时代价值，它代表一种新思维方式，代表一种新教育观，预示一种新育人模式。① 李鹏飞认为，实践育人是建立在马克思主义实践哲学基础上的党的教育方针，是教育基本规律指导下的现代教育理念。② 高文苗认为，实践育人是育人与实践的有机融合，是实践形式在育人工作中的有效运用。③ 申纪云认为，实践育人是符合教育原理要求，体现大学生成长需要的现代教育理念、模式、实践的统一体。④

上述关于实践育人理念的研究，因为其参照系不同，结论存在差异。这为后续研究提供了重要借鉴。从现有资料来看，学界关于实践育人的概念并没有形成权威的注解，研究者们在对实践育人进行解释时大多是根据相关文件的精神再加之自己的理解所下的描写性定义。从这些解释可以看出，大多数学者都将实践育人作为人才培养的一种路径。但还有部分研究者认为，仅把实践育人作为一种路径是不全面的。我们既应当看到实践育人工具性的一面，更应当看到其本质的一面，如实践育人是大学生发展的内在需求，实践育人是人的实践产物。

由此可见，研究者们在解释时，因选择的参照系不同，结论存在差异，但不可否认的是，实践育人中“人”的重要性得到了研究者的关注，这为

---

① 吴亚玲：《实践育人理念的哲学分析》，《现代大学教育》2010 年第 1 期。
② 李鹏飞：《对深化高校实践育人的思考》，《教育与职业》2014 年第 29 期。
③ 高文苗：《高校实践育人的若干问题探析》，《吉林省教育学院学报》2014 年第 11 期。
④ 申纪云：《高校实践育人的深度思考》，《中国高等教育》2012 年第 Z2 期。

后续研究的展开奠定了扎实的基础，也为研究者奠定了理论基础。

（二）实践育人功用研究

加快高校人才培养模式创新和提升人才培养质量，须进一步明确实践育人地位和功用。目前，学界关于这方面研究还处在破题阶段，如马振远、郭建、柴艳萍等学者认为实践育人在高校思想政治教育工作中居于重要地位；费拥军认为，高校切实践行教育实践观，把实践育人摆在教育工作中的重要位置，是创新思想政治教育方法的迫切需求，是满足学生成才的需要，适应社会变化的迫切要求；吴刚、高留才等认为实践育人理念的提出，为高校加强和改进育人工作、提高育人质量指明了努力方向，它有助于改变知识与实践、学校与社会对立的思维定式。①

上述地位和功用研究，虽涉及知行关系、育人载体与方法、思维方式等多方面，但仍有待深入研究。其中，实践育人环节薄弱、学生实践动手能力较差的问题比较突出，影响了人才培养质量的进一步提升。

（三）实践育人平台及活动研究

张文显以吉林大学为例指出“实践育人”格局包括教育型实践、服务型实践、专业型实践、文化型实践等四类②；郑纪午等指出，农业专业实践育人平台包括组织型平台、文化型平台、服务型平台、教育型平台③。

湖北省教育厅为切实促进高校学生工作队伍职业化、专业化、专家化，推动高校实践育人工作科学化、规范化、系统化，于2016年启动全省高校实践育人特色项目培育建设工作，提出5大类创建活动，包括社会发展调研

---

① 马振远、郭建、柴艳萍：《高校实践育人工作统筹的必要性与可能性》，《高等农业教育》2012年第4期；费拥军：《高校实践育人路径的优化研究》，《教育与职业》2014年第9期；吴刚、高留才：《高校实践育人内涵的多维解读》，《教育探索》2013年第8期。

② 张文显：《弘扬实践育人理念，构建实践育人格局》，《中国高等教育》2005年第Z1期。

③ 郑纪午：《高校农科专业实践育人理念的阐释》，《教育教学论坛》2014年第52期。

实践、关爱育人家访实践、主题教育考察实践、社会公益服务实践、创新创业走访实践等5大类活动。

（四）实践育人模式研究

周志强指出，构建全程累进式课外创新实践育人模式，应以本科生学业生涯演进规律为依托，围绕学业演进规律，在四个不同的学业生涯发展周期，分别安排不同的课外创新实践活动载体。[①] 全程累进式课外创新实践育人模式以学业生涯演进规律为依托，以系统提升学生的创新精神和实践能力为目标，以学业生涯教育平台、科研训练平台、社会实践平台这三个平台为主要内容，通过学分化驱动、项目化运行、网格化管理和信息化保障这四化确保模式的实现。

蒋建科等指出，华中农大提出的新时期提升农科学生实践能力新理念，即通过试点先行、由点及面、示范带动，探索学研产协同创新育人新理念、新机制、新平台，构建了以“专业+产业”政府主导型赣南模式、“专业+行业”科研主导型武穴模式以及“专业+企业”企业主导型扬翔模式为代表的3种新模式。而“三田三早”模式，是华中农业大学提出的以“科教融合、协同育人”理念为引领，以培养高水平创新人才为目标的实践育人模式。“三田”即“种子田、试验田、丰产田”，“三早”即“早进实验室、早进课题、早进团队”。时任华中农业大学校长邓秀新说，“三田三早”实践育人模式旨在通过“种三田”全过程中的农业生产周期实践和“三早”科研训练，培养和提升学生实践动手能力和创新能力。

陈光等提出了“三层次、三结合、五平台”实践教学体系。“三层次”指实践教学体系的设计基于学生认知与基础、体验与综合、研究与创新三个层次；“三结合”指实践教学与科研、社会实践和创新创业相结合；“五平

---

① 周志强等：《全程累进式创新实践育人模式的理念与设计》，《高校辅导员》2013年第2期。

台”指通过搭建实践课程平台、社会实践平台、科研训练平台、学科竞赛平台和模拟创业平台，提高学生实践动手能力。“三层次、三结合、五平台”实践教学体系设计注重理论教学与实践教学相结合、校内与校外相结合、第一课堂与第二课堂相结合、线上与线下相结合等四个结合。“三层次、三结合、五平台”是全方位、全过程的实践教学体系，各有内涵又相互联系，构成了一个完整的实践教学体系。①

高等农业院校担负着发展现代农业、培养卓越农林人才的重任。近年来，高等农林院校不断探索实践育人模式，努力进行改革和实践，逐渐形成了具有自身特色的育人模式。

这些高校的实践育人模式各有特色，不墨守成规。从他们的实践来看，他们在探索实践育人模式的过程中，都考虑到学校的现有资源和实际情况，并未简单照搬，而是在充分调动、利用现有资源的基础上，探索适合本院校、本部门的育人模式。这也给其他农（林）业高校很大启发，实践育人模式只有因校制宜，才能事半功倍。

（五）农科院校实践育人现状与问题研究

从笔者掌握的资料来看，目前对农（林）业高校实践育人现状与问题的研究并不多见，具有代表性的是刘杰等和严瑾的分析，他们分别以青岛农业大学②和南京农业大学③为例，指出了农（林）业高校实践育人的不足，这些不足表现为在理念、认识、设计、制度等方面。表现为对实践育人的认识不足、顶层设计不够、育人平台不足及师资匮乏、培养方案实践导向不明显等。在此基础上，他们提出了有针对性的建议，为农林高校

---

① 陈光：《地方农业院校“三层次、三结合、五平台”实践教学体系的探索与实践——以吉林农业大学为例》，《高等农业教育》2018 年第 1 期。

② 刘杰、李永平、姜永超：《高等农林院校“三足鼎立”式实践育人模式研究——以青岛农业大学为例》，《兰州教育学院学报》2015 年第 7 期。

③ 严瑾：《高校新农村服务基地培养复合应用型农业人才的探索与思考——以南京农业大学为例》，《中国农业教育》2018 年第 5 期。

实践育人工作提供了很好的案例和经验，同时也为研究者准备了丰富的实践资料。

（六）农科院校实践育人路径研究

笔者通过对相关文献资料的分析，发现现有农（林）业高校的实践育人路径研究中主要提出了以下几个方案：（1）校企合作。陈玉林认为，校企合作是强化实践育人、实现研究型高等农林院校人才培养目标的重要途径。[①]（2）文化育人。如西北农林科技大学的第二课堂育人、文化育人。（3）实践育人项目化。研究者提出实践育人的切实落实离不开项目化管理，农林类高校可以将社团这一实践活动的重要途径项目化，提高实践育人水平。（4）实践教学。此外，研究者还提出了建设稳定的实践基地、进行实践制度建设、构建社会、学校、家庭、学生之间的合作机制等一系列措施。刘杰等认为必须建立相应的质量监控和保障制度体系作为支撑。[②] 从这些研究可以看出，目前研究者对农（林）业高校的实践育人路径都进行了深入思考，并从不同角度、不同侧面提出了自己的举措，确保实践育人工作落地生根。

（七）农科院校实践育人成效研究

笔者通过文献研读发现，农（林）业高校实践育人成效是显著的，效果是多方面的，表现为提高了学生的专业认知、增强了参与度和实践能力、激发了学习自主性、培养了“三农”情怀等方面。如西北农林科技大学的“品味西农”活动、华中农业大学“三早”和“三田”的实践育人模式、东北农业大学“万名大学生心系万村”行动、山东农业大学的“三维一体”

---

① 陈玉林：《高等农林院校与企业合作范式、实质与意义》，《沈阳农业大学学报（社会科学版）》2014 年第 3 期。

② 刘杰、李永平、姜永超：《高等农林院校“三足鼎立”式实践育人模式研究——以青岛农业大学为例》，《兰州教育学院学报》2015 年第 7 期。

全程化实践育人模式等都成效显著。还有研究者采用了实证研究方法对参与实践育人项目的学生进行了调查，调查结果显示学生各方面进步很大，成效较好。

三、农科院校“实践育人”研究反思与展望

（一）研究反思

1. 研究视角分析。从研究现状来看，研究者的研究视角并不单一，有的聚焦于职业教育，有的聚焦于研究生教育，有的聚焦于本科教育；研究者或以某一农（林）业高校为例进行研究，或以某一农（林）业专业入手进行分析，或以某一农（林）业课程为切入点进行探讨，或以“实践育人”为视角展开研究，系统、深入的研究欠缺。

2. 研究内容分析。从研究内容来看，内容广泛、全面，涉及农（林）业高校的实践育人模式、实践育人成效、实践育人过程中的问题、实践育人路径等，但缺乏实践育人内涵和问题的深入研究，对实践育人共同体、农（林）业高校实践性课程的研究基本无人问津。

3. 研究方法分析。从研究方法来看，有理论研究、案例研究、实证研究。案例研究较多，理论和实证研究较少，案例研究侧重经验分享和育人成效，研究方法有待拓展。

（二）研究展望

1. 要开展系统深入的研究。开展农林类高校实践育人系统的理论研究，可以为实践育人的研究工作提供扎实的、有针对性的理论指导，避免多走弯路，为农林类高校实践育人工作奠定理论基础；开展深入的研究，可以解决现有研究中的不足，通过发现问题、解决问题，切实提高农林类高校实践育人水平。

2. 要深化对实践育人问题研究。深化对农（林）业高校实践育人问题的研究，一方面可以扎实推进农（林）业高校的实践育人工作、稳步提高实践育人水平；另一方面可以为其他农林、农业类高校提供可参考的经验，同时树立实践育人的样板，供同类院校学习和借鉴，提高农林类高校实践育人的信度和效度。

3. 要加强实践性课程研究。实践性课程理论由美国著名课程论专家施瓦布提出。国内对于实践性课程研究还处于起步阶段，农科类专业实践性课程的内容、特点、形式、课程体系包括实践性课程的理论基础都有待研究者去充实，有关课程实施及其实施现状、问题、建议等的研究有待研究者去涉猎。

4. 要完善农科院校实践育人共同体的研究。高校实践育人共同体建设是“政府、高校、企业、社会参与实施的以提高人才培养质量为目标”的一项系统工程。农科院校完善相关研究可以助力实践育人共同体的建设，同时指导农科院校实践育人共同体的实践，从而为切实提高实践育人成效提供可供借鉴的路径。

此外，研究者们还应注意在实证研究方面多加努力，完善实践基地和大学生实践能力的相关研究。

综上所述，目前国内对农林院校实践育人的研究内容丰富，多侧重于以某一农科院校为例进行研究，或进行经验介绍、或进行成果展示、或研究其成效及作用，对现状和问题的研究较少且不深入，有待进一步研究深化。研究内容全面，但缺乏深入系统的理论研究。从研究方法来看，实证研究较少，有待丰富和拓展，可以借鉴其他学科和领域的“他山之石”攻“农（林）业高校的实践育人研究”之玉。但不可否认的是，这些研究为农（林）业高校的实践育人工作提供了有益的参考和经验，为后续研究奠定了扎实的基础并指明了努力方向。

第二节　实践育人的内涵释读

为贯彻落实《国家中长期教育改革和发展规划纲要（2010—2020年）》，2012年教育部等七部委联合下发《教育部等部门关于进一步加强高校实践育人工作的若干意见》，意见要求教育工作者充分认识到实践育人的重要性，加强实践育人总体规划，加强实践育人队伍及基地建设等，把实践育人摆在人才培养的重要位置。习近平总书记高度重视实践育人，强调实践在青少年学习、成长中的重要作用，习近平总书记指出“我们的学习应该是全面的、系统的、富有探索精神的”，“既要向书本学习，也要向实践学习；既要向人民群众学习，向专家学者学习，也要向国外有益经验学习。有理论知识的学习，也有实践知识的学习”①，强调青少年的学习应理论和实践并重，掌握理论知识的同时在实践中实现人生价值。

实践育人不仅仅是一种教育理念，更是一种高层次的价值追求。当代教育要求教育工作者开展实践育人工作，广大学生积极投身实践，师生共同挖掘实践育人的价值所在，发挥“实践”在学校教育教学中的价值。多学科视角的剖析让我们更清晰地感知实践育人的重要性，体会实践育人在学校教育中的价值所在。②

一、哲学视角：实践育人探寻人的本质属性

“在马克思主义的视野中，实践是人存在的基本方式，它既生成了人的本质力量的对象化世界，也构建了主体间的交往共同体，马克思称之为

---

① 《习近平谈治国理政》第一卷，外文出版社2018年版，第404页。

② 何云峰等：《多学科视角下“实践育人”的观照与释读》，《教学与管理》2018年第3期。

‘交往、交往关系’，是主体之间以客体为中介进行的交往实践活动。”① 马克思主义的实践观认为，人的主观能动性的发挥通过实践体现出来并在实践中得到检验，实践是检验认识正确与否的唯一标准，主体依靠实践得以存在，在实践—认识—再实践—再认识的循环往复中得到发展与深化。探寻人的本质、建立交往共同体、促进人的发展进而带动社会的进步是实践育人的价值追求。教育是实现人的本质的特殊实践活动，实践育人立足于人的发展，反映教育本身的内在属性。在学校教育中，教师的教学和学生的学习表面上是对知识的加工处理，实质上是实践育人理念的展现，教学和学习的实践活动在教师和学生相互依存的关系中获得发展，教师和学生在实践活动中实现其作为人的本质。实践教学有不同于理论教学的复杂性，在实践教学中，教师和学生形成交往共同体，建立以实践为基础的主体互动模式。实践的整合性特征将教师和学生置于共同的空间，为理论和活动搭建共同的平台，以达到主体和客体的统一。在实践中，人的主观能动性得以发挥，“以学生为中心”的理念得到深化，学生作为实践的主体，在实践过程中思维能力、应变能力、交往能力、分析解决问题的能力在潜移默化中得到提升。教师作为学生实践的引导者，当学生认识发生变化时，教师引导学生再实践，和学生共同面对困难和挑战，达到通过实践检验认识是否正确并不断再实践、再认识的目的。

“教育必须与生产劳动相结合”，这是社会主义学校教育的基本原则之一。② 学生接受学校教育的终极目的在于服务社会、实现自身的价值，在十几年基础教育、高等教育的学习中获得的知识积累只是为教育和劳动的结合做了一个准备工作，脱离社会实践的学校教育不能使学生真正深入社会、体验社会生活的丰富多彩。实践育人恰恰改变了这种状况，它主张书本与活动

---

① 王玉升等：《交往实践活动与思想政治教育本质探讨》，《思想教育研究》2013 年第 6 期。

② 陈晶晶、何云峰：《服务性学习：理念阐释、价值重估及机制建构》，《中国成人教育》2015 年第 15 期。

结合，将劳动融合在教育中，把学生的课堂学习与社会实践、生产劳动相结合。哲学为实践育人提供了思想意识层面的支持，学校在实践育人的过程中要紧紧围绕马克思主义的实践观，培养拥有健全人格的学生，引导学生树立正确的价值观、劳动观、职业观，厘清实践和理论的关系，认识到并不是只有高水平的理论知识才是检验学习唯一的标准，一定程度上理论水平的高低并不能代表实践能力的高低，要让学生在学习文化知识的同时认识到实践的重要性，并且能够自觉参与实践，将理论知识运用于实践，实现知识价值的同时，实践育人的目标也就自然而然地实现了。

二、心理学视角：实践育人为学生建构了实践性学习情境

建构主义的学习观认为学生在学习的过程中不是简单的接受、吸收，而是学生主动参与，积极建构信息的过程。建构主义者认为知识是生存在具体的、情境性的、可感知的活动之中的，只有通过实际情境中的应用活动，才能真正被人们所理解，学习应该与情境化的社会实践活动结合起来。用建构主义的观点来看，学生想要获得的知识存在于可操作的实践活动中，只有通过“做”才能达到对知识的感知。传统的学习传授给学生书本上的理论知识，在解决实际问题的过程中，学生无法将理论与实际情境相结合，难以实现知识的迁移和运用，理论的学习无法适应千变万化的实际情况。实践育人恰恰与之相反，它为学生提供了解决问题的情境和工具，实现了理论和情境的有效互动。建构主义的教学观提倡情境性教学，给学生提供丰富的信息资源，提供处理信息的工具以及适当的帮助和支持。① 情境性教学通俗地讲就是将学生放置在实际环境中，让学生在实践中学习，在课堂上解决与现实生活类似的问题，在解决问题的过程中教师引导学生探索，而不是传统的讲授，学生需要掌握的知识和解决问题所需的工具都隐藏在情境中，这种教学

---

① 陈琦等主编：《当代教育心理学》，北京师范大学出版社 2007 年版，第 186—187 页。

方法能够培养学生的探索精神和解决问题的能力。建构主义的学习观和教学观共同作用于学生的实践活动，教师的“教”和学生的“学”相辅相成，让学生在实践中达到对知识的建构。

美国心理学家班杜拉的观察学习理论要求把学生放置在具体的学习情境中，让学生切身感受不同情境下的问题解决方式，即在实践中获得知识。布鲁纳的发现学习理论也与实践育人密切相关，即让学生独立思考，改组材料，自己发现知识，掌握原理，不只发现人类尚未知晓的事物，还用自己的头脑亲自获得知识。实践育人就是一个让学生自己观察、发现的过程。从积极角度研究传统心理学的积极心理学，所做的研究也与实践育人理念高度契合。积极心理学主张研究人类积极的品质，充分挖掘人潜在的具有建设性的力量，培养和造就健康的人格。[①] 实践育人具有和积极心理学相同的价值诉求，学校有必要将积极心理学理念引入实践育人的工作中，通过心理辅导、思想政治教育、班会等活动实现对学生的培养，通过隐形的心理干预方式达到实践育人的目的。实践育人将书本上的文字变成动态的活动，从学生心理健康的角度讲，有利于培养学生的健康人格。在活动中，学生更容易找到自信，培养团队合作精神，锻炼出学生过硬的心理素质，这会对学生身心健康发展起到积极的作用。

三、教育学视角：实践育人是学生全面发展的重要途径

美国著名教育家杜威明确提出与传统教育的“静坐”“静听”相反的教育理念——“从做中学”，实践育人的理念恰好与杜威的“从做中学”不谋而合。杜威认为：“学与做相结合的教育将会取代传授他人学问的被动的教育。”[②] 在他看来，“从做中学”可以解决现代教育中的实际问题，将会有

---

① 贾迅等：《积极心理学视域下高校实践育人研究》，《教育与职业》2016 年第 12 期。

② ［美］杜威：《学校与社会·明日之学校》，赵祥麟等译，人民教育出版社 1994 年版，第 311 页。

助于加强教育与生活以及学校与社会的密切联系。通过“从做中学”，学生在观察自己的行为时能够意识到自己力量的意义，能认识到自身存在的价值。学校教育中想要达到实践育人的目的，就必须为学生创设实践的环境，从教学内容和教学形式上为学生提供“做”的机会，把实践作为教学目标达成的工具。从内容上，理论教学和实践活动交叉进行，杜威要求“有更多的实际材料，更多的资料，更多的教学用具，更多做事情的机会”①，因此，必须改变传统意义上的纸质教材，提供给学生更加丰富的实物教材和活动教材，实践育人恰恰改变传统，提供了实物和活动教材。从形式上，改变“教师—学生”这一人对人的形式，形成“学生—活动”这一人对物的形式，让学生独立面对活动道具，在课堂中体验动手的乐趣，进而达到实践育人的目的。在校园环境的建设上，学校“软硬兼施”，为实现实践育人的教育价值，积极改变教学方式，搭建实践育人平台，培养实践育人师资力量，开发实践育人校本课程，建设活动室、实验室，在校内形成调动学生的积极性、激发学生的实践热情的良好氛围，为全方位多角度培养全面发展的高素质人才保驾护航。“从做中学”体现现代教育的特征，在教育中的运用展示了实践育人的价值所在。

无论在身体上，还是智力和道德上，实践育人对学生的全面发展有重要价值。从身体上来说，“做”调动学生肢体的活动，促进学生身体机能的完善，眼、耳、口、手、脑协调发展，对学生尤其是幼儿、小学生的身体协调能力的培养有重要作用，可以达到锻炼身体的目的。在智力上，实践活动使学生获得知识，丰富了他们对世界的认识，锻炼了学生的思维能力。面对形式多样的活动道具，学生通过不同的办法达到解决问题的目的，培养了创新能力和解决问题的能力，当学生能够圆满地解决问题时，就增添了知识和力量。实践育人对学生智力的发展起到促进作用，培养了学生乐于思考、积极面对问题的习惯。在道德上，学生通过自己动手做，既学会了如何做，也增

① ［美］杜威：《民主主义与教育》，王承绪译，人民教育出版社 1990 年版，第 165 页。

强了信心，又培养了面对新环境无所畏惧的精神，实践育人能够为社会培养出遵守社会道德、拥有完善道德操守的人。

四、社会学视角：实践育人是个体社会化的催化剂

从社会学角度看，实践育人是实现个体社会化的重要途径。所谓个体社会化是指个体学习所在社会的生活方式，将社会所期望的价值观、行为规范内化，获得社会生活必需的知识、技能，以适应社会需要的过程。① 实践是个体从“自然人”向“社会人”转化的催化剂，学生在接受学校教育时，基本上与社会处于隔绝状态，处在“两耳不闻窗外事，一心只读圣贤书”的天性自由发展的“自然人”阶段，处在对知识的习得阶段，实践打通了他们参与社会的通道，为了得到社会认同，学生需要把知识内化并通过行为表现出来，获得社会生活的方式，习得满足社会要求的行为规范，进一步得到更高级的知识和技能。学生在实现个体社会化的过程中，完成从“学习者”到“参与者”的转化。实践育人加速了学生社会化的进程，让他们在校园、在课堂上提前体验社会规范，了解社会对人的要求和限制，在未来离开学校走向社会的时候能够更快适应社会，为学生个体的社会化做准备的同时实践育人的价值也获得实现。

学生在从“自然人”向“社会人”转化的过程中，较早地体验了组织社会化的过程，即个人调整自己以适应新工作和特定组织角色的学习过程。② 从学生的角度来说，实践育人让学生较早地进入劳动的环境，接触真实的工作环境，由于学生对未来的工作环境及职业要求有了一定的心理准备，所以在选择职业、面对岗位要求时，能对自身能力做出更有效的评估，实践育人使学生在获得专业知识的同时，还培养了其职业素养和敬业精神。

---

① 十二所重点师范大学联合编写：《教育学基础》，教育科学出版社 2008 年版，第 35 页。

② 陈向阳：《基于多学科视角的产学合作教育分析》，《教育与职业》2009 年第 32 期。

从社会角度来说，社会的正常运转需要“社会人”来完成，实践育人满足了社会对人才的需求，一个“纯粹生物学意义上”的人从认识世界到改造世界的过程就是一个不断实践、不断接受教育并走向社会化的过程。从根本上说，社会的有序进行在个体社会化、个体体验组织社会化的过程中得以维系，实践育人在其中扮演了重要角色，为个体从学校走向社会形成铺垫，打下基础。实践育人是人社会化过程中的重要环节，是社会有序进行的隐性保障。

实践育人社会价值的实现离不开社会广大力量的支持。为学生创建实践育人的校外实践场所和基地，利用好社区、乡镇的实践育人资源，在城市依托社区活动中心，合理利用社区活动室，建立社区实践服务指导站，开辟学生活动的基地，与博物馆、敬老院等建立合作关系，让学生在不同职业中学习，体验志愿活动；在乡村，利用基层活动中心，建立植物大世界、农作物博览会等活动，给学生接触农业、了解社会的机会。无论城市还是乡村，都应该因地制宜，发挥地域特色，使实践育人在与社会接轨中发挥其价值。

五、经济学视角：实践育人为人力资本的存储做准备

从经济学角度研究教育最具代表性的就是人力资本理论，古典经济学家亚当·斯密和近代经济学家马歇尔等都认为在各种资本投资中，对人本身的投资是最有价值的。① 美国经济学家舒尔茨被公认为人力资本理论的创始人。他认为，人力资本理论主要指凝集在劳动者身上的知识、技能及其所表现出来的劳动能力，通过教育和培训对人力资本进行投资，进而获得经济收益，带动经济发展。② 实践育人就是除课堂教学对人力资本进行投资以外的另一种人力资本投资。一方面，经济社会的发展要求提高生产力，培养高水

① 潘发勤：《人力资本理论与高等教育发展》，《山东理工大学学报（社会科学版）》2004 年第 11 期。

② 侯宁等：《基于人力资本理论的高等职业教育研究》，《教育与职业》2013 年第 5 期。

平的人才。从社会需求的角度看，实践育人从源头上扛起了培养合格劳动者的重任。劳动者的素质直接影响科学技术转化为生产力的速度和质量。实践育人理念在学校教育中的深入，为提高劳动者素质和促进生产力的发展播下了种子，学生在学校教育中接受实践教育，实质上就是教育对人的投资，将实践育人工作引入课堂教学，能够节约教育成本，学生能在完成学业的同时获得社会劳动所需的知识、技能。从教育成本和教育收益的角度看，实践育人是一种低投入高回报的人力资本培养方式。另一方面，从学生角度来看，学生作为学校人力投资的主体，学校实际上是在进行人力资本的存储，实践育人给学生提供社会需要的知识和技能，使学生具备社会生产所需的能力，当他们进入社会时能够获得经济报酬，促进经济社会发展。根据人力资本理论，个体劳动生产率的提高是教育最重要的功能①，而实践育人为个体劳动力的提高作出了突出贡献。

从教育投入的角度看，随着市场经济的飞速发展，国家、家庭对教育越来越重视，投入的资金越来越多，实践育人获得的支持也越来越大。教育投资的增加，为学校的实践育人提供了资金保障。家长高度重视实践育人，自然愿意为自己的孩子投资，家校联系更加紧密，家校共同开展实践育人，形成实践育人的成长体系。校内老师引导，校外家长督促，将实践育人贯穿学生成长的始终，形成家校一体的实践育人模式。

总的来说，实践育人对国家、社会、学校、学生都产生了积极的作用。实践育人是落实党的指导思想，实现中华民族伟大复兴中国梦的有力武器。习近平总书记高度重视实践育人，从国家的角度出发，指出实践育人是青年学生培育社会主义核心价值体系、维护国家利益、实现体劳结合、建立正确的劳动观念的有效途径。随着我国对实践育人的日益重视，开展实践育人工作成为学校教育不可或缺的一部分，杜威的"从做中学"，心理学的建构主义、学习理论，马克思主义哲学，社会学的个体社会化理论以及经济学的人

---

① 王川等：《浅论经济学理论对职业教育发展的启示》，《教育与职业》2008 年第 8 期。

力资本理论都对实践育人做出了强有力的理论支撑，为学校更好地开展实践育人工作，培养全面发展、个性鲜明的社会主义建设所需的人才做出了明确的价值指向。多学科角度释读实践育人的价值，对实践育人的价值做出重新审视，将更加有助于学校实践育人工作的顺利开展。

第二章

基于实践育人的课程与教学转化机制

2018 年 9 月，“卓越农林人才教育培养计划 2. 0”出台。新计划提出，要培育农林学生的“爱农知农为农”素养，强化培养农林学生专业能力和综合素养，全面增强学生服务“三农”和农业农村现代化的使命感和责任感，要“建立中央和省级教育、农业农村、林业和草原等部门协同育人机制，统筹推进校地、校所、校企育人要素和创新资源共享、互动，实现行业优质资源转化为育人资源、行业特色转化为专业特色，将合作成果落实到推动产业发展中，辐射到培养卓越农林人才上”①。这一计划着眼点在于，构建多部门协同的高等农林教育机制，充分发挥校内校外各种资源的合力，尤其强调通过各种形式的合作，把行业优质资源转化为高等农林实践教育教学可资利用的资源。

现在，实践育人已成为高等学校人才培养体系的重要组成部分，在人才培养过程中发挥着不可替代的作用。可以说，实践育人是现代教育理念、教育模式、教育实践的高度融合，而不能把实践育人狭隘地理解为一门课程、一次活动、一种方法或途径，而应从系统完整的教育体系结构的角度来认识

---

① 教育部，农业农村部，国家林业和草原局：《关于加强农科教结合实施卓越农林人才教育培养计划 2. 0 的意见》，（教高〔2018〕5 号），2018 年 10 月 17 日，http：//www. moe. gov. cn/srcsite/A08/moe_ 740/s7949/201810/t20181017_ 351891. html。

与把握，这里不仅包括更重视实践现代化教育教学理念，也包括为贯彻落实这种理念而形成的多样化教育方式方法和教育活动形式的总和。深入开展实践育人活动，对于打破传统的实践教学与理论教学二元对立关系，具有非常重要的现实意义。

因此，深入推动实践育人工作，就要以传统理论课堂和理论课程建设为基础，充分利用校地、校府、校企、校所等合作平台，积极拓宽办学育人空间，积极推动区域资源和行业资源优势向实践育人资源的有效转化，通常体现为服务于实践育人的课程与教学资源。

第一节　实践育人课程资源及课程教学转向

一、实践育人课程资源

课程是实现教育目的和目标的手段或工具，是组织教育教学活动的最主要依据。①“积极开发并合理利用校内外各种课程资源。学校应充分发挥图书馆、实验室、专用教室及各类教学设施和实践基地的作用；广泛利用校外的图书馆、博物馆、展览馆、科技馆、工厂、农村、部队和科研院所等各种社会资源以及丰富的自然资源；积极利用并开发信息化课程资源。”这是《基础教育课程改革纲要（试行）》对课程资源开发作的集中阐述。而对高校实践育人来说，同样需要深度开发利用好各类课程资源，而且其可以利用产学研、农科教等战略合作载体与平台，合作过程中可资利用的场所资源、条件资源、生产和创新活动资源及各类信息资源等均可以成为课程与教学资源，课程资源的利用必然要与课程实施产生密切的关联，课程实施的取向必然影响到课程资源开发与利用的深度。特别是在实践育人开展的过程中，课

① 吴霞飞：《区域课程资源开发利用理念与示例》，辽宁大学出版社2012年版，第1页。

程资源开发利用、课程实施取向及具体的课程实施等问题，成为区域资源和行业资源优势转化为育人资源的中心议题。

（一）实践育人的课程资源

最普遍意义上来讲，课程是指各类学校学生所应学习科目及其进程的安排，是以实现各级各类教育目标而规定的学科及它的目的、内容、范围与进程的总和。实践育人强调育人过程的实践性导向，这就对课程资源开发利用提出了较高的要求，要求课程资源的来源具有广泛性，课程资源本身符合实践育人的基本要求。

对于课程资源的定义，一般认为有广义和狭义之分。广义课程资源指有利于实现课程目标的各种因素，狭义课程资源则指形成教学内容的直接来源的材料。综合这两种观点，我们可以将课程资源视为课程设计、实施和评价等整个课程教学过程中可资利用的一切人力、物力以及自然资源的总和，包括教材、教师、学生、家长以及学校、家庭、社区和社会生产中所有有利于实现课程目标，促进教师专业成长和学生个性的全面发展的各种资源。

由此，我们可以说，在实践育人活动中，可以开发和利用的资源是多种多样的，但需要明确的是，并不是所有资源都是实践育人课程资源，只有那些进入实践育人课程环节，与实践育人活动发生联系的资源，才可称之为实践育人课程资源。在实践育人理念指导下，课程资源应具有更广泛的来源范围，更强调除了传统理论课堂和课程的基本要素之外其他实践要素的综合开发与利用，尤其对于高校的实践育人而言，应既包含传统的人才培养应有的各实践环节，同时也要重视高校在履行科学研究职能过程中，通过科研创新实践环节引导学生直接参与科研实践活动并提升其创新意识与创新素养，也可以通过科学研究工作者创新实践的精神来教育学生。进一步讲，更要在广阔的社会实践服务活动过程中，组织引导学生积极参与，了解社会、关注社会，积极参与到社会生产生活中，促进学生所学知识的活化，增强学生解决问题的能力。可以说，高校宽广办学的空间中，有着极其丰富的实践育人资源，也就是说，只要对实践育人有利的资源条件，凡通过合法性的途径与机制进入高校的实践育人体系，即可成为有效的实践育人课程资源，形成富有实践性特色的课程。

（二）实践育人课程资源分类

根据不同的标准，我们可以将实践育人课程资源进行如下分类。

1. 校内课程资源和校外课程资源

这是按课程资源时空分布和支配权限进行的分类。其一，校内实践育人课程资源，既包含着教科书、教师、学生这些传统意义上课程建构的主体要素，同时也包含师生自身不同的学习经历、生活经验、人生阅历，以及带有很强个人色彩的学习方式、教学策略。除了前述这些直接的课程资源外，校内教室、图书馆、档案馆、实验室、餐厅、体育馆、传统历史建筑等场馆设施条件，校内各种教育教学活动、社团活动，以及助管、助研、助教等各类定岗实习活动，校内环境景观，如绿化小品、校园创意雕塑、校园珍惜植物资源、场馆室所的器材条件，甚至包括学校及各机构主办的各种门户官网、网络新媒体及其资源等等，均是开展实践育人活动可资利用的丰富资源。从现实看，仅校内这些潜在的课程资源并没有很好地成为真正的实践育人课程资源，而是处于闲置状态，亟待系统发掘和利用。其二，凡是超出学校范围的就是校外实践育人课程资源，包括校外各级各类的公共图书馆、科技馆、博物馆、体育馆，厂矿企业、设施农业，各级政府社区、军队、医院等政府机关、企事业单位，广袤无垠的国土资源，别具风土人情的乡土资源，就近的家庭及社会关系资源，海量的网络平台及信息资源等，均是潜在的实践育人课程资源。尤其对于农科高校而言，农科教结合是其优良的办学传统，这些本可以发挥“一举多得”效应的实践育人课程资源，不应因缺乏有效组织和机制协调而流失或浪费。

2. 素材性课程资源与条件性课程资源

这是根据课程资源功能特点进行的分类。其一，素材性实践育人课程资源是指作用于课程并直接成为实践育人课程的素材或者资源，其特点是作用于课程并且能够成为实践性育人的课程素材，比如，系统的知识，经历千百年系统总结并流传下来，多以文字形式保存，在当代从纸质形式到图像、音频，乃至更加缩微化数字化的方式存储；定型化的动作技能和经验，也从手把手施教，到形成可视化、可广泛快速传递的动作技能经验；与实践育人直接关联的活动方式和方法；与形成全面发展的人有关的道德价值标准体系等因素，直接进入课堂和课程的资源，均属于素材性课程资源。教材或教科书，就是最常见的、具有法定意义的实践育人课程素材性资源，世界各国对教材或教科书均有规范的标准，有的还成立国家教材监管机构，足见教材或教科书在教育体系中的权威性、规范性、标准性与合法性地位，也正因为如此，一些有价值的、潜在的课程资源很难顺利成为直接的素材性课程资料。当代信息技术的迅猛发展，给素材性实践育人资源开发和运用带来极大便利，然而素材性资源并不能直接构成课程，它只是备选材料，只有经过加工并通过合法的程序和机制进入课程和课堂付诸实施时，才能称之为真正意义上的课程。其二，条件性实践育人课程资源，是作用于课程，但并不直接形成进入课程和课堂的实践育人课程资源的本身，它在很大程度上影响着课程实施的范围与水平。比如，课程实施时空范围，与课程相关联的人力、物力和财力资源，设备、设施和环境等因素，就属于条件性实践育人课程资源。也就是说，许多条件性课程资源开发，虽不是教师个人力量所能实现的，但可利用现有条件尽可能地开发使用，而且要得到各级教育行政部门和社会机构的大力支持。

3. 区域性课程资源与行业性课程资源

这是按校外实践育人课程资源来源进行的分类。其一，区域性实践育人课程资源是指在一定区域内形成的课程要素的来源以及实施课程所必需的直接的环境条件。区域是一个不确定的概念，一个国家可以说是一个区域，一个片区（如西部、东部）也可以说是一个区域，一个省、一个地州、一个县，甚至一条街道、一个村庄都可以说是一个区域。[①] 我们在这里所特指，引入“地方性知识”的概念，重估高校人才培养中除了“普适性知识”之外的“地方性知识”潜在课程价值，一般指高等学校所在的省域或具有类同地理环境特征的区域中可供课程开发利用的潜在性的课程资源，其包含范围很广。如当地的地质地貌、山川河流、气候、动植物等自然资源，当地的社会历史变迁、文化传统、风土人情、民间文艺、名人遗迹等文化资源，社会经济、教育、旅游等经济资源，这些丰富多样的资源都是潜在的课程资源，以其区别于其他区域的独特性而存在。作为以服务地方为主的高校，理应在立足服务地方，让培养的人了解区域，为将来服务区域经济社会发展做准备，那么依托这些资源形成博大精深和包罗万象的“地方性知识”，就成为地方高校发展不可忽略的资源优势，理应与当地学校、教师、学生、社会人员等因素融合起来，进行合理规划与开发，从而有机地构成区域实践育人课程资源的“生态系统”。这样，学生熟悉的大量乡土地理、民风习俗、传统文化、历史人物、生产和生活经验等都进入课程资源，产教融合、产学结合落到实处成为可能，高校人才培养社会适应性显著增强。其二，高校各学科专业对口面向的各行业特色与优质资源，既是高校培养人才的主要流向地，其“专业对口”的就近就便优势天然成为行业性的实践育人课程资源，传统形成的产学研、农科教等多种合作形式搭建起行业优势行业特色转化为实践育人课程资源可能的通道与便利的转化机制。而且，区域性课程资源与行业性课程资源的使用往往交织在一起，区域内的各行业的课程资源，可以依托行业的产业创新技术联盟渠道等进行转化，各行业覆盖的各区域的课程资源，可依托校地、校府战略合作框架下的政府科层体系，搭建起高校与基层互动合作的通道，实现区域性实践育人课程资源的利用与开发。

---

① 吴霞飞：《区域课程资源开发利用理念与示例》，辽宁大学出版社 2012 年版，第 3 页。

二、实践育人的课程转向

（一）创生课程实施取向

有学者指出，“课程”被认为是教育领域中含义最复杂、使用频率最高也最混乱的术语之一①，众说纷纭，莫衷一是。纵观课程理论研究，主要存在以下三种课程观②：第一种课程观，将课程等同于学科知识，课程被认为是一种先定性预设，学习者接受先定性课程，但他们批判、修正和发展权利被剥夺了；第二种课程观，将课程视为学习者的经验或体验，强调了学习者主体地位，而忽视学科知识学习；第三种课程观，将课程视为“个体的存在经验”和“反思性实践”，对学科知识和个体经验的反思、批判和建构的过程，不仅强调对学科知识反思与批判、建构与超越，也重视对个体经历反思与体验，拓展了课程内涵。可以说，第三种课程观为课程的建构性生成提供了广阔空间。在与课程观紧密相连的课程实施中，课程实施会随课程价值观的不同而选择不同的课程实施取向，主要存在三种基本取向，即忠实取向、相互调适取向和课程创生取向。

1. 课程的建构性转向

不少课程学者通过研究发现了课程的不确定性，由此提出课程具有“建构性”特征。多尔在《后现代课程观》一书中明确提出“课程的建构性”思想及其表述。郭华指出，尽管人们对“课程是人类已有的历史文化的选择、加工和改造”这一点几乎没有异议，但还是有人持有“课程是师生建构的”，或课程是“师生在活动中”生成的观点。③ 郝德永提出了走向文化批判与生成的建构性课程文化观。他指出，作为一种文化的课程与作为

① 欧阳文：《大学课程的建构性研究》，湖南师范大学出版社 2007 年版，第 6 页。
② 欧阳文：《大学课程的建构性研究》，湖南师范大学出版社 2007 年版，第 8—9 页。
③ 郭华：《教学社会性之研究》，教育科学出版社 2002 年版，第 213 页。

工具的课程的主要区别表现在课程文化的自我建构性特点与属性上。[①] 作为一种建构性文化，课程文化的知识属性表现出明显的生成性特征，表明它是一种探究式的、自成性的、生成性的文化。

反观国内外大学课程变革成果来看，大学课程变革是高等教育变革的核心议题，但更多大学课程改革仍是基于一种静态的、先定的课程观，主要是针对大学学科内容重组改造。课程实施仍然以忠实取向或者相互适应取向为主，而课程实施创生的取向严重缺失，课程实施中学生参与建构的权利也往往被有意无意地剥夺了。国内外大学课程变革还没有太多关注大学课程建构性特征，也更谈不上张扬大学课程建构性的系统性改革，但有些课程变革已经显现出课程建构性意蕴，成为大学课程创生取向变革的星星之火，课程实施创生取向的价值正在得到逐步凸显。

2. 课程实施的创生取向特质

以山西农业大学植物保护专业马瑞燕老师主讲的《昆虫研究法》课程实施经验为例[②]，尝试探讨总结实践性育人课程实施过程的创生取向特征。

其一，课程实施的特定情境性。在《昆虫研究法》课程实施中，马瑞燕老师每年都会根据教材、科研项目或农业生产实际给学生创设特定的情境，或教室，或图书馆，或互联网，或田间，允许学生根据主题对课程进行创造性的解读，丰富他们的知识经验，愉悦他们的情感体验，发挥他们潜在的创造性和团队协作精神。这里说的特定情境就是师生进行课程创生的特定教学环境。在这样的情境中，学生能充分展开思考，创造性地提出问题、分析问题、解决问题。可见，情境性就是说教师要注重创设有利于课程创生的特色情境。

其二，课程主体的全程互动性。《昆虫研究法》创生取向课程实施中，互动是极其普遍的。学生进行昆虫趣味故事演讲时，马瑞燕老师会给学生纠

---

① 郝德永：《走向文化批判与生成的建构性课程文化观》，《教育研究》2001 年第 6 期。

② 陈晶晶、何云峰：《地方高校创生取向课程实施的叙事研究》，《河北农业大学学报（农林教育版）》2015 年第 17 期。

错、点评，这里有师生之间直接的知识与情感互动。学生进行害虫防治的分组课题、制作害虫诱捕器、探索害虫防治方法的普及推广的过程中，师师之间会通过讨论确定课程内容，体现了直接的知识互动；生生之间分工搜集资料，合作整理资料，共同构思设计、制作诱捕器，一起进行诱捕器的田间试验，在害虫防治的科普方法上集思广益，体现了直接的知识与情感的交流；课程实施的整个过程，都有马瑞燕老师对学生的启发诱导、指导帮助，展现了师生之间直接或间接的知识、能力与情感的互动。可见，互动贯穿于该课程实施的全过程，是无处不在的：从内容来说，有知识的互动，有情感的互动；从形式来说，有师生互动，生生互动，师师互动；从方式来说，有直接互动，有间接互动。因此，互动性就是说课程实施过程中，师生之间围绕主题进行面对面的，高频率、全方位、多角度、深层次的互动而产生愉快的情感体验。

其三，课程主体的深层体验性。在昆虫研究法创生取向课程实施中，体验也是普遍存在的。通过昆虫趣味故事演讲，教师感受到了学生丰富的思想观念，而学生既体验到了昆虫世界的丰富多彩，又学会了在有限的时间内表达自己的观点；在害虫防治课题、害虫诱捕器制作、研究害虫防治方法的科普的过程中，学生拥有了自主探索、合作交流的情感体验，凝练了团结合作精神，培养了利用所学知识解决生产中实际问题的能力，教师体验到了学生活跃的思维、丰富的知识积累、强烈的创新精神。由此可见，体验性就是在课程实施过程中，师生在特定情境中对知识、思想、活动等产生的发自内在的、能体现自己世界观、人生观、价值观的深层次体验。

其四，课程内容的协同创造性。在昆虫研究法创生取向课程实施中，创造是显而易见的。在害虫防治课题中有对某种昆虫未来防治策略的研究，这是教材中没有的，需要学生运用创造性思维进行创造；害虫诱捕器是农业生产中没有的，需要学生运用物理、化学、生物学、机械学、设计学等多学科知识，开动脑筋去创造；日历、宣传画板、科教电影、电子宣传材料等丰富多彩的害虫防治方法的普及方式都是教材上没有的，而是由学生结合农业生产实际和自己的调查结果创造出来的。因此，创造性就是在课程实施过程中，课程内容的丰富完善是由师生协同创造的。

其五，课程目标的动态生成性。在昆虫研究法创生取向课程实施中，教育经验是动态生成的。在害虫防治课题、害虫诱捕器制作、防治方法的普及推广等课题中，随着课程的深入，新的知识、思想、观念不断涌现，全新的教育经验就是在这一过程中动态生成的。可以看出，动态性产生于课程实施过程中，教育经验不是预设的，而是在师师、师生、生生合作交流的过程中动态生成的。

（二）创生取向课程实施保障

从创生取向课程实施的特色实践来看，适应了社会对高校人才培养的迫切需求，思考进一步扩大推进课程实施的实践范围，需要做好以下四方面工作。

1. 建立开放的课程文化氛围，是创生取向课程实施的重要保障

首先，要不断营造开放、民主、创新的课堂教学氛围。课堂教学要坚持以学生的全面发展为中心，教学管理改革应该更加民主化、个性化、人性化、人文化，以教师的专业发展为依托，体现民主化、个性化、人文化，依靠教师自身的形象魅力，给学生创造自由表达的空间，从而推动创生取向课程实施。要大胆突破大学教学的模式化、管理的格式化、评价显性化等教学管理范式，有效保证教师的学术自由，也给学生创造自由表达的机会，促进师生的共同创生。其次，要不断完善现有教学设施。良好的教学设施是创生取向课程实施的基本物质支撑，因此，学校要加大对教室、实验室、多媒体教室、图书馆等教学设施的投入，确保创生取向课程有一个良好的实施环境。再次，要为教师提供更多专业培训的机会。实施创生课程，要求教师要有扎实的专业知识，还要有广博的科学文化知识以及系统的教育教学理论知识，因此要通过培训使教师掌握创生取向课程实施范式。

2. 发挥师生的主体能动作用，是创生取向课程实施的关键

课程实施是体现教师课程观念的主要途径，也是促进教师专业成长的重要平台。不断发展的时代要求教师应不断表现出创新能力，其具体表现之一就是利用现有的条件，能动地、艺术地创设可激发学生探索欲和创造欲的有效问题环境。教师不仅是课程的实施者，还应是课程的开发者、创生者和反思建构者；不仅要树立多元开放和动态建构的课程意识，还要提高整合课程内容并将之有效实施的能力；不仅要勤于与文本、学生的对话，还要善于自我对话。这就要求教师应不断更新自身的知识结构，主动建构复合型知识体系；加强课程与教学的整合，不断将理论与实际联系起来；养成热情执着的生活态度，锤炼持之以恒、勇往直前的科研品质；增强批判反思能力，增强自我效能感。另外，还要发挥学生在创生取向课程实施中的主体作用。其次，学生是课程实施的对象，其能否全身心投入到课程实施过程中是创生取向课程实施成功与否的关键，要改变学生的学习方式，提高学生对主动学习的认同感与参与度。创生取向认为，真正的课程是教师和学生联合创造的教育经验，课程实施本质上是在具体的教育情境中创生出新的教育经验的过程。学生是学习的主体，应成为课堂的重要发言人。课堂教学不应是就原初的课程计划“按图索骥”的过程，而应结合学生的生活经验，真正进行改造，并在此基础上创生出智慧的火花，转变学生死读书、读书死的被动局面，动员或带动更多的学生参与其中，逐步培养学生具有全局观念、整体策划意识、广泛的适应性与终身学习能力。具体而言，教师要在课程实施前，根据学生兴趣，以教材为纲，精心开展课程设计，创设恰当的问题情境，营造和谐的教学氛围；在课程实施中，充分调动学生学习的主动性和积极性，引导学生完全参与到课程中来；在课程实施后，指导学生对课程实施结果进行评价与反思。学生要在课程实施前，为教师进行课程设计提供素材；在课程实施中，充分发挥主观能动性，开动脑筋，提出各种有创意的内容和形式，真正参与到课程中；在课程实施后，主动对课程实施结果进行反思。只有充分发挥教师的主导作用和学生的主体作

用，创生取向课程实施才能取得最佳效果。

3. 进行富有创意的课程设计，是创生取向课程实施的前提

课程设计是制订课程实施计划的过程。课程设计是否有创意，是创生取向课程实施的前提。有创意的课程设计最关键的就是要寻找内容与形式的最佳结合点。教师要从自己从事的专业中寻找合适的内容，充分搜集资料，凝炼恰当的题目，并确定用以呈现内容的恰当形式。每个专业都可以找到适合本专业的内容与形式的最佳结合点，但是这个结合，并不是生搬硬套那些成功实施课程创生的教师的做法，而是建立在三方面内容的基础上，即充分熟悉自己所从事的专业、分析学生的特点以及对内容和形式相结合的平台进行可行性论证。对教师来讲，一要熟悉自己所从事的专业。因为并不是每个专业的所有内容都可以扩展，教师只有熟悉自己的专业，才能恰当地选出可以扩展到课堂之外的内容。二要正确分析学生的特点。因为学生是教学的对象，只有了解学生，创生取向的课程实施才有针对性，才能真正做到因“才”施教。三要对内容和形式相结合的平台进行可行性论证。因为内容和形式的结合必须借助适当的平台展开，这个平台就是要看自己所选择的这个结合点是否有必要的人力、物力、财力资源作支撑。

4. 建立科学合理的评价机制，是创生取向课程实施的驱动力

在课程实施中，师生的行为总是通过一定的评价标准来衡量并受其“导向”。因此，建立科学的评价机制，是创生取向课程实施的驱动力。第一，开展着眼于学生学习的形成性评价。创生取向课程实施是一个动态的过程，因此，其评价方式也应是动态的、形成性的。要在课程实施过程中随时对教师、学生的行为做出评价，以便及时了解课程本身的缺陷、学生学习的困难及教学中出现的问题，进而对课程实施做出调整，并以此作为完善课程实施、提高教学质量的依据。第二，开展着眼于学生长远的发展性评价。创生取向课程实施的评价还要着眼于学生的长远发展，帮助学生估计信息、明确方向，以追求更快、更好的进步。发展性评价注重学生的学习过程，重视评价对教师教学过程和学生学习过程的反馈，强调发挥评价的改进和促进功能。在发

展性评价中，学生收获的不仅仅是成绩，更多的是活学活用知识的能力、表达能力、计算应用能力、批判反思能力等对未来发展有益的多种能力。第三，开展着眼于学生发展的主体性评价。学生的主体性发展即重视学生的独立自主、主观能动、开拓创造等主体性素质，弘扬学生的主体精神，促进学生主体性的解放、发挥和发展。因此，在创生取向课程实施的评价中还要关注学生的自主性、主动性和创造性的发展，关注学生个性是否得到充分发展。

在创生取向课程实施中，已有的课程计划、课程标准和教材只是教师和学生进行课程创生的材料，是一种资源。借助这种资源，教师和学生要根据自身的兴趣、经验、思想观念等对其进行创造，进而生成真正属于自己的课程。这种创生取向的课程实施，会促进课程的不断发展和完善，促进教师专业素质的提高和学生的全面发展，最终达到全面提升高校课堂教学质量的目的。

三、实践育人的教学转向

实践育人的教学运行中，各构成要素之间不断相互联系、相互作用、相互影响，形成和达到结构合理、功能完整、关系和谐、程序严密、运行持久的运动状态，不断促进和调节高校实践育人工作健康稳定地运行。与“创生取向”的课程实施配套，推进实践育人教学进程的研究性与探究性，引导学生进行“研究性学习”。实践育人的教学理念，可以是对传统大学教学理念的现实超越与应然转向。

（一）教学时空：从“封闭性”走向“开放化”

美国著名统计学家、哈佛大学教授查得·莱特教授历经10年调查研究结果显示，“所有对学生产生深远影响的重要事件或活动，有4/5发生在课堂外”①。美国卡内基教育基金会也指出，“大学教育的效果直接与学生在校

① 申纪云：《高校实践育人的深度思考》，《中国高等教育》2012年Z2期。

园里度过的时光以及学生参加各种活动的质量联系在一起”①。国内的大学实践也证明，只有在开放的时空中和广阔的社会实践中，大学生才能深入了解社会，尽快融入社会，增强社会责任感；只有在社会实践中，大学生才能巩固、检验、掌握所学理论知识；只有在社会实践中，大学生才能面对各种困难，积极运用所学理论知识，增强解决实际问题的能力。

推动实践育人的教学转向，就必须倡导一种研究性的教学氛围，因此绝不能局限于传统的理论课堂、固定的教材、标准的作业等，而是要能随时把师生引向对外在的社会与自然世界的关注之中，创造条件，让师生在更广的视野中去找寻、发现与探究。实践育人的教学活动时刻要与生动活泼的外部世界保持密切联系，大学生们可根据需要到图书馆、实验室、实习基地等场所学习，或者深入广阔的乡村振兴一线开展社会调查研究，或者利用海量的网络平台资源进行深度的学习与交流等，大大拓展传统的教学时空，不断开阔学生的视野与思维空间。

（二）教学过程：从“被动接受”走向“主动创生”

在实践育人教学体系下，实践育人不是简单地在理论教学之外特别设计课程内容的实践环节，也不仅是把学生带出课堂、带出校门组织一些社会性的实践活动，而是特别强化整个教育过程的实践属性，引导学生在接受实践教育的过程中，实现从被动受教到自主参与和自主实践，使学生不仅在课堂理论教育中接受现成的知识，更要在开放的课程资源中、课堂时空中、动态的发展中，不断实现自主成长。那么，就要倡导一种以“问题”为中心的探究性教学和研究性的学习，意味着这种教学是基于创生取向课程实施的落实，而不是按部就班地按剧本“表演”。这必然对学生提出很高的学习要求，要求学生能够主动地提出问题，通过自主地、持续不懈地探究，得出探究的结论，并有所创造。

---

① 陶伟华：《中国教育应确立“实践育人”战略》，《科学新闻》2011年第11期。

实践育人教学过程的展开，不是教师把现成知识与结果直接呈现给学生，而是有针对性地选择探究主题，设置问题情境与条件，引导学生发挥主观能动性，让他们自主分析、自主探究、自主解决问题，激发起大学生持续不懈探索的激情与动力，并且让学生在这过程中体验、感受与发展，实现学生德智体美劳的全面观照。除基础知识与基本理论学习外，实践育人的教学可能还引导学生关注学科或课程中一直悬而未决的重大理论问题，也可能关注与学生当前或将来生活密切相关的社会问题的解决。教与学内容的不确定性，决定了实践育人的教学过程是在师生、生生的互动中创造生成出来的。

（三）教学主体：从“单向主导”走向“平等交互”

在以往教学中，教师是智者，是知识的权威、教学的中心和关键，学生从属于教师，学生的学习完全在教师的主导之下进行，教师依据既定的学科知识主要通过讲授的方法单向传输给学生，而且师生间缺乏平等的交流互动。这样，教学的主动权在教师手里，而学生则缺少应有的能动性，其主体性创造性难以发挥出来。

而实践育人导向的教学，强调通过利用开放的课程资源，在一种开放的课堂时空中，引导学生“主动探究”，让学生充分参与课程教学过程，成为课堂的主人。学生成为自己学习的主人，学生作为“学”的主体的“独特性探究和创造性发现”得以确认，这样必然要求打破传统教师的“权威”霸权，而且“教”的主体的教师还要有宽容的态度和开放的胸襟。在师生共同参与的实践育人教学进程中，师生不能局限于传统课堂，而要走向宽广的社会实践课堂。在此教学过程中，师生之间形成的是民主、平等的交往方式，共同塑造着教学内容、共同享受着“教学生活”，努力形成教学相长、共同成长的师生关系，让师生在自由、民主、平等的教学氛围中广泛交流和深层对话，进而充分激发起学生主体在建构意义知识过程中的能动性与创造性，促进学生的全面和谐发展。

（四）教学方式：从“呆板单一”走向“灵活多样”

与授受式教学相比，实践育人的教学进程中，利用的课程载体也不仅仅止于传统的教科书，通过参与广泛的社会调研实践、科研创新实践、农业生产技术服务实践，倡导研究性、探究性和实践性。这一过程追求的根本目标不再是丰富或增进学生确定不变的知识，而是培养学生以知识为基础的、对开放世界的问题意识、大胆的探索精神与创造性的研究能力，目标不在于获得一个标准答案，而在于探究和实践的过程，着眼于解决实践问题的综合能力素质的形成。这一过程既具有动态性，又具有不确定性。这种情形下，它要求在一种动态、开放、民主的氛围之中展开教学，相应地实践育人的教学方式并不强调固定不变的教学形式（或者说某种单一的固定不变的教学形式是根本行不通的），而是要因地制宜地根据教学情境、教学对象、教学资源等育人因素，灵活选用启发式、案例式、参与式、情景式等多样化教学方式，或者多种方法的混合使用，意在改变通过多种教学方式激活学生的多种感官、激发起学生的多样化的潜能，通过深入社会、接触实践，让学生从问题出发，在教师引导下，产生问题意识，逐步培养自主探究的学习和研究习惯，促使学生在知识、能力与素质上全面协调发展，不断增强其社会适应力。

（五）教学评价：从“终结性”走向“发展性”

实践育人教学进程中，就是把学生看成是发展中的人，珍视学生的独特性与创造性。要营造有利于强化实践的开放的环境氛围，鼓励学生带着任务走出传统课堂，走进校园活动课堂，走向真实的社会课堂，走向脱贫攻坚和乡村振兴服务的一线，充分利用行业产业创新联盟渠道或者校地、校府、校企合作的渠道，通过参与多层次、多样化内容的社会实践训练，催化行业或区域优势资源转化为实践育人资源。

这种基于建构主义思想观念的评价重点在于知识获得过程、在于过程的体验变化，因此评价内容就从重知识记忆向重实践能力、创新能力、心理素质、学习态度的综合考查转变，评价标准就从强调共性和一般趋势向重视个体差异、个性发展的评价转变。这样，考核就不能再局限于教材理论知识，而是要观照对知识运用能力及综合素质的考查，要求学生在掌握基本概念（原理）的情况下冲破课堂、教材的限制，主动去涉猎专业前沿知识和新动态，把对知识的理解推测、分析运用和问题解决能力作为考查重点，同时，把评价扩展到学生学习习惯的养成、创新意识与思维的培养，同时注重其合作精神、协作意识的考查。

第二节　基于实践取向的创业课程资源开发

为进一步推动大众创业、万众创新，深入开展创业教育，2015 年 5 月国务院办公厅颁发了《国务院办公厅关于深化高等学校创新创业教育改革的实施意见》（以下简称《意见》），《意见》指出要深化高校创业教育改革，加快培养规模宏大、富有创新精神、勇于投身实践的创新创业人才队伍，努力造就大众创业、万众创新的生力军。在高校深化创业教育改革的过程中，进行实践取向的创业教育课程改革是核心，而课程改革的实效性很大程度上取决于课程资源的开发程度。[①] 因此，必须以实践育人为出发点，充分开发和调动一切有利于推进实践性创业教育的课程资源，以期丰富相关研究，助力创业教育课程的深化改革和保证高校创业教育课程的实践取向。

一、实践育人与创业教育的契合性

实践育人与创业教育有着高度的契合性（如图 2-1）。一方面，实践育

---

① 张春利等：《课程资源开发的困境与对策》，《东北师范大学学报（哲学社会科学版）》2014 年第 5 期。

人理念指导着高校创业教育的开展；另一方面，高校创业教育目标的实现诉诸实践育人模式。二者以课程为载体，以课程资源为支撑和保障，实现了融合与连接。

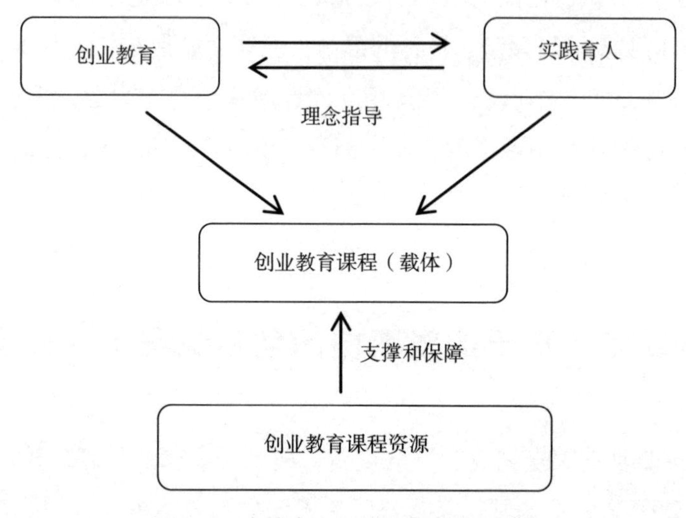

图 2-1　实践育人与创业教育的契合性

教育部等部门《关于进一步加强高校实践育人工作的若干意见》强调高校要进一步加强、统筹推进实践育人，由此，各高校继续深入贯彻实践育人理念，积极开展实践教育。创业教育是高等学校教育教学的重要组成部分和高校培养创新创业人才的重要环节，高校势必要深入贯彻实践育人理念、开展实践教育，发挥实践育人理念在创业教育中的积极作用。要深入贯彻实践育人理念，发挥实践育人在创业教育中的作用，就需要中介载体——课程来实现。因为课程是开展创业教育的核心途径和载体，所以将实践育人理念融入创业教育课程是贯彻实践育人理念、实施实践育人模式的直接有效的途径和方式。而要开展实践取向的创业教育课程，必须以实践为出发点，大力开发一切创业教育课程资源。

实践育人既是实施创业教育的必然选择，又是开展创业教育的根本保证。创业教育的核心是实践，创新精神和创业素质与能力的培养都需要在实践过程中实现。一方面，实践活动有利于学生将理论与知识对接和转化，进而掌握创业知识、提升创业能力，利于学生在实际情境和活动中提升责任心、组织力、判断力、抗压能力等创业精神品质。当前，创业教育实践资源稀缺，创业教育课程缺乏实践性，创业教育形式化，导致学生创业能力不足。创业教育亟须贯彻实践育人理念，通过实践性创业教育课程帮助学生培养创业精神品质、丰富创业知识、提升创业能力。因此，进行实践育人是深化创业教育的必然选择。另一方面，实践育人强调社会实践在教育教学中的地位和作用，学生可以在实践中运用和掌握创业知识技能、养成创业精神品质、积累创业经验、提升创业能力，保证创业教育目标的实现，以此培养高水平的创新创业人才。

二、实践取向的创业课程资源开发

基于实践育人开展创业教育，关键在于要充分调动一切相关资源，利用一切方式和手段充分开发创业教育课程资源，建立创业教育实践平台，提供创业实践的机会，保证创业实践教育的全面开展。政府应充分发挥其组织协调作用，给予充分的制度和资源支持；高校应从战略高度进行布局，大力开发本校课程资源。通过加强制度建设和社会支持、大力开发校本资源、增加人力支持等方式充分开发创业教育课程资源，为创业实践教育提供充分的实践平台和资源，确保创业教育的实践性，保障创业实践教育的顺利开展。

（一）加强制度建设和社会支持

1. 进行顶层设计，保障资源开发

加强创业教育的战略规划与法制化已成为国际创业教育发展的重要趋势。①

① 梅伟惠等：《中国高校创新创业教育：政府、高校和社会的角色定位与行动策略》，《高等教育研究》2016 年第 8 期。

政府的资源和制度支持是进行创业教育课程资源开发的重要保证，政府要在高校创业教育课程资源开发中有所作为。建立奖励和评估制度，地方政府可以通过设置优惠政策等鼓励举措促进社会企业与高校合作开展创业教育，并在校企合作中树立典范，激励校企合作良性推进。建立培训制度，地方政府牵头与企业、高校协同进行师资队伍的建设，提高创业教育师资综合素质，保证创业教育课程的实施。同时，政府要发挥其资源配置和组织的作用，实现高校、政府和企业三者协同运行，资源共享，相互促进，最终实现高校、企业和地方经济社会的共同发展。

2. 进行协同合作，实现资源共享

高校要与社会力量合作，实现资源共享，助力创业教育课程的深化改革。当前高校与企业之间的互动、互补、互惠性合作空间还有待拓展①，高校可以与电子传媒公司合作开发创业实务软件或线上课程；与社会培训机构合作建设民间机构，进行师资集结和实践基地建设等；与风险投资公司合作，为学生进行风险投资方面的培训等。建立校企协同创新机制，实现资源共享和利益共享。一方面，高校可以聘请具有创业经验和专业知识的企业管理者为创业导师，定期为学生授课、举办讲座和指导创业实践，定期培训创业课程的任课教师，提高教师的教学能力；另一方面，定期组织创业课程的任课教师深入企业，获得第一手创业资料和切身体验，提高教师综合素质。同时，企业可以为高校创业实践教学提供资金、场地等多方面的支持，高校也可以通过科研和人才培养，为企业输入技术和劳动力，实现相互促进、合作双赢。

（二）大力开发丰富的校本资源

1. 基于社团资源实施活动课程

高校社团是一种学生组织，具有自发性、辐射性和开放性的特征，可

---

① 徐小洲等：《大学生创业困境与制度创新》，《中国高教研究》2015 年第 1 期。

以聚集各类学生群体，调动学生参与实践活动的积极性，是开展创业教育课程的有效途径和载体。[①] 实施创业教育课程，要充分发挥学生社团的作用，将创业教育教学融入高校社团，发挥高校社团作为第二课堂的作用，构建理论与实践相结合的创业教育课程体系。一方面，高校社团由来自各专业、各学科的学生组成，利于不同专业学生的交流与合作，形成创业实践团队。高校可以利用社团形成创业实践团队，进行创业实践活动，弥补第一课堂的实践缺失。另一方面，利用社团的外联活动，组织学生进行社会实践活动，丰富实践经验。学生可以在外联活动中走出校园、接触社会，与其他高校社团和企业进行合作，养成创业心理品质，提高创业实践能力。

2. 利用新媒体平台丰富实践形式

当前，微信、微博等新媒体已成为大学生生活的一部分，是大学生获取信息的重要渠道，因此，充分开发和利用新媒体资源助力创业实践教育值得高校关注。新媒体平台可以为学生提供创业实例、创业政策法规、融资渠道等相关实用创业技能知识，也可以为学生提供可靠的商业信息，帮助学生发现创业机会、参与创业实践。新媒体可帮助教师开展丰富多样的教学实践，将创业课程延伸到教室之外。一方面，教师可以利用新媒体为学生提供及时的创业指导；另一方面，教师可以利用新媒体预先安排教学内容，让学生课前做准备，利于课堂上开展有效的教学实践。而且，通过新媒体模拟创业实践活动，学生有了参与创业的实践体验，有利于调动他们参与实践的积极性。

3. 开发校园创业区开展实践课程

建设校本创业孵化区以及相应的制度和规范是开展理论与实践相结合的创业实践教育的有效方式之一。高校可利用丰富的空间资源建设校园创业区，为学生创业实践活动或课堂创业实验提供便利。高校本身就是市场，存

---

① 张玉红：《高校学生社团与大学生创业教育的实践探索》，《教育与职业》2011 年第 12 期。

在无限创业商机，高校应该具有开放的思维，建设学校特色创业孵化区，让学生在实践中切实了解创业、体验创业，获得课堂教学中难以获得的知识经验。开发校园创业区，不仅有利于形成本校的特色创业实践教育课程，深化创业教育课程改革，而且有利于形成浓厚的校园创业文化和氛围，形成隐性课程，培养学生的创业意识和精神。

4. 整合校友资源助力创业实践教育

校友资源对开展高校创业实践教育具有重要作用。校友可以为高校创业教育提供资金、场地、信息等支持，为高校创业教育提供案例和典范，深化课程内容。高校可以引进校友企业家作为高校的创业教育任课教师，开展具有实践性的课堂教学，为学生提供理论和技术上的创业指导。同时可以培训高校教师，提高高校教师进行创业教育的能力。校友企业也可以为学生和教师提供创业实践的基地，形成教学做合一的创业实践教育模式。目前，校友资源未得到充分重视和开发，不能发挥其在创业教育课程建设中的作用。因此，高校有必要建立校友资源数据库，培养在校生的校友意识，开发校友资源，助力深化高校创业实践教育。

5. 利用在校学生创业者丰富课程

在校学生创业者也是学校开展创业实践教育的重要资源，而高校往往忽视了这一隐性的课程资源。第一，在校学生创业者的创业案例可以成为鲜活的教学案例，丰富课堂教学内容。第二，在校学生的创业经历可以使其他学生深切感知身边的创业实例，深化创业意识并正确认识创业，而且在校学生创业者也可以通过讲座、授课等方式分享自己的创业经历和心路历程，帮助更多学生树立正确的创业意识和动机。第三，具有创业经历的学生可以发起并组织相关社团或创业实践活动，让更多的学生接触创业实践、感知创业、体验创业。

（三）增加资源开发的人力支持

1. 充实师资力量进行课程资源开发

教师是开发课程资源的生力军，没有强大的师资队伍就难以保证创业教育课程资源的有效开发和利用。目前，创业教育师资数量少、质量低的现状阻碍了创业课程资源的开发，因此，政府和高校合作建立创业教育师资的补充机制和培训机制是当务之急。一方面，加快培训校内创业教育教师，提高教师质量。校内教师普遍缺乏课程资源开发的意识和能力，因此，通过培训使校内教师能正确认识课程资源并树立课程资源开发意识，主动进行课程资源开发；另一方面，通过引进校外企业家或有创业经验的创业者等多途径补充教师队伍，提高教师队伍整体素质，使教师有意识、有精力、有能力进行课程资源开发。

2. 重视辅导员在课程资源开发中的作用

辅导员作为高校教育教学中的重要力量，应充分发挥其在开发创业教育课程资源中的作用。辅导员与学生日常接触较多，可以及时了解学生的思想动态和行为，所以辅导员更容易开发与整合满足学生需要的创业教育课程资源。目前，辅导员在创业教育课程资源开发中的作用没有得到充分发挥，原因在于：一方面，高校未充分意识到辅导员在课程资源开发中的作用；另一方面，辅导员队伍薄弱，且辅导员没有参与创业教育课程资源开发的意识、经验和能力。因此，高校要通过强化辅导员队伍，完善辅导员培训，鼓励辅导员参与创业教育课程资源的开发。

3. 发挥学生在课程资源开发中的作用

在校学生同样是创业教育课程资源开发的重要人力支持。学生作为高校创业教育的受众，最清楚自己需要什么样的课程，对课程资源的开发和利用有一定的发言权。所以，高校应在课程资源开发中充分发挥学生的作用，例如在收集学生对课程资源开发的建议和意见的基础上进行创业教育课程资源开发等。除此之外，学生本身就是非常重要的课程资源，要充分发挥学生的主观能动性，使得其自身资源得到开发。

创业教育课程资源的开发要基于实践育人，致力于为创业实践教育服务。唯有如此，才能保证创业教育的实践性取向，提高高校创业教育的质量，保障创新创业人才的质量。实践性创业课程资源的开发不是高校教师或高校单方面的责任，需要发挥政府、社会和高校等多方力量的作用，需要从制度建设、观念转变等多方面进行。同时，高校创业教育课程资源的开发是一个长期工程和特色工程，不可一蹴而就或一成不变，不同地区和高校要具体问题具体分析，注意开发本地区特色的创业教育课程资源，建设特色的创业教育课程。课程资源的开发不是目的，更重要的是优化配置和组织各方资源，形成完善、灵活、开放的资源体系，建成一体联动的创业生态系统，为开展创业实践教育课程提供充分的资源条件，保证创业实践教育体系的建设，培养高质量的创新创业人才。

第三节　基于校企合作的实践育人资源开发

实践育人资源转化即将实践育人资源通过某种方法或途径转变为带给社会更多效益的资源的手段。实践育人资源转化能使原本利用率低或闲置的教育资源得到充分的利用。实践育人资源转化使教育资源得到优化配置，用有限的、稀缺的教育资源源源不断地进行转化，创造出富有生命力的持续的效益，减少资源的浪费。将实践育人资源进行转化，充分发挥实践活动载体的作用，让大学生提前与社会进行对接，在生动的实践中消化理论知识，有利于为大学生就业创业做准备，有利于政企事业单位获得对口的、专业化的人才储备，有利于促进人才供给侧结构性改革，推动企事业单位的可持续发展，有利于社会的创新进步，间接促进高等教育学校的就业率，为社会培养出优秀的青年才俊。只有实践育人资源转化形成长效机制，才能使社会形成完整的良性循环。

一、校企合作中实践育人资源挖掘

在校企合作背景下的实践育人途径存在多种可能的组合，同时为响应国家因材施教、实现每个学生都得到全面发展的目标，因此需要依据企业的不同来获取不同的实践育人资源。本书涉及的校企合作实践育人资源主要从三类来进行阐述，分别为精神类资源、专业类资源和条件类资源。

（一）挖掘企业环境文化精神类资源，在实践中砥砺学生精神品质

在校企合作实践育人资源中，精神层面的资源也是不可忽视的一类资源。现代社会需要的人才，不仅重视职业能力，而且对良好的职业素质提出了要求。因此在校企合作实践育人过程中，要充分体现出对职业素质的培养。职业素质是劳动者对社会职业了解与适应能力的一种综合体现，具有职业性、稳定性、整体性、内在性和发展性等特点。职业性主要体现在不同的岗位需要具备的职业素质是有差异的，例如华为技术有限公司，作为国内数一数二的高科技研发与制造公司，需要华为企业的员工认同并适应其企业文化，要求员工在生产过程中必须严谨缜密。

2019 年 8 月山西农业大学与华为公司的合作就充分体现了校企合作中精神资源的重要作用。首先，华为公司的核心价值观“以客户为中心”，是华为质量文化的核心，也是华为一切工作的驱动力。华为内部流行着自成立起就坚持的精神——“质量好、服务好、运作成本低、优先满足客户”。华为公司的这种“工匠精神”以及对产品质量极致追求的做法，可以作为高校优秀的教学案例，对于高校培养学生人生观、价值观有举足轻重的作用。其次，华为公司的爱国精神也令人称赞。华为公司将产品远销国外，在世界范围高举“中国制造”的大旗，在中美经贸摩擦中承受了巨大压力，在向世界展现中国风采方面，闯出了中国科技的一片天地。

山西农业大学与华为技术有限公司的成功签约，贯彻了国家创新发展战略，提出在人才培养与科研交流、智慧校园建设、智慧农业等方面进行全面合作。华为与山西农大的合作有利于将华为的优秀企业文化带进校园，带给广大农大学子，使得学生更加积极向上、追求进步，进一步改善学习方法，

获得更强的学习动力，让学生们不仅在学习中更加精益求精、勇于创新，在生活中也要善始善终、踏踏实实。学生也要向华为企业学习，勇于承担责任，富有社会担当，在祖国需要的时候挺身而出，用青春和知识服务于国家现代化建设，为实现中华民族伟大复兴中国梦贡献力量。

（二）利用企业产业创新研发技术优势，在实践中增强专业综合素质

国务院办公厅颁布的《关于深化产教融合的若干意见》（以下简称《意见》）中指出要深化职业教育、高等教育等改革，发挥企业重要主体作用，促进人才培养供给侧和产业需求侧结构要素全方位融合，培养大批高素质创新人才和技术技能人才。近年来国家也提出了“新工科建设”，提倡在产学合作协同育人项目中设置“新工科建设专题”，汇聚企业资源。校企合作要响应国家号召，最重要的合作板块就是在专业技术方面的合作。高校和企业在专业技术的理论与能力方面各有侧重，因此在培养学生的全面发展中都占有重要地位。笔者认为，职业能力是指个体将所学的知识、技能和态度在特定的职业活动或情境中进行类化迁移与整合所形成的能够完成一定职业任务的能力①，通过校企合作可以最大限度地挖掘学生潜能，培养适应社会和企业需求的专业人才。

根据资源基础论的观点，当企业的某种资源存在一定价值、具有稀缺性、难以被模仿或替代且能够被企业利用时，该资源就构成了企业独特的竞争优势。该观点对高校也同样适用。高校是进行科学研究的专门场所，拥有浓厚的学术氛围和优秀的研究人员，各个学院在各自领域都有自己的特色学科，取得了许多科研成果。山西农大有百余年的办学历史，师资力量雄厚、技术队伍完善。山西农大与华为进行合作，可以将山西农大的理

---

① 陈骅、饶芸：《以就业为导向的大学生职业能力提升培养研究》，《黑龙江教育（理论与实践）》2018 年第 4 期。

论研究、技术成果、实验方法和步骤等等科学研究成果与企业分享；华为作为在高端科技产业领域深入研究多年的企业，可以为高校提供稳定的高科技平台，为山西农大智慧校园建设提供助力，将实践中积累的经验与高校学生进行分享，生产活动中遇到的瓶颈也可以向高校寻求解决方案和思路。校企双方互动互补，不仅可以满足企业的人才需求，而且可以解决高校投入不足导致校内基地建设滞后的问题，从而为提高大学生未来需要的职业能力搭建平台。

（三）利用企业场所条件等资源条件优势，破解高校实习实践资源条件短缺的难题

保障类资源可以理解为使系统满足战备完好性与持续作战能力的要求所需的全部物资与人员。保障类资源是校企合作可以实现并能够长期发展的基础。校企合作中的保障类资源包括但不限于充足的资金、完善的设备、合适的场地、专业的人员等。

企业可以为高校提供保障类资源。首先，与山西农业大学进行合作的华为公司拥有充裕的资金资源，是山西农大科技成果可以转化为实际效益的强有力支撑。其次，山西农大是百年传统老校，校园内部分建筑老化，不能满足当前科学实验的场所要求，而华为公司是享誉世界的高新产业信息技术供应商，可以在现有的学校基础设施上提供协助，并且通过校企携手共同建设智慧校园。再次，华为公司在山西省的业务分部与山西农大距离相对较近，可以为农大学子提供参观、实习的机会。

山西农业大学拥有大量的专业师资和人才，可以向企业提供技术咨询、派遣专业教师与企业交流经验等，除此之外，山西农业大学作为国内知名高校，华为公司与其进行合作也会获得业内良好的声誉，提高企业的知名度。在校企合作过程中，企业提供充足的资金、生产活动设备、场地等硬性资源，高校可以提供师资、最前沿的科技成果以及良好的声誉等软性资源，两者强强联合，有利于为高校教学实习、科学研究、技术推广、创新创业、农

民培训等工作创造良好条件，达成双方各自理想的目标，努力引领区域现代农业发展，为校企的长期稳定合作创造了条件。

二、基于校企合作的实践育人资源转化机制

（一）转化机制

目前，校企合作实践育人资源转化机制可以概括为以下几种：

第一，交流互动机制。校企合作过程中必须要有良好的交流互动渠道。交流互动机制是一种双向的信息交换机制，这种机制不仅是教学过程中理想的教师与学生交流方式，而且是校企加强合作必不可少的重要平台。相较于单向灌输机制，交流互动机制更加注重反馈和回应。教师利用自己长期形成的教学经验对繁杂的社会信息、社会资源进行整合，与学生分享并引导学生放宽视野、开阔思路，在学生思想保守、思维僵化时及时进行多角度的点拨，启发学生深入探索，鼓励学生与学生之间、学生与教师之间交换观点，交流见解，形成有来有往的良性的资源转化机制。这种机制需要教师思想开放，不吝时间关注学生、勉励学生，使得学生足够信任教师，只有这样，学生才更愿意且敢于与教师交流不同意见，增加接受育人资源的乐趣，且主动投身于搜集教学资源的行动中去。

校企合作实践育人资源与交流互动机制相结合，更增添了资源转化的执行力，可以有效推动教师和学生双方采取行动，广开言路，博采众长，促进校企合作实践育人资源的转化。同时，在校企合作中，企业与高校的交流沟通也格外重要，企业派遣专人就各项合作事宜与高校交流，商讨出最具效益的对双方都有好处的方案。除此之外，合作的全过程都离不开校企的互动，只有这样才能够维系高校与企业之间的良好合作，校企各方面资源才能够实现顺畅交换，校企合作才能得到长期稳定的发展。

第二，物质转化机制。校企合作过程中的所有沟通协调都是为物质资源

转化做准备的。在校企合作过程中，学校应利用自身的学术和科研优势，为企业提供技术指导、新产品开发、员工培训等服务，提高企业的竞争力。学校可以与企业共建实验室和实践教育基地，搭建企业的科技创新平台，提高企业的产品创新能力，增加企业的知名度，为企业培养潜在的人才队伍。企业也应该为学生提供更好的实践条件和实践机会，企业丰富的产业链条和产业结构更有利于学生综合素质的提高。在一定条件下，学校和企业可以建立利益驱动机制。学校可以为企业进行人才培养战略支持，解决企业员工培训、产品研发等多方面的切实利益。企业可以为学校提供硬件设施、实训场地、实习岗位、专业技术指导等多方面支持。一方面有利于解决目前高校教育实践条件不足、产学滞后等问题；另一方面，可以使学生在真实的工作岗位中，接触社会、感悟人生，增强社会责任感，提升职业道德素养，有效提高人才培养质量。①

（二）保障机制

首先，校企合作需要有足够的资金支持。高校主要的办学责任是培养社会需要的人才，以及利用高校各学科的专业知识进行研究，因此拥有大量研究成果，这就需要与企业合作进行科研成果的转化。由于高校的研究成果在实验阶段付出了大量人力、物力成本，在实验阶段以及后续研究成果转化的过程中需要企业提供资金支撑，企业的资金与高校的技术强强联合，能够使校企合作实践育人资源的转化得到保障。

其次，校企合作需要有明确的制度保障。高校和企业分别是两个庞大的社会组织，内部又细分为多个部门或机构，因此如果没有明确的规章制度来规范行为举止，就会造成难以解决的混乱。因此在校企合作全过程也必须制定合理的、切实可行的、具有强制执行力的制度来保障合作的有序进行。

---

① 丘少美：《校企合作视域下春运志愿服务实践育人平台的探析——以广州铁路职业技术学院春运志愿服务为例》，《南方职业教育学刊》2016 年第 4 期。

一方面，高校不仅有招生就业处这类固定的组织机构来统一负责高校学生的就业与签订协议，还有不同院系特定的辅导员和老师兼职负责对毕业生的就业指导，以及有专门的院系老师联系到合作企业的实习机会后，全面负责与企业的交涉和学生的安全问题。在校企合作中，学生的安全问题是第一位的，所有的效益都必须以学生安全为基本前提。因此高校相关负责人责任重大，既要对接好学生，又要对接好企业。另一方面，在企业中，也设有专人负责校企合作的各项事宜，只有这样才可以保障相关事情有依据、有规范，出现问题迅速采取适当方法解决。校企合作的制度保障，需要双方共同协商，明确划分权责以及违反后的处罚机制。除此之外，还可以聘请第三方来监督校企合作的全过程，若校企合作日后出现分歧可以有一个保持中立的第三方进行仲裁。

校企合作不可能一帆风顺，在现实中往往有各种不可预料的外界环境导致校企合作发生变故。当合作的一方因外部原因无法正常履约或者是合作的一方主观意愿上不愿意继续进行合作而违约时，必须要有严格的制度来划分各方责任，由违约方进行协议内的补偿或赔偿。

三、基于校企合作的实践育人资源转化效果

在我国，国家鼓励实践育人的政策文件已经下达了很多年，其中通过校企合作的形式来贯彻实践育人政策，也得到了许多高校和企业的积极响应。在实践过程中，高校和企业积累了丰富的经验，得到了满意的结果。

（一）促进学生创业就业能力，培养学生爱岗敬业精神

校企合作下的实践育人以学生为主体，高校通过设置理论与实践相结合的课程模式，形成学用一体的教学体系，为学生就业创业提供理论支持；企业通过提供实习实践机会参与到学生的能力培养过程中，为自身储备优秀人才。两者的共同培养，能够提升学生的学习和实践能力，促进学生把理论运

用到实际的创业就业中，以此发掘学生创业就业潜能，提升学生解决问题的能力，助力学生创业就业梦想的实现。

校企合作通过让学生到企业中实习的方式，让学生了解企业生产的流程，并通过利用自己所学的专业知识解决实际生产中的一些困难，活学活用，可以提升学生的参与感和自豪感，提升学生对本职工作的热爱和对企业文化的认同；同时学生通过和企业员工一样遵守企业规章制度，如按时上下班打卡等，可以磨炼学生的意志，提升学生的职业素质，树立学生的时间管理意识，培养学生的爱岗敬业精神。

（二）促进教师教学能力提升，壮大教师实践育人队伍

校企合作实践育人的过程，不仅能提升学生的综合素质，磨炼学生意志品质，还能促进教师自身成长，提升教师教学能力，从而壮大教师实践育人队伍。先让教师深入企业，学习企业运营实际操作流程，然后教授、引导学生参与企业的实操运营。通过企业的引导和帮助，教师不断提升教学水平和实操能力，企业和教师双向为学生提供相关帮助，以此使学生的创业就业实现更好的发展，体现个人价值。实行高校和企业合作育人的“双导师”制，即企业和高校分别指派育人负责人为学生的导师，企业导师主要负责指导学生在生产实践过程中的学习，高校导师主要负责学生在学校的系统的理论课程教学。

高校教师在实践育人过程中为适应校企合作模式下的“双导师”育人制，不断提升自身素质与业务能力，与企业导师持续深入合作，相互学习、相互促进，拓宽高校教师的教学思路，唤醒高校教师的创新意识，创新教学模式，提高自己的教学水平。在这种校企合作育人的模式下，通过教授带头组建团队，团队成员在实践过程中相互学习，实现团队的共同成长和不断壮大。

（三）创新高校教学模式，完善人才培养方案

校企合作不仅能促进企业的创新发展，更给高校带来了不可估量的效

益。校企合作下高校为适应社会经济发展与企业的实际需求，为企业提供专业人才，必须不断与时俱进，打破传统教学模式的约束，创新教学模式，以适应新型人才的培养机制。同时，高校根据社会和企业对人才的需求，不断地完善人才培养方案，力求培养出适应社会和企业需要的专业的高素质人才。在校企合作实践育人模式下，企业还为高校提供现代化教学设备、实践基地等，促进高校办学条件的改善。通过邀请企业资深的人才培养专家到高校进行育人经验交流，可以创新高校办学理念。

（四）建设综合性育人平台，发挥产学研用协同创新效应

平台指进行某项工作所需要的环境或条件。校企合作综合性育人平台是指有助于校企合作参与方沟通交流、信息分享、人才培养、科学研究、技术推广应用等的环境或条件。通过校企合作平台，校企合作参与方才可以建立共同的价值观，寻求公共的利益诉求，通过信息交换、资源共享和优势互补，实现合作共赢、共同发展。综合性育人平台的建立，制定了完整的操作规章，使平台能够顺利运转，当遇到突发事件时可以快速找到规则依据，明确划分职责范围，以防相互扯皮的现象发生；当有单位不遵守校企合作协议违约时，也能通过有效的强制力进行制约；当有高校或企业要求退出平台时，也要有相应的审核处理方案。同时，平台建设吸引了多家高校和企业的加入，促进校企合作实践育人资源的充分利用，发挥产学研用的协同创新效应。

第四节　实践育人的特色教学机制探索

教思政 2012 年 1 号文件《关于进一步加强高校实践育人工作的若干意见》将高校的实践育人工作看作是提升高等教育质量的必然要求。然而，现阶段我国农科高校的实践育人工作，仍然不尽如人意，与培养卓越农林人

才的目标还存在较大差距。发轫于美国的服务性学习理论已经在许多国家的高等教育领域得到广泛传播与实践应用，我国的农科高校可借鉴这一理论，优化实践育人工作的效果。

一、服务性学习的缘起与发展[①]

服务性学习的实践发端于19世纪末20世纪初美国的体验学习，而“服务性学习”这一术语出现则较晚，是在1967年由美国当时著名教育学家罗伯特·西蒙和威廉·拉姆齐共同提出的。它最初的含义是将“有意识的教育学习”与“完成任务式的教育学习”相结合，以满足人们的需要。在这一概念提出之后，美国率先开始了服务性学习的广泛实践。直到20世纪80年代末，服务性学习最终在美国的中小学以及大学普遍开展起来。在美国，服务性学习是这样一种学习方式：“学生积极主动地参与学校组织的社区服务活动，这种活动可以满足社区的需要，更重要的是，学生在活动过程中通过将服务与课程学习相结合，能使其自身得到发展。”[②] 之后经过世界各国长期的实践，服务性学习的基本内涵逐渐明晰，它是指由学校在一定的时间内通过给学生提供服务社区的机会，而将学术课程学习与社区服务工作紧密结合，以使学生具备丰富的专业知识、必要的社会技能和优良的个性品质的一种新型学习方式。综合上述观点，笔者认为，服务性学习就是经过精心组织的，以学生服务地方和社会为主要形式，在课程中开展服务，在服务中贯穿课程学习，既能满足地方和社会的需要，又能促进学生自身发展的一种新型学习方式。

---

① 陈晶晶、何云峰：《服务性学习：理念阐释、价值重估及机制建构》，《中国成人教育》2015年第15期。

② 刘长海：《论服务性学习对大学生社会实践的启示》，《高教探索》2005年第3期。

（一）服务性学习在美国的兴起

服务性学习最早可以追溯到美国实用主义教育家杜威的经验学习。他极力主张将学生在校的生活与其个体经验紧密联系起来，又被称为“做中学”。服务性学习的发展大致分为四个阶段。第一阶段是萌芽阶段（20 世纪 60 年代），典型的代表是和平队和服务志愿者项目，是志愿者利用自身的知识专长去帮助有需要的人，同时自己也可以从中受益。第二阶段是成型阶段（20 世纪六七十年代），主要有三种形式，即公共服务实习项目、实地研究体验项目以及传统的学生志愿者项目。但这两个阶段的服务性学习并没有与学生的课程学习紧密结合起来。第三阶段是补充课程阶段（20 世纪 70 年代到 80 年代初），美国政府成立了联邦机构专门负责志愿者服务活动的监管，并为其提供资金和技术支持。这一阶段的服务性学习是作为一种特殊课程存在的。第四阶段是课程整合阶段（20 世纪 80 年代中期到 90 年代末），美国政府成立了全国实习和体验教育协会，提出“将服务与课程学习结合起来以服务教学”的理念，得到了社会各界的大力支持，服务性学习开始逐步兴盛和繁荣起来。

（二）服务性学习的全球发展

受美国的影响，世界其他国家也开始引入服务性学习。早在 19 世纪，英国在培养学生社会性方面就将提升服务意识、培养社会技能作为重要内容之一。到 20 世纪上半叶，英国的职业教育则依托企业继续培养学生服务国家和社区的意识和能力。到了 20 世纪 90 年代，英国将“社区服务”作为培养学生社会性和开展公民教育的一门重要课程。20 世纪 90 年代起，韩国首尔市教育厅规定，初中要将志愿服务活动义务化，高中的志愿服务活动要在高中成绩中占一定比例，大学则要将志愿服务活动作为学校的教学科目，要求学生一年之内必须参加规定学时的志愿服务。

（三）服务性学习的本土实践

进入新世纪，服务性学习也引起我国教育界的广泛关注，许多高校在教育教学实践中成功地进行了服务性学习的探索实践。具体来说，服务性学习在我国的实践可以总结为四种类型：第一种是社会实践活动中的服务性学习。通常在假期进行，持续时间较长，且与学生所学课程紧密相关。它有多种形式，如环保服务、支教服务、科技支农服务、社会调研等。第二种是课程教学活动中的服务性学习。有三种形式，即服务性学习课程群、教学实习模块和科研训练计划。第三种是志愿服务活动中的服务性学习。通常在特殊节日或周末开展，持续时间较短，形式不限，如清扫校园、募捐物品、资助孤儿、敬老院服务、义务献血等。第四种是自发创业实践中的服务性学习。高校学生在创业实践中结合地区实际，采取适当方式服务地方经济发展，既无固定时间要求，持续时间和服务形式也无明确规定。

二、服务性学习的育人价值重估

（一）哲学视角：服务性学习是促进教育与劳动相融的新型教育机制

从哲学角度看，服务性学习是促进教育与劳动相融的新型教育机制。“教育必须与生产劳动相结合”，知识的全部功用就在于能被有效地运用于社会的各种实践之中；并且任何已有的知识若是不在实践中被充分地运用，就会失去作为知识的价值，更不会自动催生出新的有用的知识。对学生而言，学习书本知识只是“获得能力”的“准备阶段”，一个人的“真才实学”是在实践中、在运用学得的知识解决现实问题的过程中逐步获得的。但是，在一个较长的时期里，这一原则在高校并没有得到很好的贯彻。这种脱离社会生活，规避与生产劳动相结合的教学方式，使学生不能真正地深入社会实践中去体验丰富多彩的现实社会，反而更多的是让学生聚集在学校里啃书本、背教条，这种“学究式”的学习方式使得高等教育失去了生机和活力。与之相反的是，服务性学习特别注重社区服务与课程学习的整合，主张在课程学习中开展服务，在服务中贯穿课程学习。无论是社会实践活动中的服务性学习，还是课程教学活动中的服务性学习，抑或是志愿服务活动和自发创业实践中的服务性学习，都能够将课程学习与社会实践、生产劳动有机地结合起来，这才是“真正的教育”“有用的教育”。

（二）经济学视角：服务性学习是一种低成本高回报的优质教育资源

在教育与经济关系的研究上，人力资本理论最有代表性。服务性学习同样也可以从人力资本理论中找到理论支撑。人力资本是指劳动者因受到教育、培训、实践经验、迁移、保健等方面的投入而获得知识、技能及能力的积累。由于这种知识、技能及能力可以为其所有者带来工资等收益，因而成为一种特定的资本——人力资本。可见，学生在学校里获得的知识技能是其人力资本的一部分，它是可以带来一定经济收入或其他收益的源泉，其收益率往往高于物质资本的收益率。高校能够为学生提供各种资源来发展和提高其智力、体力与道德素质等，使其形成更高的生产能力，而服务性学习正是这样的资源之一。一方面，服务性学习可以帮助学生形成和提高诸多能力，如对所学知识的应用能力，解决问题的能力，与他人交流，沟通与合作的能力等，这些能力能够提高人力资本存量，使其适应未来升学和就业的需要。另一方面，由于服务性学习非常注重学校与地方的合作，使得学校易于了解地方政治、经济、文化等方面发展的最新动态，培养出的人才更易为地方所接受，因此服务性学习在降低失业率和提高就业率方面能够发挥重要的经济作用。可以说，服务性学习是一种低成本高回报的优质教育资源。

（三）心理学视角：服务性学习是一个获取实践经验的新型教育载体

从心理学角度看，库伯的经验学习圈理论可以为服务性学习提供强有力的理论支持。库伯认为，“经验学习过程是由具体经验、反思性观察、抽象概念化和主动实践四个阶段构成的环形结构。具体经验是指学习者要从日常生活学习中获取直接或间接经验，这是学习的起点；反思性观察是指学习者对自己获取的经验进行反思；抽象概念化是指学习者要将已获经验升华或使之理论化，形成某种概念；主动实践则是指学习者将所形成的概念加以运用，以检验自己的学习效果”①。学习者经验的获取只有经过这四个阶段的循环才能完成。通过这种循环既可以强化学习者对所获经验的认识，也有利于学习者将这些经验灵活运用于各种情境中。可见，这一理论非常注重在实践中获取经验。服务性学习非常注重社区服务与学术学习相结合，在服务性学习过程中学生个体实践经验的获得正是通过不同形式的实践完成的。因此，服务性学习又是一个获取实践经验的新型教育载体。

（四）社会学视角：服务性学习是一个实现个体社会化的重要教育途径

从社会学角度看，服务性学习是一个实现个体社会化的重要教育途径。所谓个体社会化是指“个体学习所在社会的生活方式，将社会所期望的价值观、行为规范内化，获得社会生活必需的知识、技能，以适应社会需要的过程”②。简而言之，社会化是个体由一个“自然人”变成“社会人”的过程。个体社会化的目的不仅要使人学习和掌握成为社会成员所必需的社会技

---

① 参见戚先锋：《库伯的经验学习理论——研究中小学教师继续教育的新视角》，《继续教育研究》2006 年第 2 期。

② 十二所重点师范大学联合编写：《教育学基础》，教育科学出版社 2008 年版，第 35 页。

能，接受和认同一定社会的文化价值与社会规范，而且要使先进的思想、技能和经验得以传承，推动人类社会不断向前发展。而服务性学习将课程学习与社区服务相结合，让学生在校期间有部分时间可以进入社会，在深入各种真实环境的过程中了解社会对个体的期望、要求与限制，因此可以使学生较早了解个体社会化的整个过程，甚至较早实现自身的社会化。学生所服务的地方也可以在接受学生服务的过程中帮助学生社会化的形成。

三、服务性学习对农科高校实践育人的启迪[①]

（一）课程学习要与实践育人相结合

服务性学习努力将社区服务与课程学习进行整合，充分体现出课程性与服务性的双重特色。因此，其课程体系中服务性学习占有相当大的比重，且每一次服务都必须与所学的课程内容相关，或与学期或学年所要达到的目标相关。相比而言，我国农科高校各专业的课程体系中实践教学、军事训练、社会实践活动等实践育人环节虽然也有相应学分和时数的规定，但更多的是任务式的组织和执行，并不注重将这些环节与课程相结合，从而导致实践育人与课程学习相脱节。因此，借鉴服务性学习理论，将农科高校各专业的课程学习与实践育人相结合是十分必要的。农科高校应努力把实践育人的理念贯彻到大学生课程学习的始终，渗透到教学、科研、人才培养和社会服务等方方面面。

（二）坚持学生的主体地位

王策三认为：“主体性是全面发展人的根本特征。”[②] 服务性学习的内容

① 陈晶晶、何云峰：《服务性学习视阈下农科高校实践育人长效机制建构》，《山西高等学校社会科学学报》2015 年第 4 期。

② 王策三：《教育主体哲学刍议》，《北京师范大学学报》1994 年第 4 期。

和项目是学生在教师的帮助下结合自己对社区的调查分析后确定的。可见，在服务性学习过程中，从发现问题到提出问题再到分析问题，最后到解决问题，都突出体现了学生的主体地位。然而，我国农科高校的实践育人工作一般采用固定的模式，以社会实践活动为例：学校根据上级主管部门的文件精神确定活动主题，之后交由各学院制定具体工作方案，而学生只是根据校院两级的安排开展活动，毫无主体性可言。这种做法既很难调动学生投身活动的积极性，也不易培养他们独立自主和积极负责的精神。因此，农科高校必须在实践育人工作中借鉴服务性学习的理论，确立学生的主体地位，鼓励学生主动参与实践项目的选择、实施与评价等各个环节，切实增强他们独立处理问题的能力。

（三）坚持实践育人制度化

服务性学习理论强调服务的长期性、持续性，因此，与其同质的高校实践育人工作也应贯彻这一点。然而，现阶段，农科高校的实践育人工作却大多根据上级安排开展，上级有文件，学校就有活动，上级没有文件，学校也就很少组织任何活动。可以看出，农科高校的实践育人工作缺乏切实可行的制度支持和保障，导致其长期得不到发展。因此，农科高校应该把实践育人制度化，建立健全实践育人的相应制度，把实践育人工作纳入各专业人才培养方案中，纳入相关课程的教学目标中，鼓励相关课程的教师将实践育人与课堂教学整合，帮助学生实现专业课程知识的学习与实践活动齐头并进，使参加实践活动与课程学习一样成为学生日常生活的有机组成部分。

（四）建立实践育人反思和评价体系

反思是服务性学习与其他社区服务相区别的重要特征。然而，我国农科高校的实践育人工作大多注重对学生所参加的实践教学、军事训练、社会实践活动等环节的评比、表彰，往往是评比、表彰一结束，实践育人就结束，很少对其进行系统、深刻的反思和评价，这就使得实践育人无法取得更理想的效果。由于学生只关注得奖与否，因此实践育人经常流于形式，很难真正起到增强学生社会责任感、提高学生综合素质的作用。借鉴服务性学习理论，农科高校的实践育人工作必须建立起相应的反思和评价体系：一方面，鼓励教师对指导学生从事实践活动的所有工作进行反思与评价；另一方面，鼓励学生对自己的实践活动进行反思与评价。

四、农科高校实践育人长效机制的构建

农科高校的实践育人工作，可以借鉴服务性学习作为理论建立四大长效机制。

（一）建立课堂教学与实践活动的整合机制

长期以来，受传统观念影响，农科高校形成了课堂中心、教师中心和教材中心的“三中心”局面，课堂教学占据绝对的优势地位，而实践环节则居于比较次要的地位；教师是课堂教学的绝对主体，却很少参与学生实践活动的指导，这就造成了课堂教学与实践活动严重脱节。借鉴服务性学习的理论，根据存在的问题和已有的经验，建立课堂教学与实践活动的整合机制，具体可以从以下三方面入手：第一，建立教师参与实践育人指导工作的激励机制。农科高校可以结合自身的实际情况，将教师参与实践育人的工作量按一定比例折合成课时，纳入年终教师教学工作量的计算范围，以增强实践育人指导工作对广大教师的吸引力，激励他们积极主动地参与这一工作。第二，建立教师指导学生实践活动的导师制。在实践活动指导方面，农科高校可以建立导师制，要求讲师以上职称的教师必须作为导师并指导一定数量的学生。要求教师不但要做学生课程学习上的导师，还要做学生实践活动中的导师，做学生身心健康成长的引路人。第三，改革高校课程体系。农科高校要将实践教学、军事训练、社会实践等实践活动纳入各专业课程体系中，使其在各专业课程体系中占据一定的比例，并将实践活动与课堂教学有机结

合，帮助学生掌握适应社会发展变化所需的基本知识和技能。①

（二）建立以确立学生主体地位为本的目标机制

学生的发展是内外因相互作用的结果。教师、环境等外因在学生发展中能起到促进或阻碍的作用，但是却不能代替内因——学生主体内在的发展，而学生主体内在的发展只有在学生的亲身实践中才能真正得以实现。叶圣陶曾经说过："教是为了不教。"因此，农科高校的教师必须要把学生发展的主动权交给学生，建立以学生主体地位为本的目标机制。为此，可以从以下两方面入手。

1. 改革传统课堂教学

首先，教师要转变单纯传授知识的教学观念，树立新的"五教"观念，即课堂教学要教知识、教观念、教方法、教思考、教精神。教知识就是要认识到知识仍然是课堂教学的重要内容，但并不是唯一内容；教观念就是要帮助学生树立正确的学习观念；教方法就是要教给学生正确的学习方法；教思考就是要引导学生开动脑筋思考问题，并教给学生正确的思维方式；教精神就是要激发学生的探索精神，让学生自己主动去探求知识。其次，教师要努力贴近学生。课堂教学中，教师不要总是以高高在上的姿态站在讲台上，而应该适时地走入学生当中，观察学生的反应，倾听学生的心声，让学生真正领悟到教学是一个师生双方共同参与的过程。再次，教师要把课堂教学的主动权还给学生。在课堂教学中，教师不要把所有的内容都事无巨细地给学生讲出来，而是要大胆地留下三分之一甚至更多的内容给学生自学、思考，让学生在这个过程中，自己发现问题、探讨问题、解决问题，充分调动学生的主动性。

2. 加强课外实践教学

首先，继续规范现有课程的实践教学环节；其次，积极鼓励单独设置实

---

① 吴亚玲：《论构建实践育人的长效机制》，《广东工业大学学报（社会科学版）》2011年第5期。

验课和有针对性地设置一些有农科高校特色的实践教学环节。以此为基础，努力构建理论与实践紧密结合、循序渐进、层次分明、特点突出、开放式的实践教学体系。

（三）建立健全的实践育人四级管理机制

依据服务性学习理论，要将农科高校的实践育人工作制度化，就必须建立健全的实践育人四级管理机制。第一级是学校。农科高校应成立由校长任组长、校领导班子成员任副组长的学校实践育人工作领导组，使其作为最高领导组宏观指导全校实践育人工作。第二级是学生处和校团委。这两个职能部门是全校分管学生工作的核心部门，要根据中央及地方文件精神，结合各农科高校实际，制定《大学生实践育人工作实施方案》，根据该方案修订各专业人才培养计划，将实践活动纳入教学大纲，并根据各专业实际赋予不同数量的学分。第三级是学院。各学院要成立学院实践育人工作组，依据本校的实施方案，指导学院各班级具体开展工作。在此过程中如发现问题要及时向学校领导组反馈，由学校帮助解决。第四级是班级。农科高校实践育人工作最终要由全校各班级具体落实。这种由“学校—学生处和校团委—学院—班级”组成的实践育人四级管理机制，体现出责任分工明确、层级管理清楚的特点，能够在一定程度上确保农科高校实践育人工作制度化。

（四）建立“三维一体”实践育人考评与反馈机制

反思在服务性学习过程中有着举足轻重的作用，因此，农科高校的实践育人工作也应该重视工作之后的评价与反馈，建立“三维一体”实践育人考评与反馈机制。三维即学院、教师和学生。第一维是学院。对学院的考评主要看其工作组运行机制是否完善，对学校实践育人工作实施方案的落实情况，全院实践育人工作的实施效果如何。考评结束后可采用网络反馈、电话督查等方式将考评结果反馈给学院，使其及时了解实践育人工作的成绩与不足，以改善工作成效。第二维是教师。对教师的考评主要看其指导学生完成实践教学、军事训练、社会实践等活动前的动员情况、活动中的指导情况、活动后对学生的评价情况。考评结束后可采用全院大会现场公布或私下面谈的方式将考评结果反馈给教师，促使其不断改进和完善自身工作。第三维是学生。对学生的考评主要看其在各类型实践活动中的实际表现以及最终效果。同样也要在考评结束后将结果以适当的方式反馈给学生。该机制要把学院评价、指导教师评价和学生评价有机结合起来，构建“三维一体”的考评与反馈体系，以便客观公正地对农科高校的实践育人工作做出考评。

农科高校的实践育人工作是一项长期而艰巨的系统工程，既需要中央和各地方的大力支持，更需要各高校的积极努力。农科高校要以服务性学习理论为指导，努力构建实践育人的长效机制，并积极寻求中央和地方政府的帮助，以期在中央、地方和学校三者之间建立长期的纽带关系，推动实践育人工作取得更大的成效。

第三章

农科院校“实践育人”特色探索概览

百余年扎根乡村办学，坚守实践育人初心。山西农业大学坚持将人才培养与服务“三农”相结合，实现了农科教、产学研一体化运作，走出了一条地方农业院校科教兴农的特色之路，积累了颇具特色的实践育人经验。

第一节　扎根乡村百年，农科实践育人经验传承①

山西农业大学在长期的办学积淀中，形成了“百年扎根黄土地，以实践育人培养‘一懂两爱’生力军”的办学特色，具有深厚的历史渊源、鲜明的行业特色和地方特色，已经深深融入办学治校的方方面面，结出了人才培养的累累硕果。②

百年扎根黄土地，是指学校113年扎根农村办学，虽然地处偏僻，但是

---

① 本节内容根据《2018年学校本科教学工作评估报告》之特色报告部分整理而成，由山西农业大学发展规划部部长方亮执笔完成。

② 陈利根：《高等农业教育特色发展的实践探索与路径思考——山西农业大学建校110周年的历史回顾与经验总结》，《中国农业教育》2017年第4期。

初心不改，根本不移，情怀“三农”，静心育人。学生刻苦读书学习，教师潜心教书育人，学校倾心培养建设者和接班人，在三晋大地上茁壮成长，形成了“崇学事农，艰苦兴校”的办学精神。实践育人，是指把培养实践动手能力和创新创业精神作为人才培养的突破口，把论文写在田野，把项目做在山村，以知促行，以行求知，形成了“专业实践”“双创实践”“脱贫实践”等模块组成的“14544”实践育人体系，形成了“勤奋学习，注重实践”的学风。培养“一懂两爱”生力军，是指紧紧围绕“培养什么样的农科大学生，怎样培养农科大学生”这一农业院校办学的核心问题，秉承传统，推陈出新，主动回应“未来中国谁来种地”的命题，提高人才培养与乡村振兴战略、脱贫攻坚战略、农谷建设战略的适应度，不断赋予实践育人新的内涵使命，树立学生事农、爱农、兴农之志，培养数以万计的懂农业、爱农村、爱农民的“三农”工作队伍生力军。①

一、与“三农”同呼吸、共命运的百年历史积淀

山西农业大学始建于1907年。创办者孔祥熙抱着教育救国、科学救国、实业兴国的梦想，创办了私立铭贤学堂。现代农业文明和中西文化交流的涓涓细流由此进入晋商文明的腹地，开启了山西近代高等教育的先河。自力更生，艰苦创业，从小学到中学，从专科到本科，从私立到公办，除抗战期间避难四川省金堂县，山西农业大学是全国为数不多的上百年扎根乡村办学的高等学府。尽管地处偏僻，但始终坚守科教兴农的初心，与山西经济社会发展同向同行，与山西农业增效、农民致富、农村繁荣紧密联系在一起。这种联系不仅仅是人才培养、科学研究的联系，还是一种自然而然、割舍不断的情感联系，农大离不开农民，农民离不开农大，农大学生在黄土地上茁壮成长。

---

① 李卫朝等：《春诵夏弦 上下求索——思想史视阈下的山西铭贤学校研究》，山西人民出版社2017年版，第9页。

（一）“学求致用”和“真知力行”

铭贤学校坚持“学求致用”和“真知力行”的办学方针，孔祥熙倡导学生走向社会，“在社会中随时随地皆有很多材料，可作我们活的课本”。1928年开办农科，建立了实验农场、畜牧场、园艺场；1931年开办工科，建立了木模厂、铁工厂、纺织厂、化工厂、印刷厂等。学校聘请农工科大学毕业的专业人才，指导实践教学工作；组织学生定时定点到农场、工厂勤工俭学、学习劳动技能，规定了实验教学的规程和学生实验的要求。1934年7月，北京大学校长蒋梦麟来校参观实习农场、工厂。Ellsworth C. Carlson（欧柏林山西纪念协会主席高尔逊）在 *Oberlin in Asia—The First Hundred Years, 1882-1982* 中记述：“高中第一年的教学时间延长了6个星期，以便让学生每周可以抽出9个小时在农学系和工学系开展‘实践课’，学生在田间地头和店铺动手劳动，打破了知识分子不参加劳动的传统观念。”1935年，学校组建农村服务部，师生开展扫盲运动、健康体检、农村信贷合作，传授农业和工业新技术，组织国家大事的讨论，植树劳动以及家政服务，从中获得了宝贵的知识和社会经验。1940年，学校升为专科以后，明确“一切教学设备和教学方法，力求传授课堂知识与掌握生产技术并重，教育与社会切实联系”。

先进的办学理念，优质的实践教育，孕育了以中科院院士、国家最高科技奖获得者郑哲敏，中科院院士王志均，中科院院士席承藩，中科院院士郭承基，工程院院士朱尊权为代表的一大批科学家；以政治局委员、天津市委书记谭绍文，晋中地区最早的共产党员张维琛，中国革命军事博物馆副馆长赵振鑫，国务院外事办公室副主任郝德青，中央党校副校长侯维煜，外交部纪委副书记朱霖，八路军129师新编第10旅30团政委马定夫，吉林省委书记王大任，河南省委书记张树德，山东省委书记高克亭，交通部部长李清，国家海洋局局长罗钰如为代表的一大批革命家、政治家。

（二）"向工农开门"和"教育与生产劳动相结合"

1951 年，学校改私立为公办，成立山西农学院。山西农学院"向工农开门"，成立第二年就开设棉农班和练习生班，采取师傅带徒弟的办法，一面工作，一面学习，通过 8 年的分段教育，达到大学毕业程度，这在当时属于新的探索。1953 年应届毕业班首次进行了为期一个学期的生产实习，一、二、三年级进行了为期三周的教学实习。与长治中苏友好集体农庄，李顺达、郭玉恩、武侯梨等全国著名劳动模范所在的农业生产合作社建立了联系，采集了大量动植物标本，充实了教学内容，建设了 3000 亩实习农场。1954 年开始，在二年级以上的学生中组织了科研小组，教研组指派教师进行指导。总结了"两条腿"走路的方法，即理论与实践相结合，课堂教学与有计划的现场教学相结合，系统的理论教学与有计划的参加生产劳动相结合，教师的主导作用与有计划的请"土专家"讲授相结合等，并贯彻到以教学为中心的教学、科学研究和生产劳动三结合的教学计划中。

教育与生产劳动相结合，培育了一大批扎根黄土地的知名专家学子。全国著名养羊专家吕效吾，1958 年深入陵川县，同全国养羊劳模宁化堂同吃、同住、同劳动，系统总结了老羊工的牧羊经验，写出了传播甚广的《宁华堂牧羊经验》《牧羊歌诀三百首》。他结合实际主编的《养羊学》教材，是全国农业院校的通用教材。1960 年前后，土化系课题组对大寨高产稳产玉米田的土壤培肥进行了研究，以此为基础主编了全国通用《土壤学》教材，"大寨海绵田"肥力实质研究获 1978 年全国科学大会奖。作物育种学家、生物统计学家王绶，经过多年艰辛探索，主持选育的晋豆 1 号、2 号，荣获 1978 年全国科学大会奖。全国小麦专家指导组西北片负责人、博士生导师苗果园教授，连续 6 年，靠着几辆自行车，翻山越岭，在闻喜县十几个公社布下了 40 多个试验点，总结出了一套适合我国北方旱地小麦高产的栽培技术。这个时期，培养了以中科院院士庄文颖、国际粮农组织助理总干事王韧为代表的一大批科学家，还培养了以山西省原政协主席郑社奎、金银焕，全国优秀县委书记唐立浩为代表的一大批管理人才。

（三）“主攻两山、抓住平川”和“农科教相结合”

1979 年，山西农学院更名为山西农业大学，列入全国重点大学。学校在“主攻两山、抓住平川”的科技扶贫开发规划和高等教育大跨越的背景下，促进实践育人水平全面提升。从 1983 年起，举办了农干班、林干班、牧干班、军干班、商检干修班、植保师资班、农村机电师资班等二年制干部专修班。1989 年，农业部在山西农业大学召开高等农业院校招生分配制度改革座谈会。1993 年，“实行单独考试、招收农村户口、不包分配实践生的实验”获全国普通高等学校优秀教学成果国家级一等奖。1995 年，贺运春教授主持的“高等农科本科教育实践教学体系改革与实践”项目、“高等农林教育实践生人才素质要求和培养模式的研究与实践”项目入选高等农林教育面向 21 世纪教学内容和课程体系改革计划项目。1996 年，时任国务院副总理李岚清视察理家庄基地，称赞山西农业大学走出了一条高校科教兴农的新路子。时任国家教委主任朱开轩在全国高等农林院校教学工作经验交流会上说：“山西农业大学在两山——太行山、吕梁山的农科教结合上，为地方农业经济的发展做出了突出贡献。”在平定县理家庄建设学生综合实践基地，以基地为依托完成的“教科农联动效应与示范教学基地建设的研究与实践”项目，1997 年获国家级教学成果二等奖。

在这些实践育人的探索过程中，培育了一大批扎根黄土地、服务“三农”建设的优秀师生。冀一伦教授带领学生数九寒天蹲牛棚、啃冷馍，他指导饲养的奶牛创全国农区产奶量的新高，使山阴县跨入当时全国为数不多的万头奶牛县行列。王中英教授利用寒暑假和带学生实习的机会，深入乡村开展调查研究，徒步考察了山西 80% 以上的县，因心脏病突发，倒在了他钟爱一生的讲台上。解思敏教授带领学生顶着凛冽的寒风，整天奋战在山头沟壑里，平定县理家庄村为他立了一块碑，上面镌刻着“解思敏教授为理家庄建成高标准双千亩果园，为我村的脱贫致富奔小康做出了贡献，愿子孙后代铭记”。这一时期培养的学生中，既有以中科院院士高福为代表的一批科学家，更有数万扎根基层、爱农事农的技术人员、管理人员，仅 1998 年至 2003 年，山西省委组织部选拔的乡镇干部中，山西农业大学毕业生就占到 60%左右。

二、坚持内涵发展、融合发展的现实选择

办学特色的形成，既是历史的积淀，更是现实的选择。新世纪以来，特别是党的十八大以来，我国高等教育的发展进入了新时代，农业院校人才培养面临着重大的机遇和挑战。科教兴国战略、人才强国战略、创新驱动发展战略、乡村振兴战略、区域协调发展战略、可持续发展战略，都与农业院校密不可分；山西转型综改、山西农谷战略、脱贫攻坚，都需要农大提供人才技术支撑；山西省“1331 工程”、山西高校综改试点，为农大的发展提供了发展动力。党和国家事业发展对农大的需要，对农业技术人才的需要，比以往任何时候都更为迫切，必须走内涵式发展的道路，重新审视人才培养的目标和路径。

（一）人才培养的规律

坚持教育与生产劳动和社会实践相结合，是党的教育方针的重要内容。坚持理论学习、创新思维与社会实践相统一，坚持向实践学习、向人民群众学习，是大学生成长成才的必由之路。习近平总书记多次强调实践育人的重要性，强调“坚持教育同生产劳动和社会实践相结合，广泛开展各类社会实践，让学生在亲身参与中认识国情、了解社会，受教育、长才干”。当代大学生成长于物质条件相对富足、社会竞争日益激烈、家庭教育较为宠爱的环境下，具有责任意识淡化、实践能力弱化、劳动能力退化等特点。加强实践育人，切合当代大学生群体特点，特别是农业院校专业学习的特点，有助于引导学生更好地实现知行合一、脑体结合，引导学生了解国情、省情和农

情，更加坚定学生在中国共产党领导下，为实现中华民族伟大复兴而奋斗，自觉成为中国特色社会主义合格建设者和可靠接班人的信心。①

山西农业大学遵循人才培养规律和学生成长规律，把实践育人工作摆在人才培养的重要位置，纳入学校教学计划，规定相应学时学分，合理增加实践课时，构建了“四年不断线”的实践教学体系。学校从 1998 年开始，坚持 23 年开设劳动课，培养学生自觉劳动、吃苦耐劳、勇于创造的精神。

（二）教育政策的导向

党的十八大以来，习近平总书记多次强调，高校要坚持立德树人根本任务，坚持为人民服务，为中国共产党治国理政服务，为巩固和发展中国特色社会主义制度服务，为改革开放和社会主义现代化建设服务，扎根中国大地办教育。党中央先后召开了全国思政工作会议、全国教育大会、全国科技创新大会、哲学社会科学工作座谈会，实施“双一流”战略，引导高校聚焦国家战略和社会需求。国务院办公厅出台了《关于深化高等学校创新创业教育改革的实施意见》；教育部召开了新时代全国高等学校本科教育工作会议，出台了《关于进一步加强高校实践育人工作的若干意见》，发布了《普通高等学校本科专业类教学质量国家标准》，进一步明确了实践育人的目标、内涵和要求。山西省实施 1331 工程和高校综合改革，进一步加强全省高等学校内涵建设，全面提升高等教育支撑创新驱动发展战略和服务经济社会发展能力。

山西农业大学积极适应新时代本科教育的要求，先后召开思政工作会议、本科教学工作会议，及时修订人才培养方案，制定综合改革试点方案、创新创业教育改革实施方案，成立实践育人专项领导小组，将实践育人纳入学校中长期发展规划和综合改革试点方案，统筹推进实践育人工作。

---

① 陈利根：《立德树人：大学生思想政治教育的实践与探索——以山西农业大学为例》，《中国农业教育》2016 年第 5 期。

（三）社会发展的需求

习近平总书记三年两次视察山西，对扎实推进经济发展方式转变、扎实做好“三农”工作、扎实推进脱贫攻坚和民生保障、扎实推进生态文明建设、推进科技创新的“六新”突破等方面作出重要指示，对高等教育发展提出了新命题。乡村振兴战略是新时代“三农”工作的总抓手，农业院校作为中国特色社会主义大学的重要组成部分，要培养造就一支懂农业、爱农村、爱农民的“三农”工作队伍，服务国家乡村振兴战略，这是新时代的第一责任和首要任务。脱贫攻坚，山西省任务十分艰巨，有吕梁、太行两大连片特困地区，有国定、省定贫困县 58 个，打不赢脱贫攻坚战，就对不起这块红色土地。这需要农业院校提供更加有力的人才技术支撑，也为大学生实践育人提供了最真实、最基层的国情、省情、农情素材。2017 年，国务院出台《关于支持山西省进一步深化改革促进资源型经济转型发展的意见》，山西农谷科创中心建设列入其中，山西农谷科创中心是山西农谷战略的核心主体，为山西农业大学开展实践育人提供了广阔的空间和平台。

山西农业大学作为地方农业院校，始终在“地方”和“农业”两个特征上寻找人才培养改革的突破口，而改革的最佳切入点就是实践育人。学校紧紧围绕乡村振兴战略“产业兴旺、生态宜居、乡风文明、治理有效、生活富裕”的总要求，不断优化学科专业布局，整合撤销了一批与需求相脱节的专业，增设了农学（功能农业方向）、食用菌科学与工程、葡萄与葡萄酒工程、智慧农业、生物农药科学与工程、经济动物学、土地整治工程、机器人工程、数字媒体艺术、智能科学与技术等急需的新兴专业或专业方向，提高人才培养的针对性。学校在山西转型综改、农谷建设、脱贫攻坚第三方评估中，把大学生创新创业、国情教育作为重要的组成部分，提高了实践育人的战略性、时代性、系统性。

（四）学校发展的压力

新一轮的高等教育竞争已经拉开序幕，高校的分层分类发展成为必然趋势，资金、人才的投入和竞争更加激烈。高等农业教育发展也呈现新变化，随着城镇化和农业现代化的整体推进，农业从业人口和农业经济比重都将发生深层次的变化，农业学科交叉化、农科院校综合化的趋势日趋明显。从世界范围看，最初单一的农科院校，大多发展为综合性院校内的农学院或生命科学学院。从国内看，北京大学、中国科学院大学、郑州大学、中山大学等一些著名综合大学开办农科，对传统农业院校的发展提出了挑战和启示。与此同时，教育信息化迅速发展，突破教学的时间空间限制，大学将不再是获得专业知识的唯一渠道。MOOC 对传统大学的组织形式、教学内容、教学方法和手段带来深刻的变革，传统高等教育面临巨大挑战。优质、一流大学资源的开放式获取，导致一般性大学面临生存危机。在这种严峻的背景下，地方农业院校向何处去，人才培养的优势在哪里，不再是选择题，而是必答题。

山西农业大学作为山西唯一的综合性高等农业学府，省政府与农业部共建高校，它的办学历史和独特地位赋予其多重使命，既要承担高层次农业人才的培养任务，又要承担培养一般性农业技术人才、农业管理人才以及农民教育的任务；既要承担生产高层次研究成果的任务，又要承担基础理论研究、应用技术研究和技术推广的任务。结合学校在山西的特殊地位、发展现状和历史使命，要求人才培养类型涵盖拔尖创新型、复合应用型和实用技能型。其中，重心是培养复合应用型人才。学校坚持“稳中求进”的总基调，坚持本科教学中心地位，把提高教学质量作为永恒的主题，培养具有“高尚自信，质朴务实，吃苦耐劳，学有所长”农大风格的大学生，努力在本科生的实践动手能力、创新创业精神和社会责任感的培养方面形成比较优势。

三、构建专业、双创、脱贫三模块实践育人体系

山西农业大学经过多年的探索，构建了"一个目标、四个层次、五个模块、四个结合、四年不断线"的"14544"实践教学体系，即强化学生综合实践能力培养的总目标；按照基础实践、专业实践、第二课堂实践、综合实践由低到高、由浅入深递进发展的四个层次；抓住专业认知、实验教学、专业实习、双创和社会实践、毕业实习五个模块；坚持理论与实践相结合、坚持校内课堂与社会课堂教育功能相结合、坚持专业实践与第二课堂实践相结合、坚持专业实践能力培养与创业实践能力培养相结合。通过实践各环节的互补衔接、互动融合，实现实践教学四学年不断线，凸显实践育人的优势与特色。

近几年，山西农业大学根据国家战略需求和学生实际，对"14544"实践教学体系进行丰富和创新，从实践教学上升为实践育人，突出专业实践、双创实践、脱贫实践三大模块，突出思政育人功能，以学生在课堂上获得的理论知识和间接经验为基础，通过激发学生课外自我教育和相互教育的热情和兴趣，开展与学生的健康成长和成才密切相关的各种应用性、综合性、导向性的实践活动，加强对学生的思想政治教育并促进他们形成高尚品格、祖国观念、人民观念、创新精神、实践能力，使实践育人更具时代性、系统性、科学性。①

（一）专业实践与学农专业认同深化

学校围绕提升农学专业认同深化和专业实践能力这个核心，形成了基础实践、专业实践、综合实践递进式层次，实验教学、专业实习、综合实习相

---

① 赵春明：《地方农业院校围绕产业链部署创新链的实践与探索——以山西农业大学为例》，《中国农业教育》2017 年第 1 期。

互衔接的体系。基础实践主要由公共基础实验课程、劳动教育、军事训练、专业认识实习等环节构成；专业实践包括专业基础实验、专业课实验、农事操作、专业技能性大赛、课程设计等；综合实践包括专业综合实习、毕业实习、生产实习等。学校现已建成了2个国家农科教人才合作培养基地。

学校设立卓越农林管理人才实验班。采取“通识教育+跨学科（专业）培养+农林企业管理实践”培养模式，二年级组班，小班教学，小学期制，聘请校外导师，严格考核管理，旨在培养一批懂农业、善经营、适应新农村建设和满足现代农业需要的农林企业管理人才。

园艺专业实施校企“2+1+1”培养模式。两年的通识教育课程和学科基础课程学习，一年的专业课程学习和一年的校企（所）联合培养；构建了四段渐进式实践教学体系，一年级讲授“农事教育+园艺认知”知识、二年级开展“园艺实践+兴趣小组”活动、三年级开展“专业实验+科研训练”、四年级安排“生产实习+毕业论文”环节，促进产、学、研、用相结合，全面提升学生的实践能力和专业技能。

动物科技学院创办院企“共同选拔，共同培养，共同考核”为特点的“励志班”，已成立“励志正大班”“励志石羊班”“励志禾丰班”“励志恒丰强班”“励志恒德源班”“励志博瑞班”“晋龙班”“和谐新阳光班”“生泰尔班”等“企业班”。励志班从畜牧兽医专业及相关专业招生，学生有较大的自由选择空间，在自愿报名的基础上，院、企共同选拔符合要求的学员编班培养。培养方案、教学实践活动计划由动物科技学院和企业共同制订。学院负责在校期间学员的专业素养培养，联合培养的企业负责企业文化、营销知识、职业规划、职场技能、沟通方式、信息管理、专业技能强化等内容的培养。企业负责组织学员在节假时间，到生产、市场一线进行实验实训和专业技能锻炼。

在人才培养方案总体规划设计中，学校将社会实践、科研训练、技能培养、学科竞赛、校园文化活动等第二课堂实践教学，纳入专业人才培养方案，并要求学生至少修满4个学分。

（二）双创实践与爱农创业精神培育①

学校坚持系统设计，完善组织体系、教学体系、实践体系、保障体系“四大体系”，扶上马、送一程、做后盾，培育了“追梦、实干、吃苦、钻研、坚忍”的大学生创业精神，促进大学生创业教育从自发向自觉转变，从理论向实践转变，从短期向长效转变。

组织体系。学校成立了大学生创业指导委员会，统筹双创教育工作，占各学院年度考核指标5%的权重。成立了山西省首家创业学院，打破学科专业壁垒，实现双创教育工作的专业化，配备专职工作人员。校团委、学生处、教务处、就业指导中心等部门有专人负责双创管理服务工作，大学生创业园、山西大学生“互联网+农业”创业园、学生创业大厅等基地也相应配备了专职管理人员。

教学体系。形成了《山西农业大学关于修订本科人才培养方案的意见》，进行创业基础、职业生涯规划与就业指导等课程的论证，设置面向全体学生的创业基础、就业指导等方面的必修课，纳入学分置换管理。优先支持参与创新创业的学生转入相关专业学习。实施弹性学制，放宽学生修业年限，允许调整学业进程、保留学籍休学创新创业。在第2—6学期以公共选修课的形式进行创业知识普及教育，第4—6学期组织大学生创业论坛、创业计划大赛、大学生课外科技作品大赛等，进行创业实践训练，培养学生的创新创业能力。第5—8学期鼓励并支持大学生自组团队，申报创新创业项目，强化学生的创新创业实践能力。学校成立创新创业学院，编写了适用于农林院校的《创业学》教材。制定了《山西农业大学创业导师聘任及管理办法（试行）》，采取校内创业导师与校外创业导师相结合的双导师制，目前有校内创业导师80多名，校外创业导师20余名。坚持18年开展“校友

---

① 赵春明等：《关于深化高校创业教育的思考》，《山西农业大学学报（社会科学版）》2017年第3期。

导航——成功者之路”教育工程，先后邀请300多位优秀校友特别是自主创业人才回校做报告。学校开设了“青年企业家进校园”大学生创业论坛，先后邀请20余位创业成功人士来校做报告，营造浓厚的创新创业氛围。2020年12月，启动乡村振兴创新创业实验班。

实践体系。设置创新创业实训课程。引进“KJ创业梦工场沙盘”以及配套的创业实训软件，可对整个创业过程进行实操。设置奖励学分，鼓励学生参加创业大赛、创业计划竞赛、课外科技作品大赛、职业生涯规划大赛等创新实践活动，奖励学分记入学生成绩档案，课程名称登记为“创新实践”。对创新创业的学生进行跟踪服务，从项目论证、立项、管理、财务报销、中期答辩、结题等方面提供全方位、全过程的服务。从各专业选拔优秀学生到山东寿光等国内著名农业企业进行创业集训。近年来，共有120多人次/团队获得省级二等奖、国家级三等奖以上创新创业大赛奖励。2016年在首届中国“互联网+”大学生创新创业大赛中，山西农业大学“智慧阳台”团队获得银奖。在第九届全国大学生创新创业年会上，作为山西省入选项目最多的高校，参加了现场答辩交流。2017年全国大众创业万众创新活动周——山西省分会场活动周，“祥云农翼”创业团队获评十大创新创业团队、绿能食用菌专业合作社获评最具成长型企业。2018年6月5日，“创青春”山西省兴晋挑战杯大学生创业计划大赛中，我校2个项目分别获创业计划竞赛和公益创业竞赛的金奖。2019年12月，我校无人机创新团队荣获“2019首届全国大学生智能机电系统创新设计大赛”全国决赛三等奖。2020年“创客中国”中小企业创新创业大赛中，我校无人机创新团队项目“基于枝向对靶施药技术的电动四旋翼果林植保无人机”获得创客组全省第三名，荣获大赛二等奖。2021年，5月21日至24日，在“光明杯”第四届牛精英挑战赛上，我校获得肉牛组团体特等奖、奶牛组团体二等奖优异成绩，荣获2项个人二等奖。2021年5月31日，山西省第十七届“兴晋挑战杯”大学生课外学术科技作品竞赛终审中，我校荣获特等奖1项、一等奖1项、二等奖6项、三等奖1项，其中3件作品入围全国挑战杯赛。

保障体系。有大学生创业园、山西大学生“互联网+农业”创业园、学生创业大厅三大省级“众创空间”。大学生创业园占地面积300余亩，先后有90多个团队入驻，500余名大学生开展创新创业实践。山西大学生“互联网+农业”创业园占地面积2200平方米，工位200个，先后有100余支团队入驻，2000余名大学生开展农业电商、广告创意等实践。学生创业大厅占地面积700余平方米，先后为50余支创业团队解决场地难题。学校每年经费预算150万元，支持双创工作。每年评选30余个项目给予支持。学校设立了200余万元“金银焕创新创业基金”，主要用于扶持大学生科技创新和创业项目。近三年来，学校在创业园区建设和团队孵化上累计投入超过1400万元。2017年，山西省实施农谷战略，设立了创新创业企业孵化区，全面提升现有创业园区的管理水平和孵化能力，并建设“农谷科创城农大校友双创园”，规划吸引100家校友企业入驻园区。

（三）脱贫实践与事农综合能力锻炼①

学校从1981年开始，就形成了大学生社会实践的常态化机制。1986年，时任团中央书记处书记李克强来校视察，对社会实践活动给予高度评价。

30余年来，学校与省移动、省科协等单位组织了内容丰富、影响广泛的社会实践活动，形成社会化运作、项目化实施的社会实践工作机制。项目化运作，即依托全省性的科技支农、新农村建设、农村信息化、科普惠农等政府或企事业大型项目课题，组织师生分类分层实施，使集中组队活动有了具体的工作内容、活动载体和积极意义。社会化合作，即在社会实践活动的过程中，项目部门和单位提供一定数量的经费支持，实践成果和数据双方共享，为集中组织社会实践活动提供了较为充足的经费支持。

---

① 齐利平：《从农村中来 到农村中去——农林高校实践育人的思考》，《光明日报》2018年12月19日。

脱贫攻坚战略实施以来，山西农业大学全面提升社会实践的育人功能，强化大学生国情、省情和农情教育。学校与山西省扶贫办签订《精准扶贫战略合作协议》，出台了《“助力攻坚深度贫困吕梁行动”实施方案》，将大学生暑期“三下乡”社会实践活动纳入合作框架。2016 年以来，组织千余名师生深入全省 58 个贫困县，完成脱贫成效第三方评估工作。2018 年 6 月，受国务院扶贫办委托，32 名师生完成了黑龙江省望奎县贫困县退出第三方国家专项评估检查工作。学校率先在临县大禹乡府底村建立思想政治教育基地，在 12 个国定贫困县建立 17 个思政教育基地。

脱贫攻坚的社会实践，给广大学生上了一堂生动的国情、省情、农情教育课，深化了大学生对“三农”问题和脱贫攻坚战略的认识，积淀了广大学生情牵乡土、以农为天的事农情怀，激发了学生学农、知农、爱农、兴农的责任感和使命感。杜鹏军同学说：“纸上得来终觉浅，从实际中看到的贫困和从报纸上、电视上看到的贫困不同，给我心灵的冲击很大。国家的脱贫政策很有针对性和系统性，关键是能够长期坚持下去，一定会彻底改变贫困地区的面貌。”陈亮同学说：“我们老师在课堂上讲今年玉米价格要下降，国家要调整产业结构，鼓励农民种其他作物。可是在河曲、偏关，农民种的还都是玉米，这里多年来一直种玉米，没有合适的替代选项，产业结构调整没那么简单。”曹宇奇同学说：“晋东南没有高铁，老式的绿皮车开往太原，车上几无立足之地，就如 90 年代的春运高峰一样，在榆次换乘后才回到学校。我躺在宿舍想，在这个岁末大家会想起谁？在举国欢庆跨年的时候，总书记最为挂念的是 5000 万没有脱贫的群众，这就是家国情怀。”胡乃元同学说：“在临县，我听到有几个乡在公司的带动下种香菇，实现了脱贫。这些香菇的技术指导，是我们农大的常明昌老师。在兴县、临县好多干部都提我们农大的高培芳老师，帮助他们枣树防裂果。我们感到非常骄傲，觉得能给农民带来实惠的老师，都特别棒。”王辅崇同学说：“我们调查的每个村都有驻村工作队，还有第一书记，他们对村里面貌的改观有很大帮助。左云县有位第一书记，建立了互联网销售平台，成为农民脱贫的桥梁和纽带。很多地方不缺资源，缺少的是能带领大家致富的本土人才，学农业、经济管理、计算机网络等专业的学生都大有用武之地。”吕晨飞同学说：“我读研究生的开题报告是县域农业产业竞争力。去年到处查资料，每天发愁，感觉空对空。这次实地调查，给了我很多实实在在的感受，很多案例和数据都能写到论文中。”曹宇奇同学说：“过去向父母伸手要钱没有什么感觉，有时候每个月都花两三千。这次才知道，这是一个贫困人口的脱贫标准线啊！国家和家庭供我读书，花了很大的人力财力，只有心存感激，珍惜宝贵的大学生活，才能不负重托。”韩昌烨同学说：“参加这次评估我感到非常荣幸，大学生是理想化的，农村是现实的，只有不断参加社会实践，广泛接触基层的干部、农民，才能让理想丰满起来，让中国梦更加具体，更加深入心中。”

四、推动农业教育供给侧改革，彰显实践育人价值

山西农业大学百年扎根黄土地，以实践育人培养“一懂两爱”生力军的办学实践，适应了新时代对本科教育的新要求，催生了学校办学理念和办学路径的变革，全校师生参与支持实践育人的自觉性、主动性明显增强。学校突出专业实践、双创实践、脱贫实践三大模块的“14544”实践育人体系，在育人机制、教学制度、考评制度、激励制度等方面进行了积极探索。学校培养了一大批双创典型，大学生德智体美劳全面发展，数以万计的毕业生懂农业、爱农村、爱农民，投身乡村振兴战略和脱贫攻坚战略，成为中国梦的参与者和奋斗者。

（一）培养了数以万计的“一懂两爱”生力军

学生总体专业相关度保持较高水平，2017 届毕业生就业状况问卷调查显示，毕业生就业岗位与专业相关的比例为 79.36%，高于同期全国高校 65%的平均水平。毕业生就业的行业结构中，在“农林牧渔业”中占比最

多，比例为 18.01%。毕业生就业地域中，有 45%的学生在市、县、乡、村。用人单位对毕业生的总体评价是"吃苦耐劳、踏实肯干、诚实守信、开拓进取"。近三年，选派 72 名学生赴西藏、新疆等地开展志愿服务。2016 年、2017 年连续被评为"全国大学生志愿服务西部计划优秀等次项目办"。这样一个庞大的群体，将会是乡村振兴主要的管理、技术骨干。山西省首位中国大学生年度人物江利斌，组建"绿翼"创业团队，在长治市黎城县承包荒山，对野核桃进行嫁接，开展林下食用菌栽培，受到刘延东同志亲切接见，当选第十二届山西省政协委员。全国就业创业优秀个人黄超，先后带动 160 余名在校大学生创业，产业辐射全省 16 个县市，创立的"太谷县绿能食用菌专业合作社"获 2017 年度山西省最具成长型企业，并作为山西省十个创新创业代表之一，在全国大众创业万众创新山西分会场启动仪式上参加了推杆启动仪式。"中国大学生自强之星"马红军，组建"微美曲辰"创业团队，种植绿色无公害蔬菜，取得了良好的社会口碑。全国扶贫先进个人、山西省十大"乡村好青年"刘清河，成立的"清韵戏曲盔饰生产专业合作社"，为村民创造了增收致富的新路子。

（二）推动了农业院校教育供给侧改革

立足三晋，服务"三农"，是学校一以贯之的办学方针。但面对招生、就业、人才的严峻形势，农科专业市场需求面不宽等不利因素，学校始终在思考如何坚持特色化办学思路、培养什么样的人、如何更好地为"三农"服务等问题。突出实践育人，是学校在新时代背景下，更新办学理念的重大举措，是"崇学事农，艰苦兴校"办学精神的延续和创新。大学生在校期间，在学校的大力支持和老师同学的"传帮带"下，一路"摸爬滚打"，不仅掌握了专业理论知识，也积累了丰富的创新创业技能经验，培养了学农、爱农、兴农的志向，大大缩短了从毕业到就业的适应期。这种探索，将学校的人才培养、科学研究和社会服务整合起来，实现了农科教、产学研一体化的运作，有效地解决了农科学生培养和社会服务需求有机融合的问题，也探索出了农科学生在校学习和创业就业的衔接途径，同时缓解农科大学生就业压力，为农业院校教育的供给侧改革闯出了一条路，有效解决了地方农业高校回归根本的问题。

（三）开启了人才培养改革的新路径

长期扎根黄土地实践育人的实践，为深化人才培养改革、更好地推进实践与育人的深度融合提供了启示。山西农业大学正在建立农科大学生实践教学标准，制定实践能力培养路线图，推进专业实践规范化建设。积极构建“课程思政”育人体系，促进专业课程与思政教育的融合，深化职业素养、科学思维和学农精神教育。在试点学院推进思政教育、专业实践、科学研究、社会服务“多维一体”的综合性教学实践基地建设模式。深化对脱贫攻坚社会实践的认识，提升国情教育和农情调研的质量。完善大学生参与脱贫攻坚、乡村振兴服务项目考核与激励机制。探索推动面向贫困地区定向招生就业制度改革，引导和鼓励毕业生到基层工作，确保“下得去、留得住、干得好”。选择试点学科专业，深入推进创新创业教育与专业教育融合。完善细化创新创业学分激励措施，兼顾获奖数和参与度两个层面。继续办好创业学院，打破学科专业壁垒，办好创业精英班，开发专门课程，健全课程体系。发挥农谷科创城、创新创业园、创客空间、创业大厅等载体的孵化与教育作用，构筑完善的载体与平台育人制度体系设计。

（四）形成了良好的品牌效应

由于在实践育人方面的积极探索，学校被列入首批全国深化创新创业教育示范校，“实践育人协同中心”列入山西省 1331 工程。在双创工作中，创造了山西省高校“十个第一”的佳绩。暑期社会实践活动连续 20 余年受到团中央表彰。入选全国省属院校精准扶贫精准脱贫典型项目。历任省委、省政府主要领导多次来校视察实践育人工作。人民日报、光明日报、农民日报、中国青年报、中国教育报、中央电视台等各级各类新闻媒体纷至沓来，采取“蹲基地、钻大棚、进教室、听报告、聊感受”等多种形式，进行多角度全方位跟踪宣传报道。近三年，省级以上媒体新闻报道累计100余次，在社会各界产生了较大影响。

党和国家高度重视实践育人。对于农业院校，实践育人是涉及人才培养全局的工作，任重道远。山西农业大学扎根黄土地，秉承百年优良办学传统，在新的历史条件下，不断丰富实践育人的内涵、形式、机制，取得了一定成效，但还处于不断探索和改进的过程，需要结合新时代、新要求，进行全方位的总结、完善、提高。

第二节　“实践育人协同中心”机制创新探索

2018年3月，山西省教育厅批准我校建设山西省高校思想政治工作实践育人协同中心，我校是同期获批的8个高校思想政治工作育人协同中心中唯一一家探索实践育人协同机制的高校。三年多来，我们围绕中心建设计划，坚持立德树人根本任务，强化实践育人特色，以助力脱贫攻坚和乡村振兴为着眼点，大力开展课程实践思政教育、社会实践思政教育、双创实践思政教育、育人队伍实践能力提升思政教育方面的研究和实践探索，培养造就懂农业、爱农村、爱农民的新时代大学生。

党的十八大以来，习近平总书记围绕“培养社会主义建设者和接班人”作出一系列重要论述，深刻回答了“培养什么人、怎样培养人、为谁培养人”这一根本性问题。“总书记之问”为学校做好“立德树人”根本任务提供了根本遵循与明确指引。学校坚持以人为本、积极推进“四个回归”，全方位推进思政“实践育人”协同中心建设，不断实现实践育人工作改革的新突破。

一、强化组织领导，创新协同育人体制

山西农业大学实践育人协同中心，实行中心主任负责制，校党委分管领导担任实践育人协同中心主任，负责顶层设计和制度建设，统筹领导全校的实践育人工作。实践育人协同中心办公室设在党委宣传部，负责协同校内外相关部门、单位的实践育人资源。

在实践育人方向上，思政部抓思政课程实践育人，发挥思政教育引领主渠道作用；教务部统筹落实课程思政实践育人和教学实践育人环节，完成与思政课育人相衔接的全课程实践育人任务；学工部会同相关部门，以落实第二课堂学分为载体，覆盖全校学生课外思政教育，形成全过程、全方位的育人体系；创新创业学院和校团委与相关部门联动，不断彰显我校“双创”实践育人特色和品牌；组织人事部门会同宣传部部门、学工部门、教务部门等单位统筹实施育人队伍能力提升工程。

实践育人协同中心设立专家委员会，负责把握学术方向、参与制订发展规划，梳理各协同要素的实践育人职责，指导探索校内外协同合作和多样化的实践育人模式，围绕课程实践思政教育、社会实践思政教育、双创实践思政教育、育人队伍实践能力提升等重点任务组建了研究团队，理论与实践研究双轮驱动，不断探索与破解实践育人协同中心的各项研究任务。

二、坚持目标导向，探索实践育人机制

为科学推进实践育人创新与改革工作，学校高度重视，不断强化顶层设计、完善实践育人改革方案，建立实践育人协同中心工作例会制度，强化实践育人专项调研，深入挖掘实践育人特色做法及存在问题，为学校系统推动实践育人改革提供强有力的支持。

学校把实践育人纳入学校教学计划、强化实践教学环节、增加实践教学

比重、推动“课程思政”为目标的课堂教学改革。山西农业大学2018版本科人才培养方案根据各专业特点，构建了“基础、专业、综合”相结合的实践教学体系。依据专业培养目标，提高实践教学比重，整合实验、实习内容，开设综合性实验、实习课程，制订实践教学标准，社会科学类专业实践教学占总学分（学时）的15%，理工农医类专业实践教学占总学分（学时）的25%。原则上，实验课16学时以上要求单独设课，小于16学时的建议整合。各专业细化实践教学内容，将课程实习、专业综合实习、课程设计、毕业实习与毕业论文等内容落实到学分（学时），规范各类实践教学安排。将学生创新创业能力培养融入课程教学与专业实践中，各专业根据自身特色与优势，结合学科前沿理论与方法、区域特色创业和创新创业实践等方面要求，构建了贯穿通识教育、专业教育、实践教育的创新创业教育体系。

学校创建了实践育人论坛品牌活动，2018年举办首届实践育人论坛，全校16个学院和7个职能部门负责人、洪洞县农业委员会、大象农牧集团、山西大北农饲料科技有限公司等20余家校外协同育人单位代表，围绕“加强实践教育在人才培养中的地位和作用”主题，分别做了交流发言，凝聚了实践育人共识，吹响了人才培养模式改革的号角。2019年以“创新创业教育与人才培养”为主题继续举办第二届实践育人论坛，邀请了中国矿业大学丁三青教授作了《创新创业教育发展演替及未来趋势研判》为题的报告，学校要求进一步强化协同育人中心建设，优化实践育人培养体系，打造创新创业教育品牌，不断强化学生学农、爱农的情感认同，不断增强学生事农、兴农的实践本领，不断输送更多知农爱农新型人才。2020年学校以合署改革为契机，深化科教融合改革，强化新农科协同育人实践的主题研究与改革。

此外，实践育人协同中心系统总结校企合作校外实践基地建设、校地合作助力攻坚深度贫困吕梁行动、双创园区建设保障双创活动的开展、项目化运作推动社会实践运行、提升育人队伍能力等有关做法，并积极探索将实践育人与课程思政改革深度融合，实现价值引领与实践砥砺的无缝衔接。

三、丰富育人载体，拓宽协同育人空间

实践育人协同中心成立以来，聚焦脱贫攻坚、乡村振兴两大战略的人才需求，以“大学+”融合发展为指导，系统梳理协同单位及各个实践项目和平台所承担的育人职责和所体现的育人要求，通过学校提供农业产业指导、科研项目合作、生产基地建设等方式，开展校企（所）协同育人、校地协同育人，凸显实践育人特色，搭建育人平台，拓展育人空间。

（一）打造实践育人平台载体

学校专业课程实践除了校内实验室、实训基地，还和校外企业、科研院所合作，校外企业、科研单位等以捐资助学、共建实验室、建立实践实习基地、建立博士后工作站等方式参与人才培养，提升学生动手能力，引导学生参与产业创新实践，在实践中砥砺成长，担当起社会责任，达到实践育人的培养目标。

在全国农林院校和山西省高校中，学校率先创建了创业学院，并与地方政府和企业合作，建立“一厅两园”的双创实践园区，即大学生创业大厅、大学生农业创业园和山西“互联网+农业”大学生创新创业园。这些创业实践平台为大学生“双创”实践提供了重要保障，在培养大学生创新创业意识、提升大学生创新创业能力、连接毕业生创业方面给予持续的支持。

（二）推进实践育人创新探索

聚焦脱贫攻坚、乡村振兴、农谷建设等重大战略，以“受教育、长才干、作贡献”为育人目标，积极推进实践育人实践探索。

动物科技学院将校企合作育人贯穿大学四年之中，实现了实践育人四年不断线；园艺学院与太谷区巨鑫农业科技园区开展“2+1+1”校企（所）联合人才培养模式探索，第一、二学年为基础课程和专业基础课程教学阶

段，第三学年为专业课程及科研训练阶段，第四学年为校企（所）联合培养阶段；农业经济管理专业开设“卓越农林管理人才实验班”，采取“通识教育+跨学科（专业）培养+农林企业管理实践”培养模式。

将大学生假期“三下乡”社会实践活动，融入全省脱贫攻坚洪流当中，持续开展“走进乡土乡村，助力精准扶贫”“接受国情教育，再助精准扶贫”“投身脱贫攻坚，助力乡村振兴”为主题的社会实践活动，让学生了解农村农民、深度贫困地区现状与需求，提升了思想境界和价值认同，增强科研针对性和事农爱农的信心。

四、塑造育人品牌，建构全新育人格局

思政实践育人协同中心经过3年多的探索实践，初步形成具有地方农业院校特色的实践育人体系，全新构建起“大思政”实践育人格局。

（一）课程实践思政育人工程

基础不牢，地动山摇。课程实践是实践育人的基础，是实践育人模式探索的第一大工程。学校先后制定了《山西农业大学实践教学管理办法》《关于本科生生产（毕业）实习的规定》《学生社会实践活动条例》等规章制度，新一轮的人才培养方案对实施课程实践思政育人内容进行了修订，正在构建课程实践与课程思政的融合机制，以基础实践、专业实践、第二课堂实践、综合实践为内容的实践教学体系建设逐渐丰富和完善。学校课程实践依托基础实践和专业实践来进行，基础实践是强化学生的基础素质与基本技能的训练，多为认知型、验证型实验和实习，学生通过公共基础实验、军事劳动教育及专业认识实习提升课程实践能力；专业实践以培养学生的专业核心能力为目标，学生充分利用专业实验室和校内外实践教学基地来提升实践能力，课程实践在学校实践教学体系中占基础地位。

（二）双创实践思政育人工程

双创实践是学生第二课堂的重要组成，是实践育人模式探索的第二大工程。学校在创新创业教育中，形成了“扶上马、送一程、做后盾”的“三步曲”育人模式。“扶上马”是指双创意识培养，先后邀请200多位自主创业的优秀校友、20余位知名创业成功人士回校做创业报告，选树了黄超、周宏涛等在校学生创业典型，开设了《大学生KAB创业基础》《大学生创业指导》等创新创业教育课程，引进了《创新创业》《创业管理实践》等多门在线开放课程（选修课），举办了四届“山西农业大学大学生创新成果展”、三届“大学生创业成果展”。“送一程”是指双创能力的提升，通过了本科人才培养方案的修订意见，制定了《山西农业大学创业导师聘任及管理办法（试行）》，举办了创业先锋班。“做后盾”是指助推毕业生创业，如“全国就业创业优秀个人”黄超在太谷县成立了“绿能食用菌专业合作社”，“第九届全国大学生年度人物”江利斌在家乡成立了“黎城绿翼核桃专业合作社”。

（三）社会实践思政育人工程

社会实践是学生第二课堂的主要内容，是实践育人模式探索的第三大工程。学校社会实践注重志愿公益活动、暑期社会实践、脱贫成效评估三个阵地建设。学校将志愿公益活动常态化、纳入校园文明建设，每年参与志愿服务活动1万余人次；培育“流动售票车进校园”“文明火车站你我共建”“衣基金”等志愿服务品牌；学校勤工助学学生参与度逐年提升、岗位数量逐年增多。学校连续30多年开展暑期社会实践活动，多次获团中央表彰，近三年组织百余支社会实践队、数千名师生到山西省国定贫困县，开展脱贫攻坚为主题的暑期社会实践活动，并与省扶贫办签订《精准扶贫的战略合作协议》，连续三年承担省脱贫成效第三方评估任务，累计完成2万多农户脱贫致富状况评估检查，还受国务院扶贫办委托参与全国相关省份退出贫困县国家专项评估检查工作，在脱贫实践中锻炼了学生，也为学校赢得了声誉。

（四）育人队伍实践能力提升工程

育人队伍是实现人才培养的保障，是实践育人模式探索的第四大工程。学校主抓四支队伍的能力提升。专业教师培养课程思政理念，思政部完成思政课基本概念整理，学校经常性组织专任教师赴天津、西安、上海等地参与课程思政培训会，教务部召开“课程思政”专题交流研讨会，设立“课程思政”专题研究项目，提升教师课程思政教学实践水平。思政部通过“六步法”打造过硬的思政课教师队伍，实行“3+2”课堂实践教学改革，持续推进思政理论课程的改革。学校加强辅导员岗前培训、专题培训和工作研讨，开展辅导员职业能力竞赛、优秀辅导员评比、辅导员论坛等活动，组织报考职业咨询师和心理咨询师；印发了《山西农业大学专职辅导员教师专业技术职务评审办法》，打通了辅导员晋升副教授的通道，提升了实践育人队伍的工作积极性，多维协同育人渠道和方式更加完善，通过实施对学生党员、学生干部和青年马克思主义者、班长和团支部书记等的培训工程，整体形成良好的育人带动效应。

校实践育人协同中心经过两年多的创新实践，在机构改革设置、实践育人的资源整合、实践育人的模式构建及实践育人效果产出等方面取得了一些成绩，但毕竟中心成立时间有限，在机构的优化、积极性的发挥、模式的运行、育人效果的跟踪和反馈、有影响力的成果等方面还存在一些不足，在推动绩效考评制度改革、利益共享机制改革等方面上还处于起步阶段，还有许多实践思路亟待进一步的系统化研究。未来，中心将围绕立德树人根本任务，健全完善“三全育人”工作格局，探索特色化实践育人模式，强化育人成果质量与贡献为导向的绩效考评制度，推动协同主体利益共享机制创新，进一步与协同主体就实践内容、实践形式、实践平台的丰富和完善开展研究，在促进协同双方更好地实现资源共享、利益共享、风险共担等方面形成制度、出台政策，构建校政、校地、校企、校所的协同育人机制，不仅要注重合作的形式，更要实现协同育人的实质化、制度化、长效化。

第三节 实践育人队伍建设历史实践与经验总结

作为实践育人工作承担者、组织者和引导者，实践育人队伍能力素质高低成为决定工作效果的关键因素。教育部等部门《关于进一步加强高校实践育人工作的若干意见》（教思政〔2012〕1号）明确指出：要"着力加强实践育人队伍建设"。2016年12月，习近平总书记在全国思想政治工作会议上强调，要加强师德师风建设，坚持教书和育人相统一，坚持言传和身教相统一，坚持潜心问道和关注社会相统一，坚持学术自由和学术规范相统一，引导广大教师以德立身、以德立学、以德施教。① 坚持"四个相统一"，是对教育规律的自觉遵循，也是教师为人、为师、为学的内在要求。

百年老校山西农业大学，历经各办学历史时期，形成了实践育人的优良传统。广大教师躬身实践，深入一线做科研，把科研与教学有机融合，带领学生在实践中长才干，正如清华大学著名校长梅贻琦的精彩比喻"学校犹水也，师生犹鱼也，其行动犹游泳也，大鱼前导，小鱼尾随，是从游也。从游既久，其濡染观摩之效，自不求而至，不为而成"②。历经一百多年，特色实践育人事业弦歌不辍、薪火相传。回顾110多年历史上的劳苦不计、守望承续的扶贫历程，一批批专家教授、一代代教师学生，坚持把科研课题做在田野、把科技论文写在山村，主动对接深度贫困地区产业发展需求，以校地合作、校企合作、项目合作为主要模式，以科技扶贫、教育扶贫、产业扶

① 《习近平谈治国理政》第二卷，外文出版社2017年版，第379页。
② 梅贻琦：《大学一解》，《清华大学学报（自然科学版）》1941年第1期。

贫为主要抓手，以学科、人才、技术为主要支撑，肩负起了一所地方农业院校“为党育人、为国育才”和强农兴农的时代使命与责任担当。

正如人民日报记者刘杰在2001年的报道中提到，到山西农村采访，无论是太行山、吕梁山，还是晋中大平原，到处可以听到老百姓对山西农业大学由衷的称赞。山西农业大学立足三晋，服务三晋，到田间选题，送科技下乡，走出了一条出成果、出人才、出效益，也出教材的新路。时任校领导接受采访时感佩到，山西养育了农大，农大必须走出去为百姓服务，为农业出力。关起门来做不了大学问，成果不转化也算不了大成就，只有理论联系实际，成果联系市场，才是农大的根本出路。① 因此，教职员工为农必先知农，教学科研要与实际相结合，课题要从田间地头选，成果转化服务于基层，让百姓得实惠，这成为一代又一代农大人的毕生追求，体现的是一种强农兴农的家国情怀，体现的是为党育人、为国育才的使命责任。回望百余年办学历史，在育人实践中淬炼队伍，形成了如下6点重要启示。

一、坚持党的领导，是淬炼实践育人队伍的根本保证

党的领导是我国大学最鲜亮的政治底色。作为集人才培养、学术科研、社会服务、文化传承创新、国际交流与合作等职能于一身的学术机构，其治理结构与政府、企事业单位和社会组织均有显著区别，这就决定了高校必须坚持和完善党的领导制度体系。“办好中国的事情，关键在党”②，“坚持党对一切工作的领导”，进一步明确了我们的教育事业是党领导下的教育事业，党的领导是引领新时代中国特色社会主义教育事业不断前进的最大政治优势。怎样的老师才是好老师？习近平总书记提出了四条标准：要有理想信

---

① 刘杰：《到田间选题，送科技下乡——山西农大服务三晋创佳绩》，《人民日报》2001年7月24日。

② 习近平：《在庆祝中国共产党成立100周年大会上的讲话》，人民出版社2021年版，第10页。

念、要有道德情操、要有扎实学识、要有仁爱之心。① 期望“广大教师要做锤炼品格的引路人，做学生学习知识的引路人，做学生创新思维的引路人，做学生奉献祖国的引路人”②。这些都是习近平总书记站在为党育人、为国育才的高度，对教师的培养和专业成长提出的新要求，指引的新方向。

山西农业大学办学育人的历史实践，充分证明了党对实践育人工作的全过程领导，对教师教学科研育人政治方向的把关引导，是塑造政治素质过硬、业务能力精湛、育人水平高超的高素质实践育人队伍的关键。铭贤学校时期，爱国师生就建立党小组、党支部、特别支部和学校社联组织等开展了早期的革命活动，引导广大师生树立爱国热情③；新中国成立后至改革开放前，在党的领导下，深入开展了爱国主义教育和社会主义教育，坚定了广大教师为社会主义服务和为人民服务的思想，20 世纪 60 年代试行半农半读教育制度改革，1965 年郭弓宏、任国钧、程创基、白植本 4 人出席全国高等农业教育会议，受到毛主席等党和国家领导人接见④；改革开放后，党领导推动教育科技体制改革，深化各项改革事业，进一步激发广大教师投身科学研究、教育教学改革和社会服务的热忱；新世纪以来，在党的坚强领导下，广大师生投身科教兴国战略、创新驱动战略、脱贫攻坚战略和乡村振兴战略建功立业。特别是习近平在给全国涉农高校的书记校长和专家代表回信时指出，以立德树人为根本，以强农兴农为己任⑤，更是为农业院校教师实践育人和奉献三农事业的提出根本遵循与明确指引。学校按照教育部要求，深入

① 习近平：《做党和人民满意的好老师——同北京师范大学师生代表座谈时的讲话》，人民出版社 2014 年版，第 4—9 页。

② 《习近平在北京市八一学校考察时强调，全面贯彻落实党的教育方针，努力把我国基础教育越办越好》，《人民日报》2016 年 9 月 10 日。

③ 《山西农业大学百年集揽》编写组：《山西农业大学百年集揽》，中国文史出版社 2015 年版，第 46—48 页。

④ 《山西农业大学百年集揽》编写组：《山西农业大学百年集揽》，中国文史出版社 2015 年版，第 153 页。

⑤ 《习近平回信寄语全国涉农高校广大师生，以立德树人为根本，以强农兴农为己任》，《人民日报》2019 年 9 月 7 日。

推动教师党支部书记“双带头人”培育工程，涌现出一批省级、校级“双带头人”，引领教师实践育人不断走向深入。

二、厚植家国情怀，是锻造实践育人队伍的历史使命

纵观百年农大各个办学育人的历史时期，都非常重视校风、教风和学风建设。在铭贤学校时期40多年办学历程中，亲历了中西文化的交融碰撞以及民族救亡运动的风起云涌，其办学实践紧跟时代发展与中国社会变迁，融入了民族性、革命性的时代精神①，师生在教与学的过程中，展现出学以致用、服务社会、助力革命、勤奋自强的精神风貌，其务实践履特质在同时期的学校教育中表现尤为突出。化民成俗基于学校，兴贤育德责在师儒②，正是当时的一流师资培养了一批有爱国思想、有技能、讲奉献的杰出人才，在这里特别重视学生社会服务和经济调查活动，引导学生了解社会，增强学生振兴民族的责任意识，增强热爱祖国服务祖国的意识，服务社会的本领。

以王绶、吕效吾、张龙志、冀一伦、汤祊德、李连昌、苗果园等为代表的老一代教师坚持艰苦朴素的工作作风，坚持扎根实践，坚持深入农村参加生产劳动，进行技术指导，宣传、普及农业科学技术知识，通过实践教学改革增强了师生的思想觉悟和解决实践问题的能力，通过带队伍、出成果，为党和国家建言献策。养牛学家冀一伦是中国黄牛改良和黑白花牛育种奠基人之一，始终坚持理论联系实际的方针，深入农村和生产一线，推广奶牛和肉牛生产的科学技术。他非常重视中国国情和农民生产经验，把西方先进的农业科技理论与中国的农业实践结合起来，总结并力推《氨化秸秆》技术，联合14位专家向中央领导提出发展秸秆养牛的重大建议，受到中央领导的

① 李卫朝：《春诵夏弦 上下求索——思想史视阈下的山西铭贤学校研究》，山西人民出版社2017年版，第204页。

② 信德俭等：《学以事人，真知力行——山西铭贤学校办学评述》，中国社会出版社2010年版，第17页。

极大重视，推动国务院出台《全国秸秆养畜发展纲要》，获得国家科技进步二等奖。联合国粮农组织出版的《秸秆养畜——中国的经验》以5种文字向全球发行。[①] 这些都体现了老一代教师学于国外、服务于祖国农业事业兴旺发展的思想境界，体现出了一代又一代农大人强农兴农的家国情怀，这也成为农大百年校史的宝贵财富。

新生代农大人以更宽广的视野、更大的气魄，投身国家创新驱动战略、脱贫攻坚战略和乡村振兴战略。2016年学校承担了全省脱贫成效、脱贫验收第三方评估工作，抽调近千名师生，冒着严寒，深入全省36个国家级贫困县、22个省级贫困县和1个非贫困县的716个样本村，对15809个样本户进行了实地调查，对贫困户精准识别、脱贫户精准退出和扶贫帮扶的满意程度进行了评估。2017年再次承担全省脱贫成效第三方评估工作，组织500余名师生深入全省425个村，对10546个样本户进行了实地调查，得到了省委、省政府的肯定和表扬。评估工作不仅让专家、师生掌握了深度贫困地区生产生活所急需、所急缺的政策、技术等情况，也反逼他们查找不足，补齐短板。可以说，这是对“以天下为己任”“国家兴亡，匹夫有责”“诚心正意修身齐家治国平天下”“家事、国事、天下事，事事关心”家国理想的新时代表达。

全国脱贫攻坚创新奖的获得者常明昌教授三十多年如一日，汗洒食用菌产业化发展，让昔日柴火变财源，广播科技创新创业火种，在我省40多个县（市、区）进行科技扶贫和成果转化，把“小蘑菇”做成了致富大产业。他带领团队在吕梁、大同、临汾等7市大面积推广食用菌栽培，帮扶了200多家龙头企业和合作社，培养出黄超、江利斌等受国家表彰的创业典型，带动山西全省食用菌产业转型升级发展，产值呈数倍增长，让山西食用菌工厂化发展水平走到了全国前列[②]，为山西脱贫攻坚事业添上了浓墨重彩的一

---

① 山西农业大学：《冀一伦教授的无悔人生》，中国农业出版社2007年版，第8—9页。

② 郁静娴、付明丽：《山西农大食品科学与工程学院教授常明昌——送技术上门 带村民致富》，《人民日报》2020年4月15日。

笔。韩渊怀是山西省首批“百人计划”引进专家，2010年他与妻子李红英教授放弃了在英国奋斗16年的事业，全职回到山西农业大学，瞄准山西“特”“优”农业发展战略，主动承担起发现保护谷子基因资源的历史重任，2020在国际顶级期刊 *Nature Plants* 发表成果，是近年来国际谷子研究领域发表的影响因子最高的论文。这些宝贵的事迹生动诠释了当代知识分子为国担当、为党育人、为国育才的崇高家国情怀。

三、增强过硬本领，是提升实践育人能力的关键支撑

自创校以来，重视研究、创新是一个非常重要的优良传统。在不同时期，师生们不仅仅具有基于深厚家国情怀的服务意识，还兼备了领导时代潮流的科研创新精神与本领。

铭贤时期，大部分教师都受过国外的专业训练，具有渊博的知识和先进的教学方法，教学水平高，积极开展科学研究，培育作物和家畜优良品种，加工农业机械，推广技术，服务农民，为推动我国农业进步作出了突出贡献。① 更重要的是有一批热爱教书育人职业的教师，他们不仅向学生传授知识、启迪智慧，更重视言传身教，以高尚品德和人格熏染学生，鼓励引导学生学以致用、服务社会，成为国家建设和发展所需的优秀人才。

时任山西农学院院长王绶教授主讲作物育种栽培和生物统计两门课程，他非常重视田间实验工作，经常下地指导和参与年轻教师和学生的实验工作，强调青年教师的培养要“三定一稳”（固定专业、定人指导、规定学习时间和稳定队伍），形成老中青之间传帮带的良好发展态势。在他看来，搞实验就要亲自动手、亲自种，这样才能和实验有感情，与作物有感情，不能纸上谈兵、不能关在实验室内；他积极创造条件以各种方式选送青年教师前

---

① 信德俭等：《学以事人，真知力行——山西铭贤学校办学评述》，中国社会出版社2010年版，第105页。

往全国高水平农林院校进修学习，提升专业素养和研究能力；他还从本省本校实际情况出发，建立生物统计、大豆、遗传、生理、土壤等研究室，亲自主持大豆遗传育种和生物统计研究工作。王绶教授的带头与引路，培养造就了优秀的接班人，使得大豆这一原产于我国的重要作物，无论是生产还是科研，都在新中国成立之后的较短时间内，取得了蓬勃进展，后来由他主持育成的晋豆1号、2号还获得全国科学大会奖。①

20世纪90年代以来，以冀一伦、聂向庭、解思敏、常培英、李炳林等为代表的优秀专家教师，立足科研实践与教学实践，创新性地取得一批重大的实践育人成果。国外学成归来的冀一伦教授特别注重对学生动手能力的培养，千方百计为他们创造实验条件。他主动为研究生搞研究提供保障，如牛只、仪器、场地、实验室、教材以及经费等，先后争取到了30多万元的设备经费和40多万科研费，这在当时已经是不小的数字。由于搞秸秆氨化有成效，农业部曾拨给平价尿素150吨，这些都被冀一伦用到了教学实习中，使他的实践教学环节得到了根本保障。②

1999—2000年，学校与山西人民广播电台共同举办“农大专家讲技术”栏目，共播出700多讲，回答农民来信和现场咨询上千次。③ 2006年暑期，280名教师带领6000多名大学生深入山西全省28000多个行政村开展采集村情信息、制作门户网站、宣传党的方针政策、普及网络知识的实践活动，培训农民30万人，发放资料10万多份④，充分展示了农大专家的技术优势。近年来，学校共派出200余名科技人员、5000多名研究生、本科生到贫困县区开展技术指导，累计推广各类新品种、新技术193项，示范面积达12.5万亩。2017年，学校响应号召，直面问题，积极行动，与吕梁市签订战略合作协议，发挥农科优势，深入实施“6+4+X”项目，为深度贫困地

① 吴强：《王绶的中国农业研究及其开创意义》，《山东农业大学学报（社会科学版）》2018年第3期。

② 山西农业大学：《冀一伦教授的无悔人生》，中国农业出版社2007年版，第61页。

③ 齐利平：《实践育人论坛（2018）》，经济管理出版社2020年版，第264页。

④ 齐利平：《实践育人论坛（2018）》，经济管理出版社2020年版，第263页。

区脱贫致富提供人才支撑、科技支撑。市校双方合作实施的16个项目，共组织了校内外专家189人次，带领50余名学生，累计57次奔赴吕梁各地，在去年的基础上新建示范基地700亩以上，引进试验新品种10个，新增精准扶贫养蜂户21个，提供优质蜂箱300套，培训技术人员及农民达到500余人次，形成了“学院—市县—专家—团队”对接帮扶模式，帮助当地贫困户发展养蜂、红枣、核桃、杂粮等特色产业。

新世纪以来，更以响应党和国家“把论文写在大地上”的号召，尤其是山西农业大学合署改革以来，姚建民、常明昌、高志强、韩渊怀、李步高等教授在脱贫攻坚、社会服务、创新平台建设、国家级创新人才、国际顶级成果、国家级新品种等领域实现了历史性的突破，展现了山西农业大学通过合署改革带来的实践育人队伍的茁壮成长与实践服务能力的乘数效应。全国小麦专家苗果园教授作为向实践学习的教师代表，不仅自己坚持这一要义，而且也传给了他的学生们，叮嘱他们“要掌握学术话语权，就必须走出象牙塔，走进大农田，把科研学术与惠民为农相结合”。从2010年起，苗果园教授的弟子高志强教授每年都要带领团队进驻他亲自筹建的闻喜县“专家大院”，白天和农民一起干农活，晚上在简易的实验室里整理数据、资料，讨论改进实验方案，首次提出旱地小麦三提前蓄水保墒技术，创建并完善了旱地小麦蓄水保墒增产技术体系，在旱地小麦栽培理论上取得了突破性成果，相关成果获得省科技进步一等奖。① 2020年高志强领衔成功申报省部共建“黄土高原特色作物优质高效生产协同创新中心”，取得国家平台的历史性突破，国家级小麦农科教合作人才培养基地成为北方旱作区人才培养的重要基地。

---

① 李全宏等：《爱岗敬业：为“三农”育桃李——记山西农大农学院院长高志强》，《山西日报》2019年11月15日。

四、扎根实践一线，是做好实践育人工作的主要路径

马克思主义实践观阐明了实践对于人类发展的意义，人类社会的发展离不开实践。马克思主义实践观坚持从实践中来到实践中去，以实践的发展带动认识的发展。坚持马克思主义实践观，强调理论与实践相统一，遵循实践第一的原则，不断推进实践创新与理论创新。无数的实践证明，只有扎根基层实践，才能增长见识和才干，实现人生价值。一代又一代农大人，扎根基层，励志实践。

其一是坚持向实践学习，科学总结农业经验，让实践经验进教材进课堂。如 1958 年 8 月至 1959 年 9 月，吕效吾教授带领助教李振英、武德虎，拜羊工宁华堂为师，与群众同吃、同住、同劳动，悉心总结一字不识的老羊工在刻苦和求实的实践道路上所积累的放牧、配种、育羔、鉴定、土法治病、预测气候和保护羊群向自然灾害斗争等方面的生产经验。① 张龙志教授重视实践，认为学生只有认真实践，才能消化吸收和应用所学的理论，才能更有效地学习新知识，只读书不实践、只实践不读书都有片面性，把读书、实践、应用和创新结合到一块，这是事业成功的关键；他也提倡要有吃苦精神、要树立群众观点和生产观点。为做好养猪研究的基础性工作，1971 年张龙志、唐显作、冯永富对全省 15 个县的 59 个国营和集体猪场进行了 4 个月的调查。他的学生郭传甲回忆说，和张先生谈话主题离不开猪，张先生说他和猪的感情最为深厚，他的归宿就是倒在养猪的舞台上。② 被誉为“沉得下来”“钻得进去”③ 学者美称的冀一伦先生，始终坚持理论联系实际的方

---

① 吕效吾：《宁华堂山区牧羊经验简介》，《中国农业科学》1965 年第 3 期；马明：《从采写“羊工和教授”所想到的》，《新闻战线》1959 年第 10 期。

② 郭传甲：《中国养猪学界的伟人——山西农业大学教授张龙志先生》，《养猪三十年记——纪念中国改革开放养猪 30 年文集（1978—2007）》，中国农业大学出版社 2010 年版，第 283—286 页。

③ 山西农业大学：《冀一伦教授的无悔人生》，中国农业出版社 2007 年版，第 1 页。

针，将在国外所学的先进的科技理论知识与中国实践经验结合，十分重视牧民的饲养管理经验，他经常下乡深入到农村调查总结农民的饲养管理经验，如50年代发现当地农民将两层麦秸中间夹一层青苜蓿铺在打谷场上用石滚碾压，经半天翻晒干燥后，用来饲养家畜，效果很好，将群众经验进行总结创造出“草三明治”饲养法。早年冀一伦在下乡时，为了更好地向农民学习，推广先进的科研成果，他结识了不少农民朋友，收集了各民族家畜管理技术，总结编著了《畜牧兽医结绳技术》，总结了“藏民倒牛法”“蒙民套马法”“回民屠宰捆牛法”。其编写的“笼嘴”复杂而美妙的四股绳编织法，受到美国伏尔孟特大学农学院师生的青睐与好评。1964 年冀一伦参加沁源县大家畜繁殖大会战时，他跟劳模武月明一起在郭道乡山沟里放牛数日，学习老武的经验；1973 年在万荣县荣何镇与劳模孙永泉睡在一起，学习他麦麸拌麦秸以小水桶饮牛以估测牛的干草采食数量。老孙通过麦秸多拌麦麸、勤饮水、搭配苜蓿等方法，使牛吃得非常好，而且他将麦秸放在牛棚顶上的板架上，避免了风吹雨淋受潮发霉，还保存了营养。冀一伦总结了老孙的经验，并且写入了教材。① 小麦专家苗果园和同伴们牢牢地抓住接受贫下中农再教育这个机遇，靠着几辆自行车，翻山越岭，蹚河跨沟，在闻喜县布下40 多个试验点，终于发现了影响旱地小麦产量的核心限制因素是缺少磷肥，再经过实验，将这一发现上升到理论高度，总结出一套适合我国北方地区旱地小麦高产的栽培技术，即“纳雨蓄墒、伏雨春用，用养结合、培肥地力，巧种活管、培育壮苗”的三大高产技术环节，成为小麦生产史上的一大突破。1974 至 1984 年十年间累计推广面积达 4600 万亩，增产小麦 17. 2 亿公斤，获得经济效益 8. 2 亿元。②

其二是在实践中磨砺培养学生，提升实践能力，增强业务能力。冀一伦

① 山西农业大学：《冀一伦教授的无悔人生》，中国农业出版社 2007 年版，第 66—67 页。

② 刘小云：《为了大地的丰收——访著名小麦栽培专家苗果园教授》，《农业发展与金融》1998 年第 1 期。

先生为了让自己的研究生能有更多的实践机会，真正走到生产第一线，他介绍研究生们有的去内蒙古参观饲料块的研制，有的到山西运城参加秸秆氨化，有的去山西山阴县搞奶牛日粮配合，有的到唐城肉牛场、山西农业大学奶牛场及寿阳奶牛场搞试验。正是得益于他的这种实践第一的教学方法，他所培养的研究生水平都比较高，有很强适应能力与工作能力，具有实干精神，在事业上取得了很大成就。高志强作为省部共建黄土高原特色作物优质高效生产协同创新中心负责人，由他带领的小麦旱作栽培科技创新团队，针对我省“十年九旱”的省情农情，首次提出旱地小麦三提前蓄水保墒技术，创建并完善了旱地小麦蓄水保墒增产技术体系，在旱地小麦栽培理论上取得了突破性成果，带领团队师生多次刷新山西省冬小麦单产记录，并创建了首批国家级小麦农科教合作人才培养基地，会同省政协探索提出“咨政实践育人模式”①。

其三是在服务实践中建功立业，提升社会服务能力，增强社会责任担当。20世纪八九十年代，学校实施“攻两山、占平川”战略，上万师生奋战在三晋大地扶贫一线，广泛开展社会实践活动，师生走向农村，通过社会调查、开展服务、接触农民，了解“三农”。1988年至1989年，学校一大批青年教师带领学生在吕梁山、太行山集中开展了一至两年的社会实践，学校领导、青年教师通过发表文章、举办报告会等介绍和总结在思想认识、知识结构、服务能力等方面的收获。1993年4月至8月，山西农业大学农学系5名教师带领作物90级学生组成棉花生产服务队，进驻闻喜、夏县等产棉大区、进行全面的棉花生产技术指导，进行4个月棉铃虫综合防治。至1996年，农大师生以集团承包的形式，取得明显的经济效益和社会效益，仅闻喜、夏县、临猗三地就增加收入1.42亿元。② 园艺学院解思敏教授，用自己心血智慧帮助理家庄建立了双千亩果园，使浓郁果香飘山庄，时任国

---

① 何云峰等:《地方农业院校“咨政实践育人”模式构建研究》,《中国高等教育》2020年第Z2期。

② 齐利平:《实践育人论坛(2018)》，经济管理出版社2020年版，第263页。

务院副总理李岚清1996年视察理家庄时充分肯定了解思敏教授帮助该村依靠科技脱贫致富的实践经验，理家庄人们把解思敏教授称为“科技神人”，并立碑铭记①，由其主持的《教科农联动效应与示范教学基地建设的研究与实践》荣获国家教学成果二等奖。

五、强化基地建设，是提升实践育人水平的基本保障

实践基地是培养学生实践动手能力的主要场所，基地建设与管理运营水平直接决定了实践育人的效果。因此，实践教学基地建设是高校的一项关键性与基础性工作。一般意义上来说，实践教学基地的功能应包括实验实践教学功能，科学研究试验与中试功能，有的还包括面向社会的技术服务功能、小型生产功能、职业技能培训与鉴定功能等。也就是说，在国家创新驱动战略深入推动的新时代背景下，经济社会发展和农业产业发展中产学研深度融合程度不断加深，许多单一的试验和实习基地就变得越加综合化，实现了教学、科研和技术服务等多重功能的融合。

回望山西农业大学一百多年的历程，在不同办学历史时期，形成了富有时代特色的实践育人基地建设经验。创校时期，为适应教学和社会需要，增设农工科，成立乡村服务部，置田设场，建立农场、牧场、园艺场供实验研究和教学之用，还在太谷贯家堡附近20余村设立实验区，开展以农民为对象的社会服务工作。铭贤农工专科和学院时期，设有农场牧场、机械实验工厂、化学实验工厂、纺织染实习工厂等，制定农事实验场规程，满足了教师课余之暇开展学术研究的设施条件。即使抗战南迁时，仍然举办校办实习工厂，对各实验室设备与实验工厂及农牧场建设更是不惜巨资，力求完善，甚至还建有小型水力发电站等设施。②

---

① 齐利平：《实践育人论坛（2018）》，经济管理出版社2020年版，第264页。

② 信德俭等：《学以事人，真知力行——山西铭贤学校办学评述》，中国社会出版社2010年版，第118页。

自山西农学院建院起，1951—2008年的57年间，校内实习基地经历了三种管理方式：一是学校统一管理，共38年。其中实习农场34年，为事业性经营实体；校职能部门生产处、教育处和科劳处分管4年。二是场系共管3年。此外园艺等个别实验站也曾单独实行过场系共管。三是由系（院）直接管理，其中农、畜、园三站由系（院）管理经历了三个阶段。据《山西农业大学百年集揽》（下）统计，实验农场1954—1999年接受教学生产实习20多万人次（人天），承担科研项目600多项，广泛开展作物良种、家畜良种、苗木、种蛋、配种等各类社会服务等。①

实验场站几经分合、运行体制机制不断变迁，从场系共管到以系（院）为主的管理，到2008年连同部分院系先后建立的基地，全校共有9个学院有了各具专业特点的校内教学、科研及生产服务的实习实践基地、设施农业科技园等，显示出各自的专业特点和优势，与教学科研活动结合更加紧密，服务教学科研的范围显著扩大，服务与管理方式更加灵活多样，专业教师和教学管理人员参与管理更加便捷。

学校充分发挥校院合署改革、科教融合带来的资源整合契机，以动物医学实验教学中心等国家级、省级实验教学示范中心为引领，投入3000余万元整合全校实验资源建成面向全校的9个公共基础课程实验教学平台，充分发掘合署改革后分布在运城、临汾、长治等8个地市的研究所（中心）和农业试验站科教资源，根据涉农类专业实践教学需求，学校统筹安排，新建9个符合新农科建设要求的涉农类本科教学实习实训基地，按照院所一体、优势互补、资源共享、协同育人的思维全新打造综合性实践教学基地，探索适应新农科建设需要的实践育人基地建设新路径，不断改善校内实验实践条件，满足学生实践能力培养的新需求。②

---

① 《山西农业大学百年集揽》编写组：《山西农业大学百年集揽》，中国文史出版社2015年版，第1320页。

② 山西农业大学教务部：《我校本科教育工作实现新跨越》，2020年11月23日，见http：//news. sxau. edu. cn/info/1019/38710. html。

面向区域现代农业产业转型需求，将科学研究、社会服务和实践育人紧密结合，依托国家和省级现代农业产业技术体系、产业技术创新战略联盟、工程中心、协同创新中心、重点实验室、实验站、观测站、乡村振兴示范村、专家大院、科技小院等科技服务与创新平台载体，通过校地、校企、校所等多种合作方式，开展了特色化、多样化、综合化的产业技术创新服务工作，形成覆盖山西全省各地的实践基地，涌现出像旱地小麦闻喜县实验示范社会服务基地、山西大象农牧集团、山西农业大学农牧交错带草地生态系统野外观测研究站、庞泉沟自然保护区、芦芽山自然保护区、山西汾酒集团等160多家稳定的实践基地。

按照山西省委省政府的战略部署，依托晋中国家农高区，全面统筹推进校地、校所、校企创新资源共享与互动，集聚科教优势资源，构建以山西农谷、大学城和科研院所为主要组分的“谷城院”一体化发展格局，以晋中国家农高区和太谷国家现代农业产业科技创新中心的科技创新为牵引，促进山西农谷和山西省农科院的融合发展，促进产学研一体化，通过建设科教融合学院、产业研究院、乡村调查研究院、乡村振兴论坛（太谷）、世界乡村复兴大会等跨学科、跨单位的多样化创新载体，实现多维度、多层次系统整体融合，推动谷城院空间地域深度互动融合，促进政策流、创新流、人才流、信息流、技术流、资金流、物流等多流汇聚，推动建立区域农业产业创新的“高新区”，开辟教师科研创新与社会服务的“主战场”，设立师生教学实验实践的“大课堂”，建成农业农村改革、乡村振兴的政策“智库源”。

在百余年的办学实践中，学校充分利用自身和校外资源，积极探索多种形式的实践教学基地建设模式，从初期的立足校内基地建设为主，到走向社会服务的实践中形成一批稳定的校外实践教学基地。从实践教学基地建设主体来看，包括学校自建和高校与地方共建，有校企共建、校府共建、校协共建等丰富多样的基地建设模式。“卓越农林人才教育培养计划2.0”明确指出，要建立上下联动、多部门参与的协同育人机制，统筹推进校地、校所、校企育人要素和创新资源共享互动，实现行业优质资源转化为育人资源、行业特色转化为专业特色，大力支持卓越农林人才教育合作育人示范基地、农林产教融合示范基地和农科教合作人才培养基地建设，为推动新农科建设、提升实践育人、指明前进方向提供有力的实践基地保障。

六、注重梯队建设，是推动实践育人事业的持续动力

建立精干高效的实践育人队伍是实践育人事业成败的关键制约因素，建立梯队结构完整的实践育人队伍尤为重要。理想状态是，年龄结构上体现老中青有机衔接，职称结构上体现高中低各层结构合理搭配，既要体现育人队伍现有的高效率、高产出与高水平，也更需要关注未来持续的良好发展态势。可以说，这是推动实践育人事业的持久动力。

以山西农业大学百年历史实践为例，凡注重梯队建设的学科，往往薪火不断，弦歌不辍，农业学术事业兴旺发达。以小麦栽培团队传承发展为例，李焕章、苗果园、高志强等为带头人的三代小麦专家，不舍追求，不断把小麦事业做大做强。李焕章先生是小麦栽培育种的开拓者，1958 年在国内首批建立作物学硕士学科，为人正直，爱生如子，催人上进；苗果园先生则凝练形成全国著名的“东官庄旱地小麦高产典型”，揭示了我国小麦品种温光互作发育规律，提出了“根土系统”概念，将土、肥、水、根、苗当作整体系统进行相关研究，受到业界高度赞誉，是山西有机旱作农业的倡导者和先行者，是作物栽培学与耕作学的创建者；高志强教授则站在新的历史起点上，瞄准有机旱作农业战略，积极培育壮大团队，戮力推动协同创新平台建设，连续 4 次破山西高产纪录，2020 年牵头申报成功省部共建黄土高原特色作物优质高效生产协同创新中心，在产业创新上实现重大突破。正是一代又一代人，不辍耕耘，薪火相传，不断把小麦科学研究与实践育人事业推向新的高度。

作为我国最早开展猪遗传育种研究的高校之一，从我国养猪科学奠基人张龙志教授到周忠孝、郭传甲等教授，再到李步高和他的团队，三代学人薪

火相传，不断把事业做大①，在全省培育的9个猪品种中占了8个，其中国家级品种两个，一个是马身猪，另一个便是晋汾白猪。2020年，李步高教授入选国家百千万人才工程，获“有突出贡献中青年专家”称号，这是对他和他的团队及他的先辈们为国家畜牧事业所作贡献的最高褒奖与肯定。

“以立德树人为根本，以强农兴农为己任，拿出更多科技成果，培养更多知农爱农新型人才”，这是习近平总书记给涉农高校的新战略使命与任务。而要完成好这一历史使命与任务，实践育人队伍建设是关键和重点。历史和实践已经证明，只有坚持党的领导、厚植家国情怀、增强过硬本领、扎根实践一线、强化基地建设、注重梯队建设，才能打造一支适应新农科建设“三部曲”战略需求的实践育人队伍，才能不断推动校地、校所、校企育人要素和创新资源共享互动，才能不断实现行业优质资源转化为育人资源、行业特色转化为专业特色，形成服务新时代乡村振兴战略的强大动能。

---

① 李林霞：《勇立潮头 引领创新 知识分子风采录 李步高 矢志二十载培育新品猪》，《山西日报》2017年6月4日。

第四章

依托课程的实践育人模式探索

习近平总书记强调，要坚持显性教育和隐性教育相统一，挖掘其他课程和教学方式中蕴含的思想政治教育资源，实现全员、全过程、全方位育人。其中，基于课程层面的实践育人，是整个实践育人系统的基础部分，决定着实践育人的基本成效。在长期的实践育人探索实践中，山西农业大学培育出“三维互动”教学模式、“能力本位”协同育人模式等系列获奖教学成果。

第一节 农科“三维互动”教学模式探索[①]

实施乡村振兴战略，培养“懂农业、爱农村、爱农民”的三农人才是新时代的新要求。但是，高等农业院校依然存在着诸多问题，例如学生学农缺乏兴趣，事农缺乏信心，专业思想不稳；教师教学投入不足，教学科研互为支撑的育人作用不能有效发挥；传统以教室为主的课堂时空封闭狭窄，单

---

① 本节内容由马瑞燕、何云峰、陈晶晶等共同完成的《开放课堂时空，优化育人生态——高等农业院校“三维互动”教学模式创新与实践》的报告内容整理而成。该成果获得国家教学成果二等奖（高等教育）。

一教学方式不能有效激发学生潜能，也不能充分共享社会资源，等等。这些问题的存在，严重制约了高等农业院校本科教学质量的提升，从而影响了人才培养的效果。因此，全方位调动教学育人要素、积极推动农科实践教学环节的改革，具有重要现实意义。

一、改革定位与理念

秉承高等农业院校开放办学的优良传统，以植物保护和植物检疫专业开设的《昆虫研究法》课程的“教学时空拓展、教学质量提升”这一教学理念为切入点，以“三个维度、三种课堂、六大要素、六类方式”为架构，始终坚持学生的主体地位，引导学生以问题为中心，在开放的教学时空学习与实践，强化培养学生职业胜任力与可持续发展的社会适应力，以达到创意、创作、创新、创业的“四创”学习效果，最终实现卓越农林人才“创新型、复合型、应用型”的培养目标。①

有机吸收生态学理论、主体性理论、复杂性理论、协同理论等理论的思想和精髓，遵循“学生个体—小组—班级—专业—农林高等教育—高等教育”的“自小而大”的改革思路，以“生态学理念”理顺教学主体与教学环境的关系，在厘清基本教学要素的基础上优化各要素之间的关系和功能。确定了六个教学要素，涵盖了三个维度：“人”（教师—学生）、“事”（教学—科研）、“果”（创新—创业）；明确了具体建构关系：维度内部是互动关系，维度之间是促动关系；构建了“三课堂”的教学组织形式，即第一课堂（教室：理论课堂）、第二课堂（校园：活动课堂）和第三课堂（社会：实践课堂）；开展融合了“自主学习、合作学习、创新学习、探究学习、实践学习、快乐学习”等学习方式的多样化学习，进而形成“三课堂”

① 马瑞燕、何云峰、陈晶晶、张丽：《农科创新创业人才培养：“三维互动”教学模式研究与实践》，中国农业出版社 2017 年版，第 58 页。

贯通联动的开放式教学新格局，营造“人人想学、时时可学、处处能学、人人为师、人人能创”的育人新生态。①

二、改革探索与实践

“三维互动”教学模式改革历时 16 年，依据其开展的时空范围，大致可划分为三个阶段：第一阶段（2002 年），立足第一课堂（教室：理论课堂）；第二阶段（2003—2005、2007 年），步入第二课堂（校园：活动课堂），第一课堂、第二课堂相结合；第三阶段（2006、2008—2017 年），走向第三课堂（社会：实践课堂），第一课堂、第二课堂、第三课堂有机结合。②

（一）立足第一课堂，培养学生学习兴趣，树立自信

2002 年《昆虫研究法》课程在教室进行，着力培养学生的兴趣，激发学生的自信，其教学实践主题内容是《昆虫趣味故事》。教师要求每个学生尽量找一个与昆虫有关的趣味故事，逐一登上讲台讲述。其初衷是鼓励学生勇敢地把自己的想法表达出来。

（二）步入第二课堂，引导学生自主探索，拓宽视野

2003—2005 年、2007 年《昆虫研究法》课程的时空范围从第一课堂步入第二课堂，教师鼓励学生自主探索，努力拓宽学生的视野。这几年以当时植物保护、植物检疫领域的热门话题为主题，下设几个小专题，将学生分为若干小组，每个小组充分利用多媒体、自制模型以及大量的图片、数据、文

---

① 何云峰、马瑞燕、陈晶晶：《农科高校“三维互动”开放式教学模式初探》，《中国大学教学》2012 年第 8 期。

② 陈晶晶、何云峰：《地方高校创生取向课程实施的叙事研究》，《河北农业大学学报（农林教育版）》2015 年第 1 期。

字等阐述本组主题或新方案，并展开讨论与辩论。

（三）走向第三课堂，激励学生勇于实践，大胆创新

随着课程的持续开展，2006 年、2008—2017 年《昆虫研究法》课程的场所也不再局限于校园范围，开始走向农村、田间，真正走向社会，其时空范围从第一、第二课堂走向了第三课堂（社会：实践课堂），教师鼓励学生大胆创新，开展丰富多彩的实践活动。这一阶段，依据学生创新和实践的程度又可分为两个小的阶段：

1. 激发性的创新实践活动，唤起学生科研热情

2006 年、2008—2011 年以课题组的科研项目为依托，围绕一个科研主题，学生走出教室、走出校门，到田间、温室、科研基地、试验站等地开展创新和实践活动。各个小组模拟成"某公司"，将展示现场模拟成竞标现场。各公司不仅有自己的公司名称、理念，选派代表以公司形象代言人的身份参加竞标，将公司研制的诱捕器以 PPT 的形式做简要汇报，同时伴有知识问答。

2. 多元化的创新实践活动，促进学生全面发展

2012—2017 年以课题组的科研项目为依托，从单一的科研主题逐步扩展到了科研、科普、科创、科教等多个主题，学生的创新和实践活动也从单一走向多元化，有微电影、视频制作、技术规程编写，以及新媒体游戏、微信公众号、手机 App 制作等。

综上，历经 16 年的发展演变，"三维互动"教学模式已形成了一套较为成熟的四步骤实施流程，即酝酿确定创意任务；分小组开展基于三个课堂联动的课内外创意创作实践，协同完成创意任务；展示创新实践成果；总结与改进、感悟与升华。

表 4-1 2002—2017 年“三维互动”教学模式实践研讨主题①

年份	主 题	内 容
2002	昆虫趣味故事	探知昆虫生命奇特现象，发散思维，多维解读昆虫生命内涵
2003	烟粉虱的可持续治理	关注主要害虫，主动学习、分组探究害虫防治的方法
2004	松墨天牛的防治	分工协作，深入了解传统防治方法，提出未来防治对策
2005	生物入侵及其防控策略	关注热点，从概念、种类到入侵机制以及防治的、全面的、学术的群体研讨
2006	烟粉虱诱捕器竞标	关注重要入侵害虫，各公司（小组）昆虫诱捕器设计与温室小型试验、现场展示、模拟竞标
2007	马铃薯甲虫的防治	关注国家突发性、潜在性、危险性害虫，进行应急防控措施策略的群体研讨
2008	桃小食心虫诱捕器竞标	各公司（小组）昆虫诱捕器的团队创意与模拟竞标（结合田间实践调查进行创作，模拟公司组成与运行方式）
2009	梨小食心虫实用新型诱捕器竞标	团队合作、目标害虫实地调查、科技创新、田间试验、集中展示、模拟竞标、集优共创
2010	梨小食心虫防治技术推广	文献整合，农村实地调查，团队研讨技术推广科普作品创作（形式不限），回到农村宣讲、宣传、观效
2011	梨小食心虫实用新型与概念新型诱捕器研制	各“公司”设计开发“新型诱捕器”，模拟竞标： A. 实用型：田间实地、实物、实际应用，效果比较； B. 概念型：现场模型、模式、模拟展示，群体研讨
2012	科普：“梨小食心虫的防控”科技成果展示；科研：烟粉虱绿色防控与持续治理	据学生兴趣、特长分“科研”与“科普”二个组别 科普：依据前期已有研究成果，团队合作，自编、自导、自演、自制害虫防治科普作品（微电影），集中展示，共同分享； 科研：依据当前重要害虫发生现状，对田间进行实地调查、研究、分析并总结，撰写调研报告： A. 提出目前可行性、实用型的防控方法与技术 B. 提出未来潜在性、创新型的研究思路与策略
2013	北方果树食心虫综合防治经验交流	模拟农业生产与技术推广部门交流会，农村实地调查，团队研讨梨小食心虫防治规程制作（形式不限），返回到农村宣讲、宣传、观效

① 梁丽、马瑞燕、赵志国、何云峰、王建明：《“三维互动”教学模式：基于农科高校的实践探索》，《高等农业教育》2013 年第 6 期。

续表

年份	主　题	内　容
2014	现代生态果园发展与合作交流会	模拟现代果业合作社、新型职业农民，学生制作梨小食心虫防治方法的宣传视频，以农民喜闻乐见的形式呈现
2015	现代生态果园仿生技术展览会	科普：整理文献，学生以视频等形式制作梨小食心虫防治方法的宣传材料； 科研：研制可控时间诱捕器，诱捕器包括实物型和概念型两种
2016	科普：北方果树食心虫 App； 科研：昆虫性信息素迷向散发器； 科创：与昆虫相关的科创	根据学生兴趣、特长分“科研”“科普”“科创”三组： 科普：基于“互联网+”主题，团队合作，制作北方果树食心虫 App，分工协作，体现科学性、规范性，图文并茂； 科研：依据农业规模化、产业化、现代化需求，制作昆虫性信息素迷向散发器，要有实物模型以及概念型示意图，具有创意、创新、科学性、前瞻性； 科创：与昆虫学相关的创业规划，要有科学原理、有产品特色、有产业前景、有社会价值
2017	科研：经济作物害虫调查及有潜力的防治措施； 科创：“昆虫创业梦”	科研：田间实地调研，自选任何一种经济作物（蔬菜、果树、园林花卉等）的一种害虫，写出调研报告（包括图、文字、数据），提出相应可行性防治措施，大胆提出一项科研防治计划（具专业性、科学性、创新性），一种未来有潜力的防治策略（或技术）； 科创：大胆设计以昆虫为主题的“昆虫创业梦”，撰写策划书，包括团队名称，设计理念，科学原理，实施方案，预期效果

三、运行机制与效果

（一）运行机制

1.“创意任务”的驱动研学机制

所谓创意任务是指将课程内容与学科发展、社会需求或实际应用有机结合而设置的学习任务，通常没有现成的答案可寻。“三维互动”教学模式依据大学生群体的特点，综合考虑学生已有的学科知识基础，通过有针对性地布置科研、科教、科普、科创等方面的创意任务，促进学生目标导向性的学习，意在充分激发学生学习的能动性、自主性。①

2. “多维发展”的过程评价机制

“三维互动”教学模式充分吸收发展性评价的理念，同时结合课程以及创意任务的具体特点，在学生评价中落实发展性评价，以多维性、发展性、过程性、主体性为其显著特点，关注学生知识、思维、能力、态度、精神等方面的多维发展，着力于学生学业及未来的持续发展，充分发挥多种评价主体的参与性，对学生学习起到了很好的引导与激励作用，同时也保证了创意任务的有效落实。

3. “协同共享”的团队建设机制

“三维互动”教学模式在运作过程中围绕创意任务的布置与实施，明确小组学习的任务与目的，凝聚了小组成员及其周围的学习资源，在此基础上形成了协同共享的团队建设机制。这里的协同共享有三层含义：一是学生间协同共享；二是师生间协同共享；三是团队内部与外部力量合作共享。团队组建以任务为中心，团队活动凸显互动共享，团队文化体现协同共进。

（二）成果的社会反响

该成果从2002年到2017年，历时16年艰辛探索，山西农业大学植物保护、植物检疫、农学等专业2000余名学生参与，满意度达90%以上。受益于师生互动、教学与科研互促，先后获得省级教学成果特等奖等5项奖励。校内农学院、林学院、生命科学学院、公共管理学院、文理学院、工学院、园艺学院等学院借鉴该教学模式，并应用于自身教学实践，均取得了良好的效果。

---

① 张丽、何云峰、马瑞燕：《地方高校教师专业发展中教学与科研的关系》，《高等农业教育》2014年第8期。

马瑞燕教授应邀在多所院校和全国人才培养研讨会上交流“三维互动”教学模式，教学改革的做法先后被西北农林科技大学、山东农业大学、云南农业大学、安徽农业大学等高校借鉴应用。

四、研究反思

农科院校“三维互动”教学模式，理论上得到关注与认可，教学实践上得到认同与模仿，专业经营上也得到借鉴与学习，其与卓越农林人才的培养目标是一致的。知名院校学者们的广泛关注，证明了成果的潜在理论与实践价值，证明其对时代要求的顺应性和改革的前瞻性，进一步深化改革并在同类院校乃至其他院校推广将是课题新的努力方向。

（一）进行富有创意的课程设计，是“三维互动”教学模式运行的前提

有创意的课程设计最关键的就是要寻找内容与形式的最佳结合点。教师要从自己从事的专业中寻找合适的内容，充分搜集资料，凝练恰当的题目，并确定用以呈现内容的恰当形式。每个专业都可以找到适合本专业的内容与形式的最佳结合点，教学改革成功的教师绝不生搬硬套，而是建立在三方面内容基础上，即充分熟悉自己所从事的专业、分析学生的特点以及对内容和形式相结合的平台进行可行性论证。对教师来讲，一要熟悉自己所从事的专业。因为并不是每个专业的所有内容都可以扩展，教师只有熟悉自己的专业，才能恰当地选出可以扩展到课堂之外的内容。二要正确分析学生的特点。因为学生是教学的对象，只有了解学生，才能真正做到因“才”施教。三要对内容和形式相结合的平台进行可行性论证。因为内容和形式的结合必须借助适当的平台展开，这个平台就是要看自己所选择的这个结合点是否有必要的人力、物力、财力资源作支持。

（二）发挥师生的主体能动作用，是“三维互动”教学模式运行的关键

首先，要发挥教师的主导作用。教师的主导作用主要体现在：教学模式运行前，根据学生兴趣，以教材为纲，精心开展课程设计，创设恰当的问题情境，营造和谐的教学氛围；教学模式运行中，充分调动学生学习的主动性和积极性，引导学生完全参与到课程中来；教学模式运行后，指导学生对学习效果进行评价与反思。其次，要发挥学生的主体作用。学生是模式实施的对象，其能否全身心投入到课堂教学过程中是教学模式实施成功与否的关键。学生的主体作用体现在：教学模式运行前，为教师进行课程设计提供素材；教学模式运行中，充分发挥主观能动性，开动脑筋，提出各种有创意的内容和形式，真正参与到课程中；教学模式运行后，主动对模式运行结果进行反思。只有充分发挥教师的主导作用和学生的主体作用，“三维互动”教学模式才能取得最佳的效果。

（三）建立科学合理的评价机制，是“三维互动”教学模式运行的驱动力

第一，开展着眼于学生学习的形成性评价。“三维互动”教学模式的运行是一个动态的过程，因此对学生学习效果的评价也应是动态的、形成性的。要在教学过程中随时对教师、学生的行为做出评价，及时了解模式本身的缺陷、学生学习的困难及教学中出现的问题，以便及时对模式实施做出调整，并以此作为完善教学模式、提高教学质量的依据。第二，开展着眼于学生长远的发展性评价。评价还要着眼于学生的长远发展，帮助学生估计信息、明确方向，以追求更快、更好的进步。发展性评价注重学生的学习过程，重视评价对教师教学过程和学生学习过程的反馈，强调发挥评价的改进和促进功能。在发展性评价中学生收获的不仅仅是成绩，更多的是活学活用知识的能力、表达能力、计算应用能力、批判反思能力等对未来发展有益的

多种能力。第三，开展着眼于学生发展的主体性评价。学生的主体性发展，即重视学生的独立自主、主观能动、开拓创造等主体性素质，弘扬学生的主体精神，促进学生主体性的解放、发挥和发展。因此，在评价中还要关注学生的自主性、主动性和创造性的发展，关注学生个性是否得到充分发展。

（四）建立良性的课程文化氛围，是“三维互动”教学模式运行的重要保障

首先，营造开放、民主、创新的课堂教学氛围。课堂教学要坚持以学生的全面发展为中心，以教师的专业发展为依托，体现民主化、个性化、人文化，依靠教师自身的形象魅力，给学生创造自由表达的空间，从而推动“三维互动”教学模式的实施。其次，完善现有教学设施。良好的教学设施是“三维互动”教学模式运行的基本物质支撑，因此学校要加大对教室、实验室、多媒体教室、图书馆等教学设施的投入，确保良好的运行环境。再次，为教师提供更多专业培训的机会。“三维互动”教学模式对教师的综合素质有较高要求：他们不仅要有扎实的专业知识，还要有广博的科学文化知识以及系统的教育教学理论知识。因此，要重视教师专业培训，使教师掌握必要的思想和方法，明确具体的操作方式，了解在模式运行过程中可能会遇到的问题。

第二节 “能力本位”课程协同育人模式探索[①]

2005 年 10 月，以多元社会需求为切入点，课题组秉承农林高校开放

① 本节内容是由何云峰、郭晓丽、张丽等共同完成的“农科院校公共事业管理专业‘能力本位’人才培养协同改革探索”成果报告内容整理而成。该成果获得 2012 年度山西省高等学校教学成果一等奖。

办学的优良传统，正式启动历时八年多的专业办学与人才培养改革探索，以“六转向，十协同”为架构，以“创生取向”理念改革课程教学，充分发挥“发展性评价”的导向驱动作用，强化培养学生职业胜任力与可持续发展的社会适应力，让学生在学研和实践中实现“多维动态自然分层”，最终达成基于“能力本位”协同育人的总目标，率先在地方农林行业高校中走出了一条非主流专业“低起点—内涵式—特色化”的改革新路。

一、聚焦存在问题

调查研究显示，许多用人单位称“公管”专业是“样样通，样样空”“博而不专”“大杂烩”等，审视地方农林高校像“公管”专业这样的“非主流”专业发展存在的问题，主要聚焦于人才培养目标定位、课程设置及教学理念与方式等方面。①

（一）人才培养目标定位趋同，与经济社会发展对多样化“公管”专业人才需求脱节

受主流农科专业影响，地方农林高校的非主流专业都不约而同地在人才培养目标定位上突出“农”的特色。这种同质化的目标定位与“公管”专业面向科、教、文、卫等广泛就业领域不一致，与经济社会发展对多样化的“公管”人才需求脱节，这就很难形成与相同或相近专业的比较优势。2007年5月对该专业首届毕业生问卷调查，结果显示，73.5%的同学认为农科课程设置过多，农科特色越来越明显，但就业面却越来越狭窄。建议在保持“农”的特色基础上，增设一些真正体现“公管”专业特点的、能反映社会

① 郭晓丽、何云峰等：《能力本位：地方高校公共事业管理专业实践教学的目标导向》，《教育理论与实践》2012年第27期。

前沿的课程，要根据就业"热门"设置专业方向特色，增强学生的社会适应性。

（二）课程体系设置存在偏差，与"公管"岗位入职与可持续发展的能力需求背离

课程体系设置上，坚持"学科本位"，强调"学科知识"的系统性、学术性，而没有充分考虑本科层次人才直面就业这一严酷现实，这与"公管"岗位入职和可持续发展的能力要求严重背离。同时，也未能形成"需求导向"的课程设置与决策机制，在课程实施与管理上坚持"忠实取向"，固守课程蓝本（教材），却不能对多样的社会需求做出敏捷反应。

（三）教学过程要素协同不足，与人才培养有赖于系统要素协同发力的要求不符

在教学上仍走"课堂中心、书本中心、教师中心"的三中心老路，教学过程要素协同不足，系统功能"失灵"。具体表现为：第一，师生局限于传统的理论课堂，忽视课外教学育人因素，课内课外缺乏有效协同，习惯闭门造车，坐而论道。第二，师生固守于标准化的书本（教材），注重现成知识的传授与学习，忽视对未定论新知识的关注与吸纳，显性课程与隐性课程缺乏有效协同，班级授课与课外个性化学习协同不多，不利于开阔学生视野，培养创新思维能力。第三，师生尊崇传统的教师权威、教师中心。在这种惯习下，学生个体满足于知识的被动接受和"一纸试卷定乾坤"的单一结果，师生关系淡漠，缺乏协同，学生应有的主体能动性未得到有效发挥，学习效果不佳。第四，教师科研与教研顾此失彼。在个体化的教学与研究中，多数教师未能找到二者良性促动、有效协同的切入点，职业生涯发展受挫，缺乏应有的职业归属感与成就感，育人工作热情不高，动力不足。

二、改革目标定位

改革中存在的问题，既有农业行业高校非主流专业发展定位及课程教学中的共性问题，又有所在院校的个性因素。因此，课题组确定改革步骤与原则为“内涵发掘，点上切入，逐个突破，系统提升，特色发展”。

紧扣“公管”专业面向领域广泛性、管理理论与技能普适性等特点，课题组秉承农林高校开放办学的优良传统，以多元社会需求为切入点，以“六转向，十协同”为架构，以“创生取向”理念改革课程教学，充分发挥“发展性评价”的导向驱动作用，强化培养学生职业胜任力与可持续发展的社会适应力，让学生在学研和实践中实现“多维动态自然分层”，最终达成基于“能力本位”协同育人的总目标。为学生未来“多维发展、动态发展、持续发展”打好基础。

三、“能力本位”教育理念

（一）系统阐述本科人才培养的“能力本位”教育理念

着眼于弥补“知识本位”理念“重视知识系统性、完整性，而忽视能力素质”的缺陷，在广泛调研的基础上阐述“能力本位”教育理念为：以培养学生职业胜任力为基础，以增强人才可持续发展的社会适应力为目标。

（二）“公管”专业能力体系建构

开展“扎根理论”调研，科学构建包含2大维度、5个范畴、32个能力观测点的“公管”专业能力体系。

表 4-2　公共事业管理职业领域应备能力“扎根理论方法”三级编码表

三级编码	二级编码	一级编码	教育科研管理领域	社会事业管理领域	社会事业服务领域
一般能力（可持续发展能力）	认知水平	创新	8	4	13
		学习	8	6	7
		分析	3	7	8
		思维	3	1	10
		洞察	6	3	4
		自我认知	—	2	—
		总结	—	1	—
	交往能力	交际	34	33	47
		语言表达	23	20	39
		沟通	22	14	22
		协调	21	9	10
		合作	3	12	8
		适应	3	10	1
		礼仪	—	—	4
		自我推荐	3	—	—
		竞争	—	—	1
专业能力（职业胜任力）	知识水平	专业知识	41	26	50
		政策把控	5	9	6
		英语听说	6	4	6
		综合知识	—	—	6
	管理能力	管理	29	14	34
		组织	13	18	24
		应变	7	1	14
		策划	6	9	—
		决策	4	3	7
		研究调查	—	9	4
		自我控制	4	1	—
		细节处理	—	2	—
	技能水平	计算机操作	9	16	18
		实践	10	11	20
		写作	13	13	5
		管理信息系统应用	2	8	6

注：数字内容为被访谈人员对该项目选择的频数，“—”表示无人填写。

四、基于"能力本位"目标的"六转向，十协同"改革实践

（一）培养目标定位：确定基于"能力本位"目标的重要转向

第一个协同：强调知识与能力、素质协同。把培养学生职业胜任力与可持续发展的社会适应力作为重点。具体到课程实践中，把强化综合实践能力、科研综合训练作为改革着力点，强化实践课程体系与理论课程体系的紧密协同。

第二个协同：创设"课内+课外—四年不断线"综合协同实践课程体系。强化各专业课内的实验、讨论、操作、案例等环节，通过规划设计、论文撰写、案例报告、社会调查、方案策划、课堂辩论等形式，实现学生在掌握"系统知识"的基础上，具备较强的综合素质与能力。为增强学生岗位胜任力与社会适应力，2009年秋季学期陆续开始试行并实施研究性课题训练、"能力本位"社会调研、经典导读与训练、教育行政管理实习等实践项目，并正式固化到人才培养方案实践课程体系中。

第三个协同：第一课堂、第二课堂、第三课堂协同。以时空为依据，提出"三个课堂"，即第一课堂（理论课堂）、第二课堂（活动课堂）、第三课堂（社会课堂）的课堂教学组织形式，发挥"三个课堂"协同融合的教育教学作用，促动实践与理论的转化与互促。

（二）课程设置定位：选择基于"多元需求"的特色课程设置转向

第四个协同：创构"专业通识课程群+管理基础课程群+教育管理方向课程群"协同的课程体系。避免单一服务地方农业经济建设的同质化目标定位，充分考虑社会的多维需求，发挥校内教育管理师资的优势，以国内急需的各种教育管理人才为培养定向，确定教育经济与管理特色办学定向，以

增强比较优势。

第五个协同：核心课程与拓展课程协同。“核心课程”保证专业内核，拓展课程则是强调“前沿性与职业实用性”，旨在拓宽学生视野，增强学生个性，提高学生综合素质与能力。能力本位调研结果显示，创新、交际、语言表达、沟通协调、合作、写作等关键词关注度较高，于是根据实际情况新增设了《实用口才学》《社交心理学》《公务员实用写作》《创新学》等课程，主要以院选和校选的形式开设。

第六个协同：特色教材开发与课程实施的协同。根据“多元需求”特色课程设置转向的要求，课题组组织协调开发了服务于包括核心课程、拓展课程、任选课程在内的10门课程的特色教材16部。这些课程教材建设都是“创生取向”课程实施成果的结晶，特别强调内容体系与编写体例的协同创新。以何云峰主编开发的《现代管理学》为例，内容上增加管理环境、比较管理、全球化背景下的管理趋势，并创意设计了学生“学习共同体”协同才能完成的实践设计练习环节，强调全球视野和实践导向，引导学生活学活用管理知识，提升管理能力，其他教材在教材内容与体例设计上均把“实践导向”作为特色。

（三）教学改革定位：倡导基于“创生取向”的理念与实践转向

“创生取向”课程教学，是指师生在具体的课程教学情境中共同合作、创造新的教育经验的过程。课程教学的“创生”，是以静态的课程教学方案为工具蓝本，强调课程教学过程的交互性、情境性和动态生成性，整个过程实际上就是一个质疑、批判、验证与改写的过程，是师生合作创造新知识的过程。

第七个协同：研究性教学与授受式教学、服务性学习的协同。基于“能力本位”的培养总目标，以“创生取向”课程教学理念为灵魂，公管专业进行了系统的“研究性教学”理论与实践，形成了由“研究性教学”与

“授受式教学”“服务性学习”组合发力的协同效应。

三种教学模式协同运作机制：以第一课堂“授受式学习”为基础，重点发挥第二、三课堂“研究性学习”的优势，引导学生通过做课程小论文、案例、方案、课题、调研、辩论、演讲、书评、影评等开放式的“项目”，活化知识，体验思想；让师生通过多向交互，形成以“创生取向”为特色的课程与教学内容，从而动态激发生成学生的综合素质与能力；以走向社会的“服务性学习”为补充，让学生在服务中了解社会现实，反思学习缺失，砥砺优秀品质，培养社会责任。三个课堂协同联动、三种学习方式协同整合，有效弥补了“学科本位”学习、“知识本位”学习的缺陷。

“创生取向”课程教学实践：根据学生需求，结合课程性质，选择 8 门“支架式”课程，以发挥其在整个“创生取向”课程教学实践中的示范与带动作用，最终形成基于“能力本位”目标的特色教学育人文化。

《专业导学》课：第 1 学期开设。2010—2013 年，成功实行“社会调查+大学生涯规划实践协同教学法”，帮助学生了解社会，明确努力方向。

《管理学原理》课：第 2 学期开设。2008—2013 年，成功实践“小案例+综合案例”全程案例教学，并辅之以博客教学，活化知识，观照现实，增强能力，提升素质。

《教育科研方法》课：第 3 学期开设。2006—2013 年，成功实践“做（研）学合一”教学法，边学边做（研），边指导、边评价，边反馈、边纠正，边体悟、边深化，学完、做完、评价完，整个课程教师由“授”到“导”，学生由“受”到“做（研）”，各种教学要素充分发挥作用，整个教学过程浑然一体。

《教育管理学》课：第 4 学期开设。2010—2013 年，成功实践“理论+实践”双导师协同教学法，学生在助岗实习过程中，自我的综合素质能力得以提高。

《教育学》课：第 4 学期开设。2012—2013 年，成功实施“阅读+辩论+书评+影评”四位一体协同教学法，调动学生学习兴趣，激发学生创作热情，鼓励学生发表作品。

《教育项目策划》课：第 5 学期开设。2006、2010、2012 年成功实践“项目策划方案教考一体化”教学法。

《经典导读与训练》课：第 6 学期开设。2012 年，成功试行“现场即时互动，博客异步讨论”教学法。具体做法是“原汁原味读经典，师生共读，学生报告，全体教师点评，现场即时互动，博客异步讨论”。

《专题讲座》课：第 3、5、7 学期灵活选择一个学期开设。2013 年开始试行“课外开放式学习+课内现场展示式”协同教学法。具体做法是：“教师共同体”群体承担课程，课内讲专题，学生围绕专题内容或相关延伸内容进行课外准备和课上答辩，实现教考合一，生动体现课程教学的“创生”特征。

课外“服务性学习”实践：服务性学习是将课外、校外有益的教育资源纳入基于“能力本位”目标的教学育人体系中，总结出“服务性学习”的 4 种典型样态。具体如下：一是人才培养方案中的假期社会实践活动，利用所学专业知识，参与文化科技信息下乡志愿服务，开展社会调查并完成调研报告；二是学生充分发挥专业优势，在课余时间持续开展在驻地太谷的偏远乡村支教、支农、校园文明监督、心理咨询等活动；三是短期的、一次性的服务性学习，比如火车站春运服务；四是课程中的服务性学习，学生参与教育行政管理助岗实习，既学习又服务。在丰富多彩的服务中学习书本上学不到的知识，学生的综合能力与素养得到全面提升，学生各类获奖达到 200 多人次。

（四）学生评价改革：推行注重“过程考核”的发展性评价转向

基于“能力本位”目标的“创生取向”课程教学改革，诉求评价的过程性与发展性。

第八个协同：创造性地提出“五维一体”的发展性评价模式。

评价内容：由“知识主导型考核”转向“知识、能力、素质协调发展性评价”。课程考核不再局限于书本理论知识，重在对能力素质的考核。在课程考核层面上，设置概念辨析、案例分析、材料分析、论述题、名著评介、专业术语翻译、学科学习反思等新题型，考查学生综合能力，实践效果明显；在实践考核层面上，确保实践考核“四年不断线”。

评价形式：由“单一的试卷形式”变为“综合式的‘闭+开’试卷形式”。

如在《教育学》《教育科研方法》等课程考试中试行“A+B 制”，即 A 为闭卷，以客观题为主，考核学生知识要点掌握情况；B 为开卷，包括主观案例、材料分析等题型。在学生完成 A 卷统一交卷后，之后开卷完成 B 卷，给学生以自由发挥的空间，重在考查学生综合应用知识的能力。

评价时空：由“有限时空和单一方式考核”转向“‘1+X’的开放时空和结构化灵活考核”。

“1+X”开放式、结构化的灵活考核方式，即“1”是期末试卷考核；“X”则是可灵活设置的考核安排，如案例报告、项目策划展示答辩、研究性课题、名著评介、阶段性小作业（小测验）、现场操作、教学实习（教案制作、现场讲课）、辩论等。各课程可以因地制宜、灵活增减考核项目。

评价手段：由“传统式、单一化考核为主”转变为“现代式、多样化的考核为主”。

其一，对学生提出考试手段的新要求，须熟练应用 Word 等各类常用软件，并熟练运用网络进行文献检索等；其二，研发基于 B/S 模式的在线考试系统，融“题库建设、制定试卷、安排考试、学生考试、手动判卷、自动阅卷、统计成绩”等功能于一体，提高评价工作的效度。

评价主体：“让学生由‘被动的、封闭式’的个体考试对象”转变为“‘主动的、开放式’的考试新主体”。

其一，按发展性评价理念要求，由教师和学生共同商定学生自己的发展目标，共同商定教学与考试方案；其二，在部分课程考试中，让小组成为考核的主体之一，将个体考核置于“学习共同体”中进行，以便考查其团结协作精神、沟通能力、应变能力，弥补传统人才培养方式的缺失；其三，让学生成为考试的主人，鼓励学生参与题库建设，在一些考核环节让学生担任考试评判者。

（五）教学组织革新：探索凸显“交互共享”的共同体组织转向

共同体：强调人际的心理相容与沟通，在于发挥群体动力的作用。其强调系统开放性、行为主体性、行动交互性、知识共享性等特征。基于此理念，课题组在实践中进行了学生“学习共同体”与教师“学术共同体”创构实践。

第九个协同：“学习共同体”与“学术共同体”协同。重在发挥共同体的“交互共享”的群体动力优势。在实践的基础上，还形成了服务于学生“学习共同体”的导师制、服务于教师“学术共同体”的“学术沙龙”制。

基于学生的“学习共同体”：按时空及任务的变换，以“研学共同体”为主要组织形式，以“社团共同体”“宿舍共同体”为有益补充。

以《教育科研方法》为例，充分发挥“研学共同体”的独特作用，何云峰教授指导学生完成报告近百项，累计一百多万字，以此为起点拓展延伸，承担国家、省级、校级项目，发表研究论文，获得省级、校级、院级创新创业及调研奖。其他课程的案例、项目策划、调查等均以“研学共同体”的形式组织，收效非常明显。

鼓励学生参与或创办社团，在学生会、班团岗位等干部岗位任职锻炼，学生在“社团共同体”中共同成长，公管091班刘信阳还以此为题开展研究，在核心期刊发表论文（2012）。“宿舍共同体”中互帮互学，2014年公管101班女生5—551宿舍6位同学5位考研均以较高分数被一流高校录取。

基于教师的“学术共同体”：一方面是适应“能力本位”育人改革对教

师研究能力的要求，另一方面也帮助教师突破“个体化发展”困境，拓展新的发展空间，创建由年轻教授担纲主持、年轻教师为主体力量、省级名师为支撑的教改与学术协同的“学术共同体”，以“学术沙龙”为载体，营造互帮互促“交互共享”氛围，许多教师因此而成长发展。

上述两个“共同体”是联通互动的，教师在“研”“教”中成长，学生在“研”“学”中成长，教师指导学生，学生帮助教师，二者互促互助，甚至许多学生与教师的合作并未因毕业而止，上研的同学均与“学术共同体”的教师们保持良好联系与合作，共享新知识、新进展。共同体由“实体”变“虚拟”，但最终是师生均取得实实在在的共同成长。先在山东师范大学攻读硕士、现在华东师范大学攻读博士学位的刘信阳（2013 年本科毕业）还以此为案例对“师生成长共同体”进行研究，其研究成果在中文核心期刊《高等农业教育》发表。

（六）研究范式突破：摸索基于“错位竞争”的研究发展新转向

第十个协同：“教改研究”与“学术研究”协同。课题组选择许多人不看好的“教改研究”为突破口，在专业改革发展中寻找课题，既为现实教改难题破解提供思路，并持续总结提升抽象。以何云峰教授的研究为例，2012 年 4 月在《中国高教研究》发表的《大学教学的品性、发展困惑及改革路径选择》一文，就是其在教改基础上进行哲学与伦理反思而完成的。万方知识脉络分析（2007—2013）以“大学教学”“教学品性”检索，均被列为 10 篇经典文献之一。

从“教改研究”入手，“教改研究”与“学术研究”融通、协同，课题组抓住“能力本位”育人改革的基本理念，课程与教学、考试与评价、学生主体性及社团共同体等当前的学术热点，为教学改革创新提供了可操作性的路子，走出了一条农林行业高校非主流专业“低起点—内涵式—特色化”的发展之路。

第三节　校园劳动实践课模式探索[①]

大学生是未来劳动的主力军，其劳动精神、劳动态度、劳动习惯以及劳动技能的状况，不仅影响着大学生走向社会的可持续发展，更关乎着国家社会的整体发展和进步。因此，劳动实践教育作为高校实践育人的重要组成部分，其在实践育人中具有其他教育形式不可替代的重要作用。2018 年 9 月 10 日，习近平总书记在全国教育大会上强调，要在学生中弘扬劳动精神，教育引导学生崇尚劳动、尊重劳动，懂得劳动最光荣、劳动最崇高、劳动最伟大、劳动最美丽的道理，长大后能够辛勤劳动、诚实劳动、创造性劳动。[②] 引导教育学生长大后能够辛勤劳动、诚实劳动、创造性劳动，关键要让劳动贯穿学生成长的全过程，在耳濡目染、亲身参与中养成良好的劳动习惯。二十多年来，山西农业大学始终把校园环境建设作为大学生劳动教育的重要载体，充分发挥劳动课在“以劳树德、以劳增智、以劳强体、以劳益美和以劳创新”方面的积极作用，积极推动劳动课的常态化建设，取得了良好育人效果。

一、通过“三个加强”，扎实推进劳动实践教育课建设

（一）加强劳动课的组织建设

根据地方农业院校的办学实际，学校早在 1998 年就成立了劳动教育指导委员会，由校长担任组长，分管校长担任副组长，后勤管理处、学工部、

---

① 本节内容由山西农业大学纪委监督监察室主任师坚毅执笔完成。

② 《习近平在全国教育大会上强调，坚持中国特色社会主义教育发展道路，培养德智体美劳全面发展的社会主义建设者和接班人》，《人民日报》2018 年 9 月 11 日。

教务处、各学院等部门为成员单位。其中，后勤管理处作为牵头单位，具体负责劳动课的组织实施和考核，教务处负责课程安排和成绩登录，学工部、后勤管理处和相关学院共同负责劳动课期间学生的思想教育、日常管理，必要时相关学院还要协调选派专业课教师对技术含量要求高的劳动项目进行现场指导。

（二）加强劳动课的教学管理

学校先后出台了《山西农业大学劳动教育课管理办法》和《学生劳动教育课考核标准》，规定劳动课是大学生劳动教育的实践环节，并纳入学校的“必修课”体系。由具有专业技能的后勤职工带领学生开展劳动，主要负责对校园主要道路、绿化带、办公楼区、教学区、家属区、学生宿舍区外围及运动场等已硬化和绿化的公共场所环境卫生进行维护与保洁。在校期间，每个本科学生必须完成两周以上的劳动课。课程一般安排在第 5 或第 6 学期进行，共 32 课时计 1 学分，以学院或相近专业为单位停课两周集中实施，每节课 3—4 小时，上下午各一节。学生表现由指导教师根据劳动态度、劳动纪律、劳动任务完成情况进行综合考评。

（三）加强劳动课的资源开发

山西农业大学作为一所有着 110 多年办学历史的学府，校区面积广阔，先后获得了全国绿化模范单位、全国文物保护单位、山西省文明单位、山西省绿色学校等称号。校园内树林、花园、草坪、试验田等场所都是学生参与劳动课的天然课堂，学生可以在课上参与修剪、施肥、除草、杀虫、中耕和防冻等植物养护工作，并对遗传、育种、机械操作等农业技术有所涉猎。通过引导学生对校园建筑和重大节庆日人文景观的布置、清洁与维护，既可以为学生提供劳动与技术教育机会，又可以帮助学生了解学校文化的发展与特色，了解百年名校的精神沉淀和文化传承。

二、突出“三个特点”，充分发挥劳动实践课育人功能

（一）劳动课突出“管理育人”的特点

劳动课形成了以教师为主导、学生为主体，师生配合、生生合作的“小组自主互助式”管理模式。学生以小组为单位、以小组长为核心，指导老师适时调控量化评价、激励引导，小组之间互相影响、团结协作；学生在小组内通过采取自我管理与同伴相互协助、监督、评价相结合的方式，建立起相互爱护、支持、尊重的劳动氛围。这样的管理模式对大学生集体观念、自我管理意识和团队协作能力都是很好的锻炼与提高。

（二）劳动课突出“服务育人”的特点

近年来，学生公寓楼、校园绿化队、食堂窗口等多个岗位先后获得十余次“青年文明号”荣誉称号；一大批后勤职工在校内外精神文明、道德模范等评比中获得表彰；劳动课上，后勤职工与同学们同学习、同劳动、同交流，手把手地教、面对面地讲，拉近了与学生的距离，密切了与学生的关系，深化了与学生的友谊。这些“不上讲台的老师”通过规范的服务用语、热情的服务态度、周到的服务行为以及为人师表率先垂范的良好形象，给学生以影响和熏陶，为学生树立了“艰苦奋斗、甘于奉献、乐于助人”的工作榜样，逢年过节特别是每年五一劳动节都会有学生自发为后勤职工送去节日的问候。

（三）劳动课突出“环境育人”的特点

学校环境恬静、舒适、清洁、优美，文化历史氛围浓厚，具有鲜明的北方园林式风格，校园的山、水、园、林、花、草、石、路、廊等景观相得益彰，实现了使用功能、审美功能与教育功能的和谐统一。通过多年劳动

课的建设和管理，学院定点管理一片绿化、卫生责任区，学生把维护校园环境当成自己的一份职责，人人动手美化校园的理念已经蔚然成风。学校涌现出了“绿色方阵”“瓶瓶绿光”等致力于校园环境治理的公益社团，各学院的毕业生多次自发组织为母校捐赠树木、景观石、休闲椅等，校报的《丁香园》文艺副刊已成为文学爱好者的品牌栏目，一年一度的“丁香笔会”更成为全校师生盛赞文化农大、生态农大、和谐农大、美丽农大的精神盛宴。

三、实现“三个结合”，确保劳动实践教育取得实效

（一）思想政治教育与生产劳动相结合

劳动课开辟了大学生思想政治教育的新阵地，后勤职工在劳动中对学生进行生动的唯物主义、集体主义和社会主义教育，帮助学生了解社会实际，增强与劳动人民的思想感情，用实际行动诠释“崇学事农，艰苦兴校”的农大精神。许多上过劳动课的同学表示，“看着自己打扫过的清洁的马路、草坪和土地，我的内心充满着劳动的喜悦，也更加珍惜这份整洁”，“劳动课使我受益匪浅，深刻认识到劳动不分高低，价值不分优劣，每一位辛勤劳动的人们都值得尊敬”，“劳动实践带来的，不只是看得见的校园环境变化，更是润物细无声的思想变化”，“在劳动中体会到了维护校园环境的辛苦、意识到了集体劳动团结合作的必要性、感受到了劳动带来的成就感与获得感”，“劳动课让自己学到了许多课本上没有的劳动技巧，更重要的是改变了自己对劳动的认识，明白了无论什么样的劳动都有它的意义和不平凡所在”。通过劳动课让更多的农大学子坚定了投身农业、服务农村的信念，很多学子毕业后当上了村官，办起了合作社，建起了农场，为社会主义新农村建设添砖加瓦。值得一提的是，在北京梁漱溟乡村建设中心的指导下，“农民之子”学生社团坚持以“为农民服务、为理想奋斗”为口号，十年间坚

持与农民同吃同住同劳动，开展了许多扎实有效的调研支教和科技推广工作。

（二）课堂教学与生产实践相结合

劳动课让农业知识走出课堂、走进田间，学生通过双手劳作获得第一手材料和宝贵的经验，对课本中所学的农业科学知识有了更为深刻的理解，有效地激发了学习兴趣，加速了知识的转化，涌现出“全国就业创业先进个人”黄超，“中国大学生年度人物”江利斌，国家“大学生自强之星”马红军、金永贵、刘浩杰等一大批创新创业人才，学校学工部每年都会编印《青春·励志·奋斗——山西农业大学毕业生创业典型汇编》，已收录数百名创业大学生的优秀事迹。这些大学生变被动获取理论知识为主动开展生产劳动，并在实践中不断完善知识储备、提高科技意识、积累市场经验，为以后的成功创业插上了翅膀。

经济管理学院 2017 届毕业生付益曾在园区开展过葡萄种植、食用菌种植以及酸奶制作等创业活动，毕业后，他选择返乡创业，与几位大学时代创业伙伴创办了贵州宝芝灵农业有限责任公司，带领贵州省盘州市 50 户贫困户开展食用菌种植，规模达到 100 亩覆土赤松茸，20 万棒香菇；2015 届植物检疫专业学生杨起鸿，返回云南老家创办云南元谋鸿荣农业科技有限责任公司，从事反季节蔬菜和热带水果的种植，现有蔬菜种植基地 200 余亩，林果基地 1000 余亩，每年为知名商超提供蔬菜水果 1000 余吨，为全县三个乡镇做产业帮扶，为老百姓销售特色农产品和滞销农产品，带领合作社 100 余户成员发展特色林果 8000 余亩，平均每户增收 1 万余元，被楚雄彝族自治州政府评选为全州扶贫明星企业和脱贫攻坚示范企业，他本人先后被农业部和团中央评选为第十一届全国农村青年致富带头人、创业典型事迹人选、向上向善好青年等荣誉称号。

（三）经济效益与社会效益相结合

每年假期学校都会组织内容丰富、形式多样的社会实践劳动教育。比如，2006年，学校组织了以“信息、科技、关怀”为主题的“山西省新农村建设大学生进万村科技信息化工程”实践活动，协助山西移动有限责任公司，为全省2万多个行政村建立了“一村一个门户网页”；2007年，学校与省科协、省妇联、山西移动通信有限公司共同筹划的“百万农民学电脑”培训活动，教农民使用电脑；2009年，学校与省科协合作的“一村一名信息员”计划，培训农村信息员；自2016年起，在全国上下开展“脱贫攻坚”，全面迈向小康社会的最后冲刺阶段，连续三年开展了“走进乡土乡村助力精准扶贫”“接受国情教育再助精准扶贫”“投身脱贫攻坚助力乡村振兴”主题活动，协助省扶贫办开展数据搜集、第三方评估等工作；2019年，五四运动100周年，中华人民共和国成立70周年，开展了“青春心向党建功新时代”主题活动，赴省内外乡村、城镇一线，开展理论普及宣讲、历史成就观察、依法治国宣讲、科技支农帮扶、教育关爱服务、文化艺术服务、美丽中国实践、“你好农大”专题宣传、农耕文明器具收集等实践活动。学生在接受劳动教育的过程中，锻炼了品质、增长了才干、提高了能力。

不少用人单位反映我校学生吃苦耐劳、勤奋务实，靠得住、用得上、有潜力，劳动实践教育取得了学生受益、家长满意、社会认可的良好社会效益。据不完全统计，从2005年至今，数以万计的学生通过参加劳动课承担了校园环境治理的基础性工作，有效地降低了随着学校规模扩大和人力资源成本增加带来的后勤经费压力，节约了人力资源成本数百万元，还达成了良好的育人效益。

四、存在问题及对策建议

（一）存在问题

1. 劳动理论教育和劳动实践教育相对脱节，理论指导实践方面需要进一步加强

教育理论与教育实践应该是统一的、相互依托和相互促进的，但现状却是两者相对脱节。学校的劳动教育课坚持开展了20多年，也制订了相关的管理办法和考核标准，但是在实践教学中担任指导老师的主要是后勤管理处的职工。他们的文化水平普遍较低，虽然能够身先士卒为同学们做出“艰苦奋斗、甘于奉献、乐于助人”的工作榜样，但是缺乏劳动理论教育的素养，难以在教学实践过程中进一步提升同学们对劳动教育的认识。

2. 课程内容单一，新知识新技术含量低，不能更好地适应学生成长成才需求

就目前而言，学校劳动教育课的课程内容单一，主要以对校园道路、绿化带、办公楼区、教学区、家属区、学生宿舍区外围及运动场等已硬化和绿化的公共场所环境卫生进行维护与保洁为主；其教学目的主要以劳动教育观和劳动意识的培养为主；实践教学中涉及的新知识、新技术含量较低，不能够满足学校各学科学生成长成才需求。

3. 劳动管理粗放，课堂组织不讲究，劳动实践教学的效果不够理想

在实践教学过程中，学生以小组为单位，指导教师在布置劳动任务后，学生在小组内采取自我管理与同伴相互协助、监督、评价相结合的模式，课堂管理相对粗放，部分对劳动教育课认识不到位的同学也存在着不乐意参与劳动、消极怠工的现象。

（二）对策建议

1. 实践教学有机地穿插理论教学，合理安排理论教学与实践项目顺序

在学校高度重视劳动教育育人的大背景下，进一步加强劳动教育的理论教学，不单纯地将劳动教育课作为一门“劳动课”，而更应该重视其“教育”的部分，在专题的理论教学中围绕马克思提出的“劳动是人类创造物质财富和精神财富的活动”的观念来拓展实践项目，使学生树立积极的劳动观念；我们要清晰地认识到劳动教育的目的并不仅仅在于让学生“苦其心志，劳其筋骨”，更要使其在劳动中学会创新、获得启发。

2. 丰富劳动教育课的内容与形式，建设完善的劳动实训教材体系

中共中央、国务院出台《关于全面加强新时代大中小学劳动教育的意见》指出，高等学校要注重围绕创新创业，结合学科和专业积极开展实习实训、专业服务、社会实践、勤工助学等，重视新知识、新技术、新工艺、新方法的应用，创造性地解决实际问题，使学生增强诚实劳动意识，积累职业经验，提升就业创业能力，树立正确择业观，具有到艰苦地区和行业工作的奋斗精神，懂得空谈误国、实干兴邦的深刻道理；注重培育公共服务意识，使学生具有面对重大疫情、灾害等危机主动作为的奉献精神。①

因此，在课程内容与形式上，不能仅仅停留在单一的为学校进行日常清扫与保洁上，而要结合农科大学生的特点，结合农业大学的专业特色，进一步丰富劳动教育课的内容与形式。例如植物保护专业的同学可以参与校园内植物的病虫害防治，园艺专业的同学可以参与花卉、苗木的培育，园林专业的学生可以参与校内景观的建设等等。与此同时，还应该进一步调动专业教

---

① 《中共中央国务院关于全面加强新时代大中小学劳动教育的意见》，《人民日报》2020年3月27日。

师参与劳动实训教材体系建设的积极性，由专业教师为劳动实训编著教材，使同学们能够在劳动过程中更好地与专业进行结合，用专业知识来指导劳动实践，并在实践过程中达到知行合一。

3. 提高劳动教学的组织管理，加强考核与评价，提高劳动教育的实效性

要积极开展劳动教育课的教学改革，进一步提高劳动教育课的组织管理，明确每一个教学环节的任务；要进一步加强考核与评价，注重过程考核，全面评价学生，考核结果以必修课学分形式记入学生成绩档案，并将其作为评优、入党、毕业资格审查的依据。

习近平总书记在全国教育大会上发表重要讲话指出，“要努力构建德智体美劳全面培养的教育体系”；教育部在“新时代高教 40 条”中指出，要提升学生综合素质，加强劳动教育，广泛开展生产劳动等社会实践活动，增强学生表达沟通、团队合作、组织协调、实践操作、敢闯会创的能力。这些都充分体现了以习近平同志为核心的党中央对劳动教育工作的高度重视，凸显了劳动教育的重要地位，为学校今后的工作指明了努力的方向，同时也提出了更高的要求。

进入新时代，高等农业院校要抓紧机遇、深化改革，积极发挥劳动课实践育人的功能，实现劳动教育、德育、智育、体育、美育的相互促进，帮助学生树立正确的劳动价值观，培养劳动精神，养成良好劳动习惯，提升劳动技能和本领，让大学生在体味艰辛、挥洒汗水中启迪心灵、开启心智，在艰苦奋斗顽强拼搏中强健体魄、磨炼意志，协力引导学生坚定理想信念、厚植爱国主义情怀、加强品德修养、增长知识见识、培养奋斗精神、增强综合素质。不仅让大学生成为德智体美劳全面发展的有思想、有觉悟的劳动者，更让个体生命的潜能得到自由、充分、全面、和谐和可持续的发展，着力培养德智体美劳全面发展的社会主义建设者和接班人，着力培养担当民族复兴大任的时代新人。

第五章

依托平台载体的实践育人探索

第一节　农科教融合的实践育人改革探索

"卓越农林人才教育培养计划 2.0"① 意见指出，"坚持产学研协作，深化农科教结合"，要"完善农科教协同育人机制"，"统筹推进校地、校所、校企育人要素和创新资源共享、互动"，"支持一省一所农林高校与本省农（林）科院开展战略合作"，支持建立"卓越农林人才教育合作育人示范基地""农林产教融合示范基地""农科教合作人才培养基地"，"实现行业优质资源转化为育人资源、行业特色转化为专业特色，将合作成果落实到推动产业发展中"，为培养"懂农业、爱农村、爱农民的一流农林人才，为乡村振兴发展和生态文明建设提供强有力的人才支撑"。

一、农科教结合的研究进展与学理基础

综合国内外已有研究，以美国、澳大利亚为例的国外农科人才培养基地

---

① 教育部、农业农村部、国家林业和草原局：《关于加强农科教结合实施卓越农林人才教育培养计划 2.0 的意见》，（教高〔2018〕5 号），2018 年 10 月 18 日，见 https：//gaokao. eol. cn/news/201810/t20181018_ 1629116. shtml。

的建设，在其特定体制框架下，经长时间积淀，已趋于法规化与制度化，在基地建设理念、思路、机制、管理上形成了特色化、体系化、机制化的制度安排。国内则是广泛借鉴国外经验、结合本土实际，从实践教育教学改革的角度出发，有针对性地开展了校外实习基地建立的依据、功能、运作以及应当注意的问题，农科类人才概念及其类型，校外实践基地的课程设计模式，农科类教育课程实施与校外实践基地课程建设等研究。这些研究都是立足农业院校教育改革的本位角度来认识和研究合作人才培养基地的，没有从产学研结合的视野来认识、研究和实践人才合作培养。那么，以具有区域特色现代农业产业技术系统试验站作为企事业单位与高校之间的桥梁和纽带，必须跳出学校的框架，从政府部门为农业搭建一个格局更加开放的服务平台的视角来认识与研究，探索符合现代农村一、二、三产业深度融合需求的农科教合作人才培养教育体系。

从学理层面分析，农科教即“农业”“科技”“教育”。关于三者关系的论述，在不同时期的政策话语背景下，有“统筹说”“三结合说”“产学研结合说”等说法。“统筹说”指以农村经济社会发展为目标导向，将农业科技与农业教育统筹考虑到经济发展规划中，充分调动社会相关职能部门的积极性，促进理论与生产实际相结合，形成对农业生产的智力支撑，这个统筹不仅是农业、科技、教育三部门的外部统筹结合，同时还是各子系统内部的统筹。也有学者认为，农科教结合是农村基层干部群众在发展农村经济中的创举，是落实科教兴国、科教兴农战略的重大支撑举措。20 世纪 90 年代末提出“三结合说”，农指农业生产部门，科泛指农业科研、农业推广部门，教指农业院校，其出发点是实践实习基地建设，落脚点在于改善农村教育和农业教育的实践实习条件，提升教育教学质量与教学效果。还有“产学研结合说”的说法，是指学校、企业界和科研三部门有机结合，充分利用自身资源优势，开展科学研究与应用开发，培养多维复合型人才，其目标指向更加多元化，强调产学研合作的综合效应。

当前，在实施乡村振兴战略的大背景下，农科教结合就是要以社会需求为准线，联合相关企业，大力发展学校与行业、学校与产业、学校与学校之间的合作，形成强强联合理念；就是达到通过农科教结合实现多主体目标的内在一致性，通过结合培养更多卓越农林人才，形成更多农业科研成果，更好服务“新农业、新乡村、新农民、新生态”的发展需求。

二、农科教合作人才培养基地建设政策导向

传统农科教结合是农业企业、高校和科研单位通过自主协商进行科研开发、生产营销、咨询服务等多重合作活动，存在着观念错位、资金保障缺位、管理机制有效性不够等现实困境，且现有农科教合作管理体制往往流于形式，其应有的实效难以发挥出来。

2012 年 1 月，教育部、中宣部、财政部等七部门联合发布《关于进一步加强高校实践育人工作的若干意见》（教思政〔2012〕号）。这为农业院校实践育人工作指明了方向，明确了农业院校实践育人工作的重要载体是校外实习实践基地。为推进理论与实践结合、产教融合和科教融合，教育部、农业部等有关部委经过充分调研，提出加强高等农业教育与现代农业产业紧密联系，促进农科教、产学研结合，探讨高校与农林科研机构、企业、用人单位等联合培养人才的新途径、新模式，充分发挥现代农业产业技术体系综合试验站的功能，将现代农业产业技术创新与服务及高素质农林人才培养有机结合起来，为实现农业高质量发展奠定坚实基础。

2011 年 11 月，教育部、农业部联合提出以现代农业产业技术体系综合试验站为依托，将具有产业技术体系岗位科学家的高等农业本科院校与本区域产业技术体系综合试验站承担的工作任务方向相结合，建立合作人才培养基地，除承担高校学生实习、实训等任务外，还可承担部分学科专业的理论课教学。2012 年 4 月，两部委联合发文批准中国农业大学寿光蔬菜农科教合作人才培养基地等 100 个基地为首批建设农科教合作人才培养基地，最终建设 500 个农科教合作人才培养基地。建设高水平的农科教合作人才培养基

地，是加强高等农业院校与行业企业、科研院所合作的新的战略举措，是发挥科研院所、行业企业在人才培养特别是专业技能与实践能力培养方面的创新性探索。

三、山西小麦农科教基地合作人才培养改革探索[①]

（一）农科教基地建设历程

1928年农科创办伊始，就创办了包括果园、稻田和种子贮藏室等在内的综合农场，既供学生实验实习，掌握基本生产技能之用，同时兼顾生产，满足社会需求，增加学校收入。20世纪50年代，农学院经常组织师生深入农村参加农业生产活动，参加驻地太谷生产实践，1952年5月参加太谷25亩小麦的灭蚜工作受到赞扬。60年代，先后建立太谷侯城、翼城西梁、曲沃杨淡和昔阳大寨4个校外基地。70年代，在闻喜东官庄、汾阳贾家庄、原平县施家野和万荣的汉薛镇等4个长期实习基地，基地教师从总结当地群众生产经验入手，有计划地开展专题研究和新技术推广，开办农民技术夜校，培养农村科技队伍，同时也为学生的基地教学和毕业实习创造了条件。80年代，在运城地区万荣、临猗、闻喜，临汾地区的襄汾、吉县，长治屯留，晋城市郊区，忻州地区的五寨县，晋中地区的榆次、灵石等地创办了项目与基地相结合的校外教学基地，许多教师兼任省、地、县农业顾问，每年坚持举办省、地、县三级农业技术培训。21世纪以来，山西农业大学农学院在山西全省各大生态类型区建立了不同作物类型的产学研三结合基地，如闻喜县和泽州县小麦基地、孝义市玉米基地、朔州市平鲁区荞麦基地、左云县马铃薯基地、沁县谷子基地、太谷县大豆基地等。总之，重视实践教学、

① 本小节内容根据高志强、何云峰等合作完成的《依托农科教基地合作培养“顶天立地”硕博新农人的特色路径探索及实践》整理而成。该成果获得山西省教学成果奖（高等教育）一等奖。

重视实践基地建设，一直是农学等相关专业的优良传统。

2012 年 4 月，教育部、农业部联合批准设立“山西小麦农科教合作人才培养基地”，是我省获批建立的唯一一个国家级农科教合作人才培养基地。秉承苗果园等先辈在闻喜东官庄开展旱地小麦科研、生产服务与人才培养的优良传统，坚持“课题来源于生产、成果服务于生产、师生成长于基地”的思路，国家小麦产业技术体系岗位科学家、农业部小麦专家指导组成员高志强带领团队与当地政府、农业农村局、合作社、大户等建立了持续稳定的农科教合作关系。通过学校师生多年来定点试验示范研究，集成旱地小麦“三提前”蓄水保墒技术、旱地小麦轮耕蓄水保墒技术、旱地小麦因墒定肥绿色优质技术、旱地小麦宽窄行探墒沟播技术、小麦宽幅条播节水节肥技术、小麦优质栽培技术、功能作物定向栽培技术等技术模式 20 多项，先后在山西及北方旱作麦区大面积辐射推广。

1. 基地初创奠基期

新中国成立前，李焕章教授就跟随世界著名乡村教育家晏阳初任乡村建设学院教授，兼华西试验区农业组长，是从事乡村建设的先驱人物之一。那时开始，在山西农业大学试验基地，与学生一起开始了小麦“地上部生长发育”的系统研究，揭示了小麦群体概念和叶面积变异规律，阐明了冬小麦分蘖、叶片、幼穗发生规律与相互关系，明确了冬小麦农大 183 分蘖、叶片发生规律与穗部关系，参与培育了著名的“金大 4197”“遵义 136”“中农 28”等小麦品种，著有《生物统计与田间试验设计》《作物栽培学》《小麦田间调查研究方法》等。直至 20 世纪 80 年代，开始了旱作麦田水肥土苗生态生产效应的系统研究，同时对山西省小麦生产提供了技术服务和贡献。虽然实验基地面积小，主要是在田间调查、统计，但实验结果填补了小麦生长发育规律的空白，在国内外影响较大，小麦基地初现雏形。

2. 基地稳定发展期

从 20 世纪 60 年代开始，苗果园一直跟随李焕章教授研究小麦地上部生长发育，积累了丰富的田间试验设计、调查的研究方法。1972 年，苗果园教授选择了黄土高原东部的典型旱地山西省闻喜县东官庄建立了旱地小麦试验基地。建立初期，他在小麦整个生长季与研究生一起长期驻扎在基地，开始了旱地小麦“土肥水根苗”的系统研究，揭示了中国北方主要作物根系生长规律、黄土高原旱地冬小麦根系生长规律、磷肥原始启动作用、结实器官的建成规律，阐明了小麦发育温光效应、旱地小麦不同降水模拟条件下土壤水分变化规律等，丰富了旱地小麦理论基础知识。同时，在试验基地研发“旱地小麦‘四早三多’蓄水保墒技术”，在小麦生长的每个关键时期，驻扎基地指导和培训农民，建立了研究和技术推广相结合的服务形式，使技术大面积应用推广。经过30多年的努力和坚持，闻喜旱地小麦试验基地已成为孵化中试基地，为旱地小麦栽培技术的转化提供了示范点。

3. 基地跨越发展期

针对我国21世纪农业发展“两强一弱”（物质投入强、机械化强、劳动力弱）的新形式，小麦栽培专家高志强教授秉承导师苗果园教授教导，提出了旱地小麦“三提前”蓄水保墒的综合技术模式。

2009年，在闻喜农业局支持下，高志强教授再次选择山西省闻喜县创建适应新的农业生产形势的旱地小麦试验示范基地，2012年，高志强带领团队在闻喜县桐城镇邱家岭村建立了专家大院，拥有了独立的研究生学习和科研、农民咨询和技术服务的稳定场所。2012年度，该基地获批为“山西小麦农科教合作人才培养基地”。2010年、2012年受农业部农技推广机构邀请，组织了2次全国小麦现场观摩会，2014年承办了“山西麦农合作社、大户及企业市场、技术及政策培训会”，基地试验示范技术成果受到全国小麦专家组的肯定。2014年，示范点邱家岭村被评为“全国科普惠农兴村先进单位”。2015年开始，团队开始与闻喜县后宫乡上院村的闻喜翔垣畅农机专业合作社合作建立新的互利互惠的农科教合作关系，团队把新项目、新技术落地合作社和示范基地，合作社则满足了学生住宿、餐饮、学习、试验、技术培训等基本需求，改善了学生的各方面环境，为学生专心科研提供了保障，校企合作，互为互促，共同成长，2016年，翔垣畅农机合作社被评为

“全国农机合作示范社”，2019 年还助力该合作社成功申报并获批为“山西省省级星创天地”，2020 年基地获批为中国农技协的“科技小院”。

以闻喜核心基地创建为起点，逐步构建起覆盖山西小麦主产区，由“核心基地—示范基地—辐射基地”三层次一体化运作，满足特色化硕博新农人培养多样化需求的农科教合作基地网络。

表 5-1 “三层次一体化”农科教合作人才培养基地网络

<table>
<tr><th>类型</th><th>功能定位</th><th colspan="2">名　称</th><th>标志成果或研究内容</th></tr>
<tr><td>核心基地</td><td>岗位长期定位研究基地（闻喜、洪洞）</td><td colspan="2">东官庄村基地、龙到头村基地、邱家岭村基地、上院村基地</td><td>小麦旱作栽培技术突破：四旱三多技术、三提前技术，获省科技进步一等奖、自然科学类二等奖、科技进步二等奖、标准创新贡献奖三等奖、技术承包二等奖等标志成果</td></tr>
<tr><td>示范基地</td><td>国家小麦产业技术体系冬春混播区岗位 5 大示范县（闻喜、洪洞、泽州、襄汾、尧都）</td><td colspan="2">马三村基地、逍洞村基地、泽州院所一体示范点、襄汾院所一体示范点、尧都区院所一体示范点</td><td>“灌区小麦宽幅匀播因蘖施肥节水节肥高产高效栽培技术”于 2017 年、2019 年连续创山西小麦高产纪录 711.5 公斤、731.7 公斤</td></tr>
<tr><td rowspan="2">辐射基地</td><td>小麦各类项目合作校市、校县、校企省级推广项目实施基地</td><td>小麦项目</td><td>平陆基地，永济基地，新绛基地，太谷申奉村、孟家村基地，翼城基地</td><td>1. 有机旱作农业示范项目
2. 富硒小麦生产示范项目
3. 宽幅条播因蘖施肥水肥一体化高产创建项目
4. 2021 年“耕播优化水肥精量绿色高产技术”在翼城基地创 830.84 公斤的山西省小麦高产新纪录。</td></tr>
<tr><td>功能杂粮等各类项目合作校市、校县、校企省级推广项目实施基地</td><td>功能杂粮项目</td><td>应县燕麦，忻府区玉米，太谷黑小麦，太谷荞麦，原平、静乐、太谷、青海藜麦，太谷谷子</td><td>1. 山西省重点研发项目“山西功能农业共性关键技术研究与示范”
2. 山西省重点研发计划“农谷”研发专项“山西省主要功能作物产业技术研究与示范”
3. 对发展中国家常规性科技援助项目“特色作物新种质创新与有机旱作农业技术示范”
4. 山西省功能农业工程研究中心
5. 国家杂粮科技创新中心
6. 山西特色小麦产业技术创新战略联盟</td></tr>
</table>

经过十多年的砥砺奋进、创新发展，建成了适应现代农业产业技术创新需求的高标准试验示范基地。基地综合牵动效应凸显，共建成省部共建协同创新中心等国家平台7个，获省级科技进步奖6项，2017年、2019年、2021年，3次创造山西小麦高产新纪录，以多样化方式服务麦农超百万人次。

（二）农科教基地建设理念

聚焦黄土高原区“特”“优”农业发展优势，传承本学科前辈扎根晋南麦区一线科研实践、生产实践与育人实践的传统，以小麦等作物的有机旱作为主攻研究方向，依托国家现代农业产业技术体系的公益科学家岗位平台、依托省级重点实验室、省部共建协同创新中心、产业技术创新战略联盟等创新平台，坚持共享思维理念、坚持产学研协作，深化农科教结合，不断探索破除部门、行业和学校的界限与壁垒，构建有利于农科学生获得有价值经验的真实生产、工作的实践场景，实现生产过程、科研过程与教学过程的统筹对接，坚持将科学研究任务与重大生产实验示范项目紧密结合，坚持在农科教结合战略体系中推进实践育人工作，构建校内教学实习基地与校外实践基地联动的实践教学平台，加快区域性共建共享的农科综合化实践教学基地网络的构建，统筹推进校地、校所、校企育人要素和创新资源共享、互动，实现行业优质资源转化为育人资源，充分整合各方资源力量，整合国家、省、市、县、乡、村各类的科研项目资源、特色生产条件资源、信息资源条件、人力资源条件，统筹建设集教学、科研、生产技术服务和实用技术培训为一体的农科教基地，满足多学科教学、多样化科研、特色化生产、实践化育人的综合功能需求，实现多科知识整合、多元智能形塑，实现产教融合、产学融合、科教融合等多维融合。

（三）农科教基地合作培养新农人改革探索

超前回应新农科2.0发展的新要求（教高〔2018〕5号）“统筹推进校

地、校所、校企育人要素和创新资源共享、互动，实现行业优质资源转化为育人资源、行业特色转化为专业特色，将合作成果落实到推动产业发展中，辐射到培养卓越农林人才上”，着力破解两大难题：其一，农科教结合实践基地协同共赢、持续发展难，基地功能单一，人才培养与产业技术服务难以协同增效。传统的农业院校实践基地局限于为学生提供实践实习场所，所承载的功能单一，不利于调动各方参与农科教合作的积极性，如何激活实践基地科研创新、技术示范、科普惠农、实践育人、产业服务等多种功能，努力做到以基地为核，通过多种方式的深度融合、多边互动，这是我们亟待破解的难题。其二，黑板上“种地”、实验室“创新”，教师和研究生不出“象牙塔”，落不了地、吃不了苦，硕博层次农科人才难达到“顶天立地”之培养目标。长期以来，由于实践条件所限，农林院校的学校教育注重理论创新，师生追求发高水平理论文章，但不接地气，尤其不能很好地解决生产实际问题，但也有研究人员长年躬耕于田垄实践，但又不能很好地理论提升，“顶天”与“立地”脱节问题比较突出，而且年轻一代师生习惯于固守“象牙塔”，走不出去，落不了地、吃不了苦，硕博层次的农科人才难以满足地方经济发展需求，难以达到卓越农林人才培养的“顶天立地”目标。

苗果园于2002年在山西省教育厅组织出版的《希望之光——山西博士点风采录》专文《强化培养地方应用型博士人才》提出“培养能从象牙塔里跳出来，解决生产实际难点问题的人才”的观点，何云峰对“农科教合作”持续十多年系统深入研究，并于2012年在《光明日报》专文《农业协同创新：地方农业高校的发展契机与时代使命》提出“多元深度融入是地方农业高校构建协同创新长效机制的关键”的观点，为依托农科教基地合作培养“顶天立地”硕博新农人提供了关键的先导理念。

1. 构建“三维环动、多边互动、五功能集成、五导师育人”的农科教基地建设机制

高志强教授申报“山西小麦农科教合作人才培养基地”于2012年获教育部、农业部批准创建，以培养知农爱农、顶天立地的硕博人才为目标，本着“承传统、边实践、边提升”原则，课题组系统阐述了“课题来源于生产，成果服务于生产，师生成长于基地”的农科教“三维环动”融合理念。

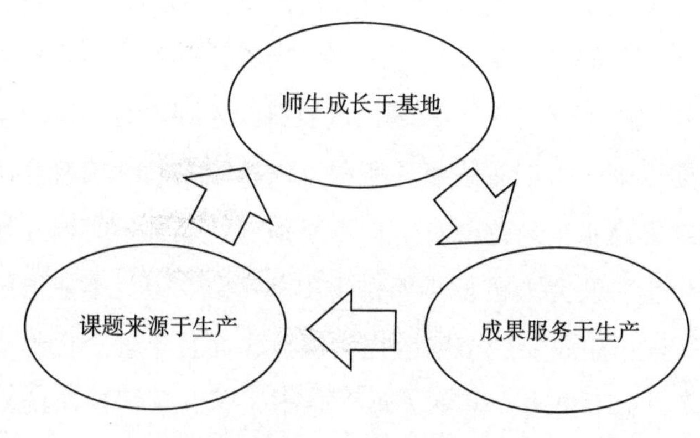

图5-1 农科教“三维环动”融合理念

实践传统是基地立足之基。本着“做半个农民”和“以服务求支持，以贡献求发展”的三农情怀，团队从实践中选题，并以“三提前技术”“耕播优化水肥精量绿色高产技术”等成果服务于生产，农民收益、政府支持、业界认可，基地持续发展所需经费、平台、条件等难题迎刃而解，基地立足发展有了保障。

多维协同是基地持续之能。在农科教结合实践中，通过校地合作设立校地合作共建项目，推动人才培养和现代农业技术示范推广综合基地建设；创建产业技术创新战略联盟、专家大院、科技小院，开展咨政实践育人调研，通过12316三农服务热线平台、农科110微信公众平台、电视直播等提供栽培新技术和三农政策服务；推动校所融合、校企合作，设立校企合作奖学金、推动成立晋农科企联合体，联手企业设立博士工作站；强化学术合作交

流，承办行业学术会议，聘请院士和产业体系专家、农业部小麦指导组专家、国际专家现场学术指导，开展校际开放式团队交流；联合主持国家常规性科技援助项目、招收留学博士生、博士后等。通过上述多维协同合作，获取平台、资源、条件、机会、信息、知识等全方位的外部支持。据此凝练构建了“校地合作、校产合作、校所（科教）合作、校企合作、校际合作、国际合作”等多边协同互动的机制，构建了满足各方需求的“科研创新—技术示范—科普惠农—耕读实践—产业服务”五功能集成的农科教合作人才培养基地。

师生成长是基地建设之本。“顶天立地”农科类硕博层次人才培养，关键要解决的是“下得去、吃得苦、能干活”的立地问题，根本是要深入推动“行业优质资源转化为育人资源，实现育人要素和创新资源共享、互动”，为此在实践中创造提出“拜五师”的做法：拜农民做“农情导师”、拜农技员做“生产导师”、拜企业家做“管理导师”、拜三农干部做“政策导师”，再加上院校专家教授担任“创新导师”，十多年来40多位“五导师”保持经常性合作交流指导，有效地提升了硕士生博士生的综合素养，带师生走出了象牙塔，接上了地气。

2.“全生产周期经历，全素养实践养成，自主化管理锻炼，战略化观念引领”的顶天立地硕博新农人特色模式

结合《山西农业大学研究生联合培养基地建设管理办法》（2017），通过持续实践探索，研制了《国家级山西小麦农科教合作基地研究生实践教育培养管理办法（暂行）》（2018）、《黄土高原特色作物优质高效生产协同创新中心人才培养暂行办法》（2017）等管理办法，进行了顶天立地硕博新农人特色模式探索与实践。

小麦生产全周期经历是“顶天立地”培养的前提基础。从小麦生产播前准备，小麦生长前期、中期，甚至夏闲期、冬闲期，都要有饱满、辛苦而快乐的实践，每位硕博生至少90—120天左右深入基地，向“五导师”实践学习。

表 5-2　硕博研究生全周期经历和全素养培养训练机制

实践阶段		基地日期	工作天数/天	工作内容	技能素养训练
播前准备播种期		9月— 10月上旬	45	生产现状调研 试验方案设计 整地施肥播种	田间生产磨炼 试验设计锻炼 综合能力历练
小麦生长前期	三叶期	10月	2—3	确定样段、定苗	田间生产磨炼 试验设计锻炼 综合能力历练
	越冬期	12月	2—3	田间取样：植株样、土壤样	
	返青期	2月下旬	2—3		
小麦生长中期	拔节期	3月下旬	2—3	田间取样：植株样、土壤样	田间生产磨炼 试验设计锻炼 综合能力历练
	孕穗期	4月中旬	2—3		田间生产磨炼 试验设计锻炼 综合能力历练
小麦生长后期	开花期	4月下旬— 5月初	5—10	田间取样：植株样、土壤样	田间生产磨炼 试验设计锻炼 综合能力历练
	灌浆期	5月— 6月初	35	田间取样：叶片、籽粒鲜样和干样	
	收获期	6月初	10—15	田间取样：植株样、土壤样；测产	
夏闲期		7月—9月	90	植株、籽粒和土壤等生理、品质、元素等指标测定；整理数据	化学实验操练 试验设计锻炼 综合能力历练
冬闲期		10月— 次年2月	100	查阅文献 分析数据 撰写论文	学术写作训练 试验设计锻炼 综合能力历练

全素养实践养成是“顶天立地”培养的过程保证。在传统偏重理论性、学术性培养模式的基础上，针对生产性实践性强的学科特色，在实践中逐步构建成五维一体的“学术写作训练—试验设计锻炼—田间生产磨炼—化学实验操练—综合能力历练”全素养实践养成机制，任何一环节的缺失都不可能完全达成目标。

自主化管理锻炼是“顶天立地”培养的关键内因。针对硕士生博士生自主开展研究的能力不强、综合管理协调能力不强问题，适应基地实践试验需求，构建成了“以生为本、任务导向、全程自治、节点管控、愤悱启发”的五维一体研究生自主化教育管理机制，是“顶天立地”硕博新农人培养的关键内因。

3. 依托农科教基地培养“顶天立地”硕博新农人的基本保障

“多维一体”的基地基本条件保障。优化实践育人基地理念目标、实践基地资质条件、指导教师队伍质量、学生准备情况和实践教育基地经费保障。要充分发挥实践教育基地理念目标对农科教实践育人的导向作用，实践教育基地的资质条件是实践基地运转的基本保证，包括学校社会声誉与学科资历、校府（企、社）双方的条件、设施和投入，“双师能”实践教学指导教师队伍的资质、态度与数量，还包括学生进入实践的准备情况，因为学生的内因是实践育人质量的关键所在。如在国家级小麦农科教基地建设中，选择合适伙伴、建立合法合规合需的基地建设协议是基地建设的前提。

“五维一体”人性化的基地团队管理保障。构建“以贡献识才—以发展育才—以潜质任才—以空间容才—以战略聚才”动态的、人性化的团队管理机制保障，把好引育人才的入口识别关，让每位成员树立发展的思维理念，且能根据不断发现的人才的潜质合理安排调配人才，根据每个人动态变化的情况合理调整研究方向和发展策略，时刻与团队的战略方向保持一致。

三个“见面会”助青年博硕发展的支持机制。实践中通过精细化的三次会议工作机制，让青年博士更好地找到归口团队，获得搞科研需要的物力和人力支持。具体做法是：第一次会议让现有科研团队负责人介绍团队近5年科研情况、现阶段科研方向和今后的研究设想，让青年博士有选择地进入团队；第二次会议组织学院5个重点实验室主任介绍实验室可供使用的仪器设备，让青年博士充分了解学院可提供的实验支持；第三次是组织学院研究生了解学院团队和重点实验室，让研究生也加入团队，给青年博士搞科研提供人力支持。据此，构建以团队首席与博士见面双选组团队、实验室主任与博士见面摸研究所需、硕士生与新晋博士老师见面配对组队等三个“见面会”为发展支持机制，配套出台了《“崇硕助推”工程实施方案》(2015)，为培养硕博新农人选苗子打底子。

“三亮一凝炼”团队成员成长督促机制。为教师营造开放共享的交流氛围，构建了以“亮家底、亮把式、亮水平”为基础，精准凝炼“科研攻关方向”的“三亮一凝炼”团队成员成长督促机制。

综上，通过持续的改革实践，凝炼形成了明确目标引领、先进理念支撑、特色路径落实的依托农科教基地合作培养“顶天立地”硕博新农人的改革框架。

（四）农科教合作改革的综合牵动效应

历经十余年探索，坚持农科教“三维环动”融合理念，深入推动“多边融合互动”，师生互促共进，合作培育“顶天立地”硕博新农人成效卓著，综合牵动效应凸显。

1. 农科教基地合作育人成效

获益硕博学生。团队共培育成长博士30余人；学术型硕士118人中攻读博士的20多人，涉农高校院所就业的34人，基层乡镇、涉农公司及涉农机构发展的30多人；专业学位硕士的60多人中有20多人在市县各级政府农口相关部门担任领导职务。学子们学农为农兴农，下得了田地、识得了农情、搞得了生产、写得了文章，在农业战线建“顶天立地”之功。

学生发表论文。团队硕士博士发表高水平论文36篇，其中在SCI（2区以上）期刊刊发6篇、在中文1A级核心期刊《中国农业科学》等刊发30多篇。硕士生任爱霞、余少波、薛玲珠3名硕士研究生在校期间分别发表1篇SCI（一区）TOP论文；硕士生任爱霞、高艳梅、薛玲珠、雷妙妙、李念念、陈梦楠、张慧芋、仝锦等9名研究生在《中国农业科学》发表论文10篇；博士生余少波在SCI（一区top）期刊*Agricultural Water Management*发表论文，并被权威公众号“农作未来”推荐为封面文章。

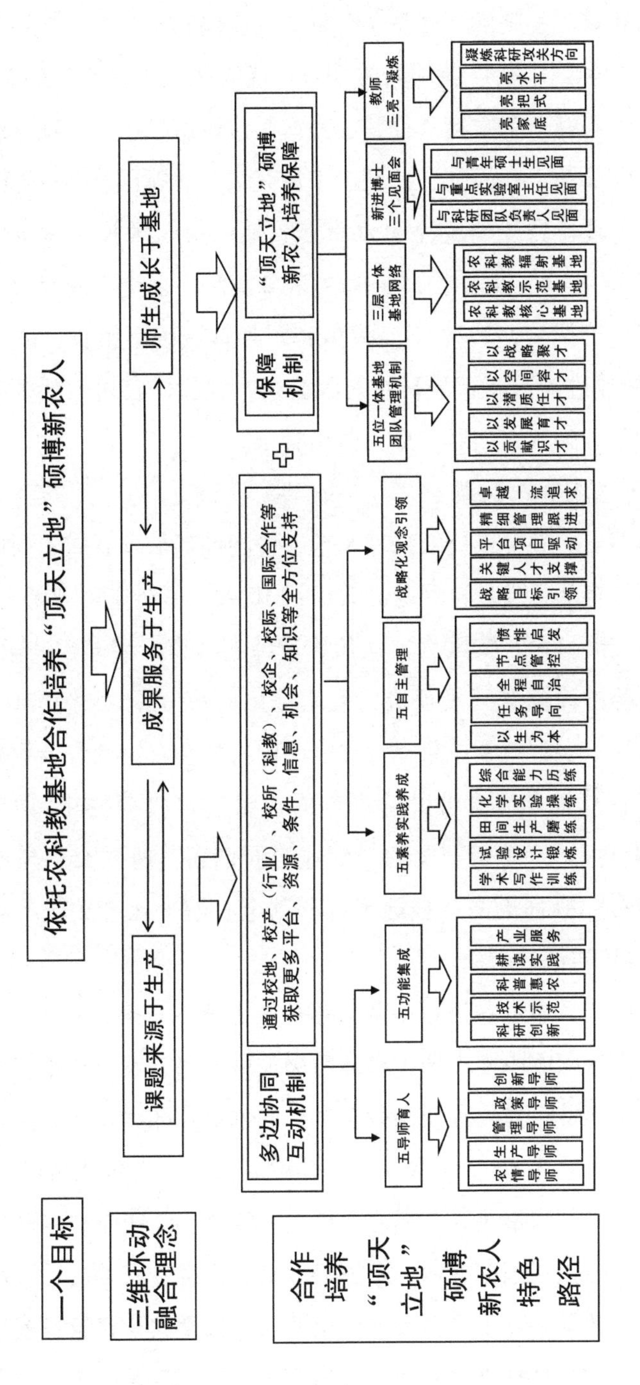

图5-2 依托农科教基地合作培养"顶天立地"硕博新农人改革框架图

学生学术获奖。葛晓敏、张慧芋分别2次获国家奖学金；夏清获国家奖学金等4项学术奖；李文广获国家奖学金、优秀研究生等4项殊荣；邓妍、邢军、张慧芋、石锋、王文翔、任婕、程海7位硕博生主持7项省级研创项目；俞静涛、郝少菲、祁泽伟3位硕士生均获“兴晋挑战杯”二等奖。

学子建功立业。硕士研究生金永贵在校期间参与学校大学生创业，获2018年度“中国大学生自强之星”；曾发表2篇高水平论文的薛玲珠，2018年硕士毕业考取选调生，2021年提拔为和顺县青城镇副镇长；硕士研究生崔凯2014年毕业进入天津天隆科技有限公司，现担任公司中层领导并带学妹王旭红、学弟王帅共同创业，成为公司骨干。

2. 教学研究及育人获奖

教师教学获奖。教师依托农科教基地、协同创新平台开展的硕博农林人才研究，主持教育部、省教育厅等教改项目10项，围绕应用型博士生教育、三课堂、农林实践教育、实践育人队伍、教师实践育人素养、产学研结合、农业协同创新等方面问题开展研究，发表或出版教改论文论著20多篇部，获全国论文一等奖、省教学成果一等奖、中国农学会农业教育专业委员会学术论文奖、省百部篇奖、省公共管理优秀成果二等奖等共10项奖。2012年，在《光明日报》理论版刊发的《农业协同创新：地方农业高校的发展契机与时代使命》等理论文章被国家社科基金官网—社科文库、求是理论网等50多家媒体转载或引用。

教师专业成长。通过农科教基地锻炼成长起来的正高职称专家有9人。其中，高志强荣任国家小麦产业技术体系岗位科学家、农业部小麦专家指导组成员、黄土高原特色作物优质高效生产协同创新省部共建中心主任、享受国务院政府特殊津贴等36个学术职务；孙敏成长为“青年三晋学者”特聘教授、山西省学术技术带头人；杨珍平任山西特色小麦产业技术创新战略联盟理事长；何云峰担任国家林业与草原局教材委员会专家委员、省教育咨询委员会委员、省教学指导委员会委员，山西农业大学农业科教发展战略研究中心主任。教师团队是校级“黄大年式教师团队”、2016年被评为山西省科技创新重点团队、2018 年被评为山西省“1331 工程”重点创新团队。

教师育人获奖。高志强获中国作物学会颁发的 2016—2020 年全国农科学子联合实践行动特别贡献奖，2016 年获得国务院政府特殊津贴，2017 年获山西省教科文卫系统五一劳动奖章，2018 年被评为科教兴晋突出贡献专家，2019 年被评为山西省科技功勋；何云峰 2018 年被评为山西省高校教学名师，5 次被评为校大学生创新创业优秀指导教师；杨珍平获 2018 年度全国农学院华北片区青年教师教学技能大赛“教学综合优秀奖”；2019 年高志强、孙敏、薛建福、陈晶晶入选“三晋英才”支持计划；孙敏、薛建福、宗毓铮入选校“晋农新秀”人才计划；董琦获得 2020 年度高素质农民培训“百名金牌教师”候选人、2018 年山西省十佳科技成果产业化优秀专家。

3. 农科教基地综合牵动效应

创新与高产效应。2020 年依托农科教基地建成“黄土高原特色作物优质高效生产省部共建协同创新中心”等国家级平台，培育出的“旱地小麦蓄水保墒增产技术与配套农业机械的研发应用”获省级科技进步一等奖等 6 项奖，并以这些新技术支撑，于 2017 年、2019 年、2021 年三次创山西小麦高产新纪录。

服务与辐射效应。强化农科教基地的多重功能，培育成全国科普惠农兴村示范点（2014）、全国农机合作示范社（2016）、中国农技协授牌的闻喜洪洞“科技小院”等国家平台；2011—2020 年高志强带团队编写小麦高产技术教程教材 25 部，组织田间技术培训 265 次、累计培训 4879 人次，还通过农科 110、广播电视等形式连线麦农服务人次超百万；2019 年会同省政协农业农村委、共青团山西省委完成政协关于“农产品品牌调研”专项咨政课题活动中获奖 50 项。

4. 农科教基地育人辐射效应

省内外高校借鉴。其一，带动本院本校多作物农科教基地建设，支撑了作物学学科和农学国家一流专业建设；其二，为忻州师院、晋中学院、大同大学和云南农业大学热带作物学院等应用型院校输送博士专业人才的同时，也把农科教合作经验带到这些院校，有力地支撑了这些院校应用型转型建设；其三，依托农科教基地合作培养“顶天立地”硕博新农人的特色经验，得到豫、冀、蒙、甘4所农大农学院的同行专家学习借鉴；其四，华中农大发展规划处处长冯永平一行3人专程调研山西小麦农科教合作人才培养基地建设。

综合行业和社会效应。团队先后承办“作物学会人才培养与教育专业委员会”等全国性和综合性会议16次，总计2600多人次参会；团队师生在国内外学术会议报告40多人次，其中高志强教授作关于小麦高产创建、农科教结合等学术报告20多次。

5. *农科教基地及育人社会反响*

领导视察指导。时任山西省委书记袁纯清、王儒林、楼阳生，现任省委书记林武莅临学校指导小麦栽培团队发展；原农业部常务副部长危朝安，时任山西省副省长刘维佳、郭迎光，现任副省长张复明、贺天才等多次莅临学校或基地视察指导。

政府部门评价。2011年农业部高度评价高志强及团队为小麦事业所做贡献；2020年高志强获评山西省担当作为干部；2020年高志强就公费农科生连续等提案建议获时任省委书记楼阳生同志批示采纳；薛建福、董琦分别受到科技部、繁峙县政府高度评价。

院士专家评价。小麦界院士于振文、程顺和、康振生等，国家小麦产业体系首席科学家肖世和，农业部小麦指导组组长郭文善、副组长郭天财、成员王志敏，加拿大农业部资深农业专家马保罗等20多位业界专家来基地考察交流，高度评价基地科研创新和建设举措。

媒体报道。多年来，农科教结合基地实践受到媒体广泛关注，CCTV1晚间新闻、学习强国、人民网、新华网、光明网、农民日报、中国教育报、科技日报、山西日报、山西晚报、山西科技报等媒体及政府官网50多次聚焦报道农科基地创建、协同创新中心建设、专家大院和科技小院科普惠农、农科教合作育人、农科学子联合实践行动、咨政实践育人、农企联手创高产、公费农科生等方面的创新改革工作。

四、以科教融合理念推动校院合署改革探索

打通农科教结合的壁垒，破除体制机制障碍，推动农林高校与农林科研院所协同融合，强化科教协同育人体系的构建，是地方农业院校推动新农科建设与发展的必然要求。依照卓越农林人才培养计划2.0提出的“支持一省一所农林高校与本省农（林）科院开展战略合作”总要求，2019年10月19日，山西省委、省政府着眼高等教育和农业科研改革发展大局，推动山西农业大学和山西省农业科学院合署改革，成立了新的山西农业大学，以院所一体融合、办学地域融合、资源要素融合理念为指引，以科教融合和产学研协同机制优化为抓手，通过系统配套的改革，构建起科教融合、院所互动融合的新型高校治理体系结构。

（一）校院合署改革的理论基础

积极探索农业大学与农科院合署改革，既是对新农科发展现实的回应，也是遵循现代制度理论的理性选择。从学理层面看，制度同构理论认为，竞争性同构与制度性同构是组织制度改革的两种形式，前者意在应对同质化竞争问题，后者则强调通过同构使组织获得合法性、稳定性与广泛资源，以谋求组织生存和参与外部竞争的更多机会。探索合署改革，可较好解决同区域内校院两种主体科研和产业创新服务职能重叠、资源配置分散及效率不高的问题，有利于优化科教资源配置、促进主体间长短互补、优势叠加，有利于增强地方农林高校和科研院所外部影响力与竞争力。从改革实践看，我国政府机构、企事业单位和社会组织合署改革实践，多是对工作性质相近、职能接近部门或机构的整合，实现一套班子、人员共有、统一指挥调度，意在整合资源力量、推进交叉重叠职能合并增效。

山西农业大学与山西农科院合署改革的做法是：实行一个党委、一个法

人、一套班子、两块牌子（保留山西农业科学院牌子和机构代码）、分两校区和多点办学的总体格局，统筹整合全省农业科教资源力量，按一级学科构建基于院所实质合并或院所共享共建、理念先进、机制有效的农科教协同育人模式。这是对现代农村一、二、三产业融合的积极响应，是在遵循高校内在发展逻辑和学生成长发展逻辑基础上的理性选择，是一个凸显农林高校优势特色和优化治理体系的探索过程，体现的是整合优势。另外，充分考虑大学与科研院所两种属性组织所担负社会职能的差异性，对外保留农科院机构职能，其体现的是合署基础上的内部职能分工，是一种稳妥的制度安排与有益探索。

（二）校院合署改革的制度创新

其一，大部制及配套改革探索。在校院合署改革的框架下，考虑重叠职能的整合及工作性质相近原则，探索推行机关大部制改革，将原校、院两个单位共 40 多个职能机构整合为 12 个大的职能部（室）。与此配套，推动正向激励和反向淘汰相结合的动态人才管理激励机制改革，推动职务职级双轨并行的职员制改革，推动双向流动和渐进有序的岗位转评机制改革，推动分类考核机制改革，推动建立绩效优先的薪酬分配制度改革等。

其二，院办校治理模式探索。重点是通过制度性安排，试点实施二级机构法人治理模式。推动管理重心下移，扩大落实学院办学自主权，共设立教学机构 21 个、直属科研机构 18 个。以原山西农业大学所属学院与农科院所属研究所整合而成立 10 个新的学院，试行“院办校”二级法人治理改革探索，赋予试点学院法人治理、教育教学、科研管理、人事管理、财务资产等方面充分的自主权，还为部分学院选聘院士担任学术院长，重点是要建强学院、建优学科，充分激发学院在新农科建设中的内生动力、增长潜力与发展活力。

（三）校所一体运行的育人实践

面向“四新”要求，贯彻习近平总书记给涉农院校书记校长的回信精神，按照“拿出更多科技成果，培养更多知农爱农新型人才”的要求，以学科为统领，推动院所一体、科教融合，以科教资源紧密整合为牵引，实现科研实践资源向实践育人的有效转化，不断优化新农科的育人实践路径。

按照“学院+基地”模式，在分布于各地市的10个直属研究所，打造符合新农科建设要求的、遍布不同区域的涉农类特色化综合化实践育人基地，探索院所共建“分段分管”的科教融合实践育人新体系，建立稳定的实践教学投入机制、实践基地管理制度、实践育人各环节质量标准，完善实践实习“双导师制”等，催生现有科研资源与教育资源从外在“物理重构”到内在“化学反应”。积极组织申报或改造一批体现农工、农理、农文、农旅、农商等交叉融合的新农科专业，如智能科学与技术、智慧农业、食用菌科学与工程等20多个面向前沿的本科专业，推动通专结合、专创融合、本研联动，优化新农科人才培养体系，一批专职科研人员当导师上讲台，及时把前沿科研成果融入教学过程，把科研新思维、新方法、新成果源源不断引入教学实践，使大学生有更多机会参与田间科学试验，参与社会服务，在实践中巩固学习成果，提高本领能力，厚植“三农”情怀，培养社会责任。

以促进科教人才资源优势互补、智慧共享为宗旨，整合院所人才资源和科技资源，建设“知识互补、结构优化”的科研创新和社会服务的多类型团队，构建不同层次的科研创新团队，促进不同类型人才有序流转、合理归位、凸显优势，同时把引进创新领军人才作为重点，协同共建新农科科研创新团队。通过校院合署，推动科教融合，促进山西全域农业科技创新资源有效集聚，农业科技创新体系更加健全，农业产业创新链条明显延伸拉长，促进基础研究、应用研究与成果转化紧密衔接，支撑区域“特”“优”农业产业的创新服务能力显著提升。

“黄土高原特色作物协同创新中心”被教育部认定为省部共建协同创新

中心，高水平团队建设上取得重要科研创新突破，在 *Nature Plants*、*Cell* 等国际顶级期刊上发表论文实现零的突破，涌现出国家百千万人才工程国家级人才、全国创新争先奖和脱贫攻坚创新奖获得者，制定的《晋汾白猪》成为国家农业行业标准，科技特派员工作受到科技部通报表扬，2020 年植物学与动物学学科首次进入 ESI 全球前 1%。另外，还聘任南志标等 7 位院士担任学术院长，全职引进“长江学者”特聘教授、国家杰青获得者等高层次人才及优秀博士生近百人。涌现出获得全国黄大年式教师团队、全国模范教师、全国林业和草原教学名师等殊荣的一批个人与集体，4 个项目入选教育部新农科研究与改革实践项目。

（四）“谷城院”深度融合的育人环境生态

统筹推进校地、校所、校企创新资源共享与互动，多维度深化科教融合、多模式促进产教融合，构建以山西农谷、大学城和科研院所为主要组分的“谷城院”一体化发展格局，以晋中国家农高区和太谷国家现代农业产业科技创新中心的科技创新为牵引，推动谷城院深度融合，不断将协同创新的成果落实到特色农业发展中、渗透到协同创新育人的实践活动中。

推动“谷城院”深度互动融合，就是要促进农科教融合发展，促进产学研一体化，为山西现代农业发展打造科技引擎。具体而言，就是要通过科教融合学院、产业研究院、乡村调查研究院、乡村振兴论坛（太谷）、世界乡村复兴大会等跨学科、跨单位的多样化创新载体，实现多维度、多层次系统整体融合，推动山西农业大学发展规划与山西农谷、晋中国家农业高新技术产业示范区、太谷国家现代农业产业科技创新中心总体规划多规合一、统筹部署设计，推动创新创业学院等学院落地山西农谷办学，推动建设山西有机旱作农业研究院等科教融合的创新平台载体，推动谷城院空间地域深度互动融合。以“谷城院”一体化发展理念为总牵引，走“特”“优”农业发展之路，推动建立校地、校企、校院、院所等多维深度融合与互动关系，汇聚政策流、创新流、人才流、信息流、技术流、资金流、物流等形成集聚效应，为“山西十大农产品精深加工产业集群”产业创新技术服务行动，为“5+30”乡村振兴示范村建设行动提供智力支持，体现地方农林高校的新担当与新作为。

概言之，要通过“谷城院”深度融合发展，推动建立区域农业产业创新的“高新区”，开辟教师科研创新与社会服务的“主战场”，设立师生教学实验实践的“大课堂”，建成农业农村改革、乡村振兴的政策“智库源”。

第二节 基于校企合作平台的实践育人探索

一、校企合作基地支撑的“124N”专业实践育人探索①

（一）“124N”模式概况

深化产教融合，将产教融合作为促进经济社会协调发展的重要举措，融入经济转型升级各环节，贯穿人才培养全过程，形成政府、学校、行业、社会协同推进的工作格局，这是新时代高等教育面临新机遇与发展的新要求。

在这个大背景下，山西农业大学食品科学与工程学院重新梳理本科教学和人才培养现状，通过分析研判认为，人才培养中存在的突出问题仍然是学生实践能力不足，进一步明确解决问题的突破口和重要抓手就是以专业为依托，深化实践教学改革。围绕学生专业实践能力培养这个总目标，食品科学与工程学院把实践教学改革作为“牛鼻子”工程，重点加强校内校外两个实践平台建设，探索形成了“124N”专业实践育人模式。“1”即一个目标，就是一切紧紧围绕专业实践能力培养这个总目标；“2”即两个基地；“4”即四个层次，就是对全体学生分四个层次进行实践能力锻炼和培养，

---

① 本节内容根据山西农业大学食品科学与工程学院提供的材料整理而成。

大一开展专业认知，就是加强建设校内实习工厂、校外合作企业两个实践基地，充分发挥好校内校外两种实践育人资源，大二开展暑期驻厂实习，大三开展科技创新训练，大四开展毕业设计科研锻炼；“N”即灵活多样的实践活动，积极引导和鼓励全体学生根据兴趣爱好，自主参加特色化的“微实习”“微实践”创新创业活动。从总体上基本形成了“覆盖全体学生、四年不断线”的完整的专业实践育人体系。

（二）运行体系架构

食品科学与工程学院“124N”专业实践育人运行体系为学院牵头管总、各系负责实践推进、分团委负责学生思想政治教育引导。

1. 学院牵头管总，统筹设计实践育人体系架构

学院党政领导负责专业实践总体方案制定，主要包括校内外两个基地的基本建设，实践教学计划的设计部署，人力物力资源的协调配置，驻厂实习实践全程的安全保障，基于实践育人全过程各环节的思想政治教育引导。具体如下。

实践基地扩容。在抓好校内基地建设的同时，加大力度侧重于与食品企业联合建设校外实践基地。经过几年的积极努力，学院的校外实践基地由2014年10多个扩展到40多个，其中省外的实践基地超过了10个。目前正在积极洽谈2个海外实习基地。

实践计划优化。学院将实践教学的重点放在大二时段，实践时间已经自2014年起由大三暑期调整到了大二暑期，更加贴合学生的考研就业安排和学校的教育教学安排，使得学生的自我规划和学院的总体安排更加协调与契合。在教务部门的指导下，学院对教学计划进行重新设计安排，将第五学期的开课时间作了重大调整。目前，葡萄与葡萄酒专业的开课时间调整为10月底，食品科学与工程专业、食品质量与安全专业、生物工程专业及生物工程专业（食用菌方向）开课时间调整为10月8日。

实践导师配置。学院成立实践教学领导组，成员由院领导、教授代表、

系主任、辅导员、党政办与教学办人员组成。学院根据各专业特点，领导组下设了四个实践教学小组。实践教学的指导教师由领导组共同商讨确定，根据不同内容由一个或几个教师来担任。

实践思想教育。思想是行动的先导，只有认识到位，行动才会自觉。学院探索建立了思想教育体系，一是利用会议来进行思想引导和教育。在大一入学教学中增加实践教育的内容，目的是让新生对学院的实践教学体系形成总体认识。在大二的第二学期初学院召开吹风会，期中召开大型动员会，期末召开安排会，出发前对每个小组进行再动员。二是利用学院网站和微信平台开展思想教育。重点将各实践小组的学生情况、进展情况等进行及时播报，达到凝聚师生对专业实践的共识、赢得家长及社会支持的目的。

实践安全保障。安全是一切工作的生命线。实践安全保障从两个主体、三个层次进行，两个主体就是学校和企业，三个层次就是交通安全、岗位安全、食宿安全。学院从两个方面来确保，一是从思想方面进行教育，事实证明这是安全当中极其重要的一环；二是为学生购买相应的保险险种，以期化解潜在风险。企业着重从岗位安全和食宿安全负责。

2. 各系具体负责组织专业实践育人活动

根据学院总体安排，各系就所负责专业分年级对专业实践进行设计安排，立足校企合作机制，强化优化岗位实践技能训练。

大一：专业认知实践。实践时间基本确定为第二学期期末考试之前的周末，用时半天到一天。实践内容与相关企业共同确定，实践目的重在让学生对专业有基本认知，对所学专业行业情况有一个基本了解，重点不在于对专业行业了解的精深，而在于对专业行业全貌的深入了解。

大二：专业能力培养。这也是四年的专业实践教育当中最重要的阶段，实践地点主要在校外企业，实践内容由企业根据情况安排学生到多岗位学习锻炼，时间从暑期开始，为时 4 至 10 周。实践期间学生以员工身份接触真实工作场景，与员工同吃同住同劳动，各系安排有关教师到企业进行具体指导。

大三：双创教育实践。主要由大学生科技创新项目、校内外创新创业大赛组成。系里安排专业教师与学生结对，重点指导学生开展科技创新项目的申报与实施，或者组织学生外出参加科技创新比赛。

大四：毕业设计实践。主要围绕毕业论文设计展开，重点在科学研究，系里安排教师指导人数不等的学生在实验室开展具体研究。

3. 分团委负责专业实践教育引导

分团委在学院总体安排和指导下，在学院党委副书记具体领导下开展专业实践工作的思想教育、宣传动员、分组安排、送行陪伴、日常管理、实习总结等。

思想教育工作分年级展开，主要利用班团例会和年级大会开展，利用微信、QQ 等即时通信媒体进行教育内容的推送。分组安排工作主要根据企业需求情况进行，比如人数多少、男女生比例等，负责组长的培养和确定等。送行陪伴工作重点是进一步消除学生不良情绪，协调到达实习企业的食宿安排，负责出行的交通安全等。日常管理工作的内容主要是帮助学生进行实习、学校安排的外出比赛、补考等的协调和请销假等，负责解答学生疑问、回复家长咨询等。实习总结工作内容主要是组织学生撰写实习报告、开展优秀实习生评选表彰等。

（三）实践育人成效

通过专业实践教育，学生的专业认识、专业能力、意志品质、团队协作、自主意识、未来规划等得到综合提升，毕业生就业率、考研率持续提高，用人单位反馈越来越好，学院也赢得家长及社会赞誉。

1. 专业理论知识得到完善

通过专业实践教育，同学们将课堂理论知识切身应用到实践中，在实践中加深对理论知识的了解和掌握，同时也在实践中学到了课本上没有的知识，丰富和完善了既有的理论知识体系，也增强了专业自信，激发了学生专业学习的兴趣和动力。

2. 专业实践能力得到提升

一是由笨拙到娴熟，同学们的动手操作能力和专业技能有了很大提升；二是促进了独立思考，可以用学到的知识分析解决现实当中的问题，对未来有了更多自信；三是强化了团队意识，学会了沟通，学会了团结协作，对团队的集体荣誉感有了更深认识；四是在实践当中磨炼了意志，学会了吃苦，学会了如何面对困难，学会了工作方法，让自己实实在在接了地气，做事态度变得更加踏实；五是学会了感恩，通过亲身实践对父母有了深刻理解，对老师和学校的关心教育有了更多理解，也加深了对社会的责任感。

3. 综合素质得到显著提升

一是了解社会，通过实践教育，学生对食品行业和社会有了深刻了解，对未来的工作岗位和规划有了清晰的定位，便于及早进行科学的生涯规划；二是创新意识能力显著提升，通过锻炼，学生参与创新创业的积极性得到极大提高，近年来的大学生科技创新项目的申报、获批数量均位居全校前列，学生的就业率、考研率持续保持在高位，2018 年双双跃升至全校第一；三是增强了社会责任，通过实践教育，学生深切明白了责任、使命和担当的含义，为学生们成长为有理想、有信念、敢担当的社会主义建设者和接班人奠定基础。

（四）持续优化专业实践教育的反思

专业实践对学生培养的重要性无需赘言，实践教学改革还需要进一步加强完善，围绕这一改革目标还需要进行课程体系改革、专业内容调整改革等一系列教育教学改革，最终实现把学生培养成高分、高能、高素质人才的教育教学目标。

学院要继续做好人才培养顶层设计，加强本科教育教学，加强学院综合改革，集聚育人力量，满足创新型、复合型、应用型人才培养目标的需求；重视两个基地建设，既要重视校内实践基地建设，更要重视和利用企业的力量加强校外实践基地建设，使更多社会优质资源转化为育人资源，为学生提供更多更好更安全的实操机会；加强对学生的专业思想教育，树立“实践出真知”的导向，科学有效引导学生加深对实践育人的认识，对学院实践育人的理解和支持；营造更加浓厚的氛围，教育引导学生情绪，引导家长理解支持，赢得社会认可，提供坚强的思想保障；继续探索与行业企业的协同育人机制，通过实习实践将人才培养与社会经济发展结合得更加紧密。

二、企业班实践育人模式①

高等教育要实现其人才培养、科学研究、社会服务三大功能，必须与社会需求以及需求的发展趋势紧密结合；企业要可持续发展，必须有充足的行业人才储备和前沿的科研成果作基础。企业的优势在于厚实的经济实力和丰富的社会资源，而高校的优势在于拥有推动经济、社会发展的科研、技术实力，是服务行业发展的高级专门人才培养基地。实现校企联合、院企共建，已成为高等教育界和企业间联系的热门方式，也必将成为有效促进高校、企业、社会三方协调发展、共荣共生的根本途径之一。

深化院企共建、校企联合的关键在于找到均衡院（校）、企业二者利益的平衡点，而建立能够深度整合并发挥院（校）与企业各自优势的平台是二者共建关系持续发展的保障。为解决就业工作中存在的企业招聘难和学生应聘难的问题，山西农业大学动物科技学院在动物医学专业原“5111”人才培养模式基础上，结合市场需求，积极探索符合社会需求的创新型人才培养模式，通过 5 年的不懈努力，提炼出能够均衡院企二者利益、深度整合并发挥院企各自优势的平台——“企业班”为载体的院企共建、联合培养模式，构建形成了学生、学院、企业、社会多方共赢的人才培养长效机制。

---

① 本节内容由山西农业大学学生工作部副部长弓俊红执笔完成；弓俊红等：《畜牧兽医人才培养“企业班”模式研究》，《山西农业大学学报（社会科学版）》2011 年第 10 期。

（一）“企业班”实践育人模式

1.“企业班”建设概况

动物科技学院“企业班”是依托学院专业和学科优势，对学院所属专业人才培养模式进行创新性研究和改革的标志性成果。学院与畜牧、兽医相关产业的知名优秀企业联合，依照“联合培养、互惠互利”的原则，在学生自愿报名的基础上，由院企共同考核选拔，成立了由不同年级、不同专业在校生组成的“励志正大班”“励志石羊班”“励志禾丰班”“励志恒丰强班”“励志恒德源班”“励志博瑞班”六个“企业班”。每个班级由30名学生组成，其中4年级学生占20%、3年级学生占50%、1—2年级学生占30%。由学院和企业共同制定“企业班”学员的培养方案、安排教学及实践活动，设置“企业班”的企业在学院设立奖学金，对各种不同类型的学生进行奖励和助学，并负责学院正常教学活动以外的实验实训活动的费用。学员在校期间由学校进行专业素养培养，企业进行营销知识、职场技巧、职业规划、企业文化、专业技能强化、信息管理、沟通方式等内容的培养。利用假期、周末等时间，组织学生到生产、市场一线进行实验实训和专业技能锻炼。经过多年实践，企业班学生在理论基础、实践能力、职业道德等方面显著提升，形成比较优势，广受企业和用人单位认可与好评。

2.“企业班”建设特点

目标市场导向化。“企业班”人才培养方案由企业和学院共同制订，学员专业素质养成和实用技能培养有机结合。相比普通在校生，更加符合企业和社会需求，是“企业班”学员一个重要特征。

培养模式多元化。为建立以市场需求为导向的供需型人才培养模式，学院在保证正常教育教学的基础上，结合学校的教学大纲，最大限度地提供满足不同定位企业人才需求的自主培养空间，制订了符合不同企业文化和人才需求侧重的班级培养计划。并通过学院的引导，形成“企业班”多种培养模式互相竞争、互相促进的态势。

与学校人才培养方案互补化。学院本着培养专业知识面宽、业务素养精的行业高级专门人才的目标，制订的培养方案侧重于利用现有教学资源培养宽口径、厚基础、高素质的人才。“企业班”的培养方案主要侧重于利用广阔的市场资源，对学生进行从业技能训练。在学院的总体调控下，院、企的培养方案实现了互为依托、互为补充的有机、无缝结合。有效地解决当前高等教育由于教学经费、教育环境造成的学生实践机会少、动手能力差的问题。

3. “企业班”建设成效

形成了学生、企业、学院、社会多赢局面。“企业班”培养模式下，学员的理论知识得到了实践的检验和锤炼，专业素养得到了很大的提升。通过与企业的磨合，学员形成了自己对行业、社会的认识，为择业、就业作好了准备；企业在学员培养过程中对学员的综合素质进行考核、评估，奠定了选拔优秀人才的基础；同时，学院的人才培养体系得到了补充和完善，对口培养的高就业率也为社会减轻了压力。

“量身定做”企业需求的专业人才。学院和企业充分发挥自身优势，利用社会资源，共同建设校内外的实验实训基地，深入地开展科研、生产、技术服务、大学生创业等交流、合作。根据企业对专业人才的需求标准，把严格的“专业对口观念”转变为“适应观念”，从实验实训内容、考核方法及活动管理等方面进行调整和改革，组织各种类型的实践活动，既使学生掌握了企业所需要的各种专业技能、全面提升了综合素质，又培养了学生对企业文化的认同感、忠诚度以及社会认知能力，解决了企业中普遍存在的“招得来、留不住”的问题。

推进就业工作上台阶。企业班容量设置一般以 30 人为准。建班以来学员在各自的班级里除了工作能力、专业素养得到很大的提升外，对企业文化及行业发展也有了深刻的认识，坚定了从事畜牧兽医事业的信心与决心，学员就业率达到 80%左右，有力地推动了学生就业发展工作。

（二）“企业班”实践育人探索的启示

1. 完善了学校人才培养体系

“企业班”的人才培养方案，是根据学院课程设置和不同的企业定位、社会需求设定的，以社会需求为主导，在培养方案中体现不同的企业内涵，有的以实践、动手能力为主要培养任务，有的以观念更新为主要培养目标，有的把体育精神作为培养、考核的重要指标。但不论哪种侧重的培养机制都是对现有农业人才培养体系的有益补充和完善。而且，经济、社会的发展促进了行业分工精细化，同一份工作中不同岗位的工作性质、内容有了很大的差别，显然高校宽口径、厚基础、高素质的人才培养模式已不能满足科研、生产和其他岗位的需求。“企业班”倡导实用性、技能性、订单式的灵活培养模式，为技术型人才培养打下了坚实基础，有利于丰富人才培养的层次性。

2. 增强了学生学习的主观能动性

据不完全统计显示，通过在“企业班”的学习训练，学员们深刻地了解了畜牧企业工作的实际以及企业对大学生的细化要求，对标对表，尤其对知识与能力的欠缺与不足也有了更清晰明了的认识，学生专业课程学习的主动性显著增强，他们带着问题、带着需求学习，针对性显著增强，受企业文化熏染也对学风建设产生了“以点带面”的辐射效应。

3. 满足了乡村振兴对实践性人才的需求

畜牧、兽医及其相关产业是我国第一产业的重要组成部分，在当前乡村振兴发展的新时代背景下，党中央国务院提出，“坚持农业农村优先发展”“大力培养本土人才”“推动专业人才服务乡村”，培养造就一支懂农业、爱农村、爱农民的“三农”工作队伍，为全面推进乡村振兴、加快农业农村现代化提供有力人才支撑①，输送多样化乡村产业发展技术人才成为当务之

---

① 《中共中央办公厅国务院办公厅印发〈关于加快推进乡村人才振兴的意见〉》，《中国教育报》2021 年 2 月 24 日。

急、时代所需，地方农业院校理当承担起引领培养“一懂两爱”乡村振兴人才的历史重任和使命。那么，探索“企业班”模式的优势在于，高校在完成扎实专业知识教育基础上，又能灵活地根据企业多样需求，有针对性地培养社会所需的人才。

第三节　基于“双创平台”的实践育人探索①

围绕立德树人根本任务，秉承学校实践育人传统，形成专业实践、扶贫实践模块的互相照应，共同构成协同实践育人三大模块，为激发学生兴农创新、事农创业能力，为培育学生“追梦、实干、吃苦、钻研、坚韧”的创业精神，做了初步的实践探索。②

一、统筹设计，优化“三维一体”的双创实践育人体系

2018 年，山西农业大学进行新一轮人才培养方案调整，《山西农业大学 2018 版本科人才培养方案修订意见》（农大教字〔2018〕5 号）指出，要把深化创新创业教育改革作为人才培养改革的突破点之一，强化实践教学，不断提升创新创业能力。强调要将创新创业教育融入人才培养全过程，设计由“光谱式创业理念基础教育—专创结合的创业实践教育—创业先锋班为载体的创业孵化教育”三维一体的双创实践育人体系，体现为由低阶到高阶、由理论到实践、由光谱到精英的统筹设计思想，通过开设创新创业基础、就业创业指导、创新理念等方面的必修课和选修课，激发学生创新创业意识；鼓励各学院结合专业特点，灵活开设各类创新创业课程，培养学生创新创业

① 本节内容根据共青团山西农业大学委员会、创新创业学院提供的相关材料整理总结而成。

② 陈利根：《地方农林院校创业教育的实践与探索——以山西农业大学为例》，《中国农业教育》2016 年第 3 期。

精神和能力，促进创新创业教育与专业教育有机融合，逐步挖掘和充实各类专业课程创新创业教育资源和力量，在传授专业知识过程中有机地渗透创新创业教育；以第二课堂统筹，将实习、实验等实践教学环节与学科专业竞赛、大学生创新创业项目等实践创新活动进行有机融合，尤其鼓励把学科前沿理论与方法、区域特色创业和创新创业实践有机融合，并要求学生在校期间须获得4学分第二课堂学分方能毕业。通过这些约束性举措，旨在引导学生自主学习，鼓励学生积极参与科学研究、社会调研、学科竞赛、社会实践，创新创业实践等活动，激发学生兴趣和潜能，培养学生的创新精神、创业意识和实践能力。通过上述统筹设计，形成依次递进、科学合理的创新创业理论与实践紧密结合的教育体系。

表 5-3 面向全校学生的创新创业意识与创业精神培养模块

课程名称	学分	学时	理论学时	开课学期	授课对象
创业基础	2.0	32	0	1—4	全校各专业学生
大学生职业生涯规划	1.5	24	24	3	全校各专业学生
大学生就业指导	0.5	8	8	6—7	全校各专业学生

表 5-4 面向创业先锋班的创业孵化教育模块

课程名称	专业领域
种植产业与创新创业	种植
养殖产业与创新创业	养殖
农产品储藏加工与创新创业	农产品加工
现代农业装备与创新创业	农业机械
农业信息化与创新创业	计算科学
企业创办与经营管理	企业管理
新创企业营销策划	企业管理

续表

课程名称	专业领域
创意创新创业基础	创业基础

表 5-5 面向创业先锋班的创业孵化教育教学安排

课程类型	课程名称	学分	学时
理论课	创业基础	1	16
	企业财务管理	1	16
	市场营销	1	16
	企业运行相关法规	1	16
	人力资源管理	1	16
	企业运营模拟	1	16
	创业活动操作实务	1	16
	商业计划书写作	1	16
	企业家精神与创业能力	1	16
	创业项目专业课	2	32
讲座（报告）	每学期 5 场	5	80
实践（两种方式选择一种）	企业创办	20	320
	企业实践	20	320
合计		36	576

二、要素整合，强化“多维协同”双创实践育人合力

（一）创新创业平台载体建设

1. 坚持线上资源与线下资源协同

为保证创新创业资源的充足有效，目前的做法是，充分组织专门挖掘利

用和定制在线的网络创新创业教育资源力量，有组织地设计指导学生线上视频课程学习，线下学习由任课教师根据学生学习中的疑惑及创新创业需求、存在问题进行精准辅导、严格考核，较好地解决了学生需求多而师资不足的结构性失衡问题。

同时，学校已经形成开放化、网络化、立体化的课程资源建设思路。2018 年，学校已经率先组织 20 多位创新创业教育教师开发编写了《创业学》教材，由中国林业出版社于 2018 年 5 月出版，新启动了专创结合的由 8 门课程构成的创业课程群的立体化课程资源开发工作。后续还将开发卓越创新创业实践教材。创业学院举办了农业创业、互联网+创新创业大赛解读、税法知识等 20 多种讲座，开展了针对学生创业个例的多种学习交流会。

2. 坚持创业平台与科研平台协同

学校充分利用省级战略“山西农谷”的建设契机，把科研创新平台建设与创业平台建设有机结合，力争达到“科研创新平台实力不断提升，形成与科技推广或创业渠道对接，创新创业两者互为促动、互为支撑，协同共生”的发展新态势、新方向。

目前，依托山西农谷建设，以山西农谷科创城为载体，学校已经打造了功能农业研究院、功能食品研究院、国家功能杂粮技术创新中心等 7 个以上科技创新平台，在有机旱作农业、功能农业、功能食品等领域实施 20 个以上科技创新创业项目；建成了山西农业大学大数据服务中心，提高了科技服务和成果转化效率，在省内高标准建立了 10 个以上集科技创新、技术推广、双创人才培养为一体的农业“双创”基地平台。

在大学生创业平台建设上，学校从紧张的实验用地中专门辟出空间，建成大学生农业创业园、山西大学生“互联网+农业”创业园、学生创业大厅 3 个省级众创空间。其中，大学生创业园占地面积 300 余亩，共有大田 300 亩、日光温室 38 栋；山西大学生“互联网+农业”创业园占地面积 2200 平方米，共有工位 200 个；学生创业大厅建筑面积 700 余平方米，容纳 50 个团队开展创新创业实践。三年来，共有 200 余个大学生团队、超过 1000 人次入驻三大平台开展创新创业实践。

2018 年 5 月，学校被认定为“山西省第二批省级大众创业万众创新示范基地”，山西农业大学作为 15 个基地中仅有的两所高校单位，形成对创新创业育人的有力政策和平台支撑。

3. 坚持校内资源与校外资源协同

创业学院、校团委、学生处、校友会及各学院协同合作、齐抓共管，立足校内，挖掘校内资源优势，着力拓展校外的、多样化、多层次的、持续性的创新创业资源，是多年来的一个优势，比如“校友导航——成功者之路”教育工程、“企业家进校园”——讲创新创业经验、创新创业大讲堂——创新创业教育理论前沿与实践、国内外创业专业团队开设创新创业大讲堂、KAB 创业基地班专题培训、SIYB、创业学院先锋班、大学生“互联网+农业”创业园财税培训专题培训等，增强信服力、感染力和实效性。

山西农业大学历来重视校友对学校办学育人的支撑作用，学校以“金银焕创新创业基金”为载体，有效凝聚了校友的力量，校友会通过捐资、设奖等各种途径鼓励大学生创新创业。2018 年，为凝聚创新创业校友力量、推选创新创业校友典型、展示创新创业校友风采、激励创新创业校友成长，学校出台《山西农业大学首届杰出创新创业校友评选办法》，并于 10 月启动首届杰出创新创业校友评选活动，隆重表彰、大力宣传获奖创新创业校友的先进事迹，以形成良好的双创实践教育引领带动作用。

多年来，学校各专业还通过选拔优秀学生到国内著名农业企业，如山东寿光及山西本省的农业产业化龙头企业，进行创业集训，校内导师跟踪指导，“双导师协同”，让学生在实战中学习现代农业经营理念和先进技术，同时也为企业提供多样技术服务，形成创新创业教育与专业教育有机融合的有益探索。

（二）创新创业队伍力量集成

我校积极健全完善组织，成立了大学生创业指导委员会，统筹双创教育工作，成立了山西省首家创业学院，配备了专职工作人员，打破学科专业壁垒，实现双创教育工作的专业化，校团委、学生处、教务处、就业指导中心、创业园区等部门有专人负责双创管理服务工作，学校十分重视创新创业师资队伍建设，逐步构建形成了专兼职、跨学科结合的以校内导师队伍为主体力量，同时有效借助互联网导师力量、创业校友导师力量的有效集成的创新创业队伍。

在校内鼓励、选拔一批教师和管理干部等承担创新创业理论课的教学任务，根据项目所从事的专业需要，选拔一批业务水平高的专业课教师承担专业指导任务；校外聘请一批企业家、行政干部、创业人士和专家学者共同担任校外创业导师。目前我校有校内导师 86 名，聘请校外导师 20 名。学校制定了《创业导师聘任管理办法》，明确了创业导师的资格和工作职责；另一方面，组织教师对大学生竞赛项目进行指导，进驻大学生创业园区对大学生创业项目进行现场指导，同时积极开展教师创新创业能力培训。目前，学校先后派出 11 批教师参加各级各类创业导师培训，获得“高校创业指导师”等资格证书。2021 年，创业学院还遴选推荐出 10 名教师担任山西省农村创新创业导师。

2018 年新启动的创业课程资源开发建设中，面向全校公开征集热心创新创业教育的师资力量，形成了创新创业导师与种植、养殖、园艺、企业管理等多维学科领域的跨学科导师力量集合，形成创业导师力量的有效集成。

同时，学校还鼓励各学院各专业教师结合专业教学有机渗透以创业思维、创业意识、创业素养等为核心的创业教育，形成全校上下、全员参与的创新创业教育氛围。

另外，鼓励学生利用互联网创业资源力量，各学院建立校友分会、聘请创业成功校友担任导师，请老学长、老校友现身说法，讲创业经历、讲身边故事，形成有效教育力量。

三、机制创新，细化“服务至上”的双创实践育人氛围

（一）顶层设计：深化“三部曲”服务大学生创新创业实践不断线

学校用“扶上马、送一程、做后盾”的政策来支持学生创新创业。“扶上马”，就是通过创业通识教育，培养全校学生的创新精神和创业意识；通过创业先锋教育，让先锋班学生进一步掌握创业相关政策、企业运行管理等方面的知识，把他们引入创业之路；“送一程”，则是指针对创业先锋班学生，研究建立一套涵盖“项目确立、团队组建、创业模拟”等方面的综合扶持体系，提高学生创新创业能力；“做后盾”，就是建立一套涵盖“企业孵化、资金支持、技术支撑、经营管理咨询”等方面的综合保障体系，为学生创业过程做好后盾。

每个创业团队的创业项目得到创业学院的认可之后，才能进入创业培训班，在创业园区有创业基地，同时在创业过程中有专门的创业导师负责指导，学院则整合政策、资金等以奖补形式扶持学生的创业。

（二）机制设计：细化“五到位”保障双创育人实措实效不落空

其一，机构建设。学校除设立了科技处承担科学研究的职能机构外，还成立了以技术推广成果转化为主要职能的三农服务中心（新农村发展研究院办公室）、以大学生双创工作为主要职能的创业学院。教务处、校团委、招生就业处、学生处、校友会、科创城办公室等部门参与及各学院双创管理岗位配套的双创育人队伍体系。

其二，队伍建设。学校安排一定编制的专职人员分别从事科研管理、成果转化管理、大学生创业管理等工作，聘请校内创业导师86

名、校外创业导师20名，并设立创新创业教研组、就业与发展指导教研室。

其三，经费配套。学校设立了“金银焕创新创业基金”等基金对大学生创业项目进行资助，与政府相关部门进行项目孵化合作，还与相关金融机构协商解决大学生创业小额度融资问题，设立针对教师的创新基金和针对学生的创新和创业基金，三支管理队伍的日常运行经费年均超过150万元。在大学生创业平台建设方面，投入专项资金累计超过1400万元。

其四，制度建设。学校建立了鼓励教师科技创新的一系列制度和办法20余项，形成了较为健全的科技创新制度体系，还建立了鼓励学生创业的一系列政策体系。2018年新制定《山西农业大学创新创业学分管理办法（试行）》（农大教字〔2018〕12号）、《山西农业大学大学生职业发展与就业指导课程教学管理办法》（农大行字〔2018〕31号）、《山西农业大学勤工助学实施办法》（农大行字〔2018〕25号）、《山西农业大学创业导师聘任及管理办法（试行）》等多部条例。

其五，运行机制。在工作任务安排和年底考核上，学校把科学研究、技术推广和大学生创业工作纳入考核指标体系，所占权重分别为10%、5%、5%。

（三）模式设计：升华“两维度”双创育人模式促动融合不脱节

创新模式，创建助推农科大学生创业的网络化新机制，设计学校“农业技术推广五位一体模式”和“三部曲双创教育模式”的促动融合不脱节。

以山西农业大学三农服务中心为主体，完善和推广“农业技术推广‘五位一体’模式”，即山西农业大学、政府部门、农技推广部门、农业科技企业、农业经营主体五位一体，技物结合、有效协同，实现组织化、长效化、科学化开展科技成果转化和农技推广。

以山西农业大学创业学院为主体，完善和推广“双创教育‘三部曲’”模式，即创业意识引导（扶上马）、创业能力培养（送一程）、创业过程支撑（做后盾）的双创教育体系。实施“大学生创业助推工程”，对于在校期间就投身创业实践且毕业时项目仍未成熟的毕业生，为他们提供各种优惠政策与服务。对于起步较早、发展较快的企业，发展已经进入快车道的校友，则请回校为在校生做报告，或送学生到他们的企业学习、实践和锻炼，教育引导青年学生在扩大企业知名度的同时，以便吸引更多毕业生加盟他们的企业，共同开辟创业之路。

四、创意策划，亮化“精彩纷呈”的双创实践育人品牌

（一）以项目激发创新创业无限热情

以大学生创新创业训练项目为抓手，动员和吸引广大青年学生参与创新创业，深入开展大学生创新创业训练计划项目。学校自20世纪90年代就率先开展大学生创新创业训练活动，坚持20多年不断线。现在已经形成“全校学生踊跃申报—各院部组织推荐—校团委组织评审—学校资助立项”的良性循环，并择优推荐参评省级和国家级大学生创新创业项目，尤其重视创新创业项目的过程管理，许多大学生通过参与创新创业训练，申请了发明专利，撰写发表了高水平的研究论文，在国家级创新创业竞赛中屡获佳绩，涌现出了以全省首个“中国大学生年度人物”江利斌为代表的一批优秀学子。

（二）以竞赛提升创新创业综合能力

积极组织青年学生参加各类创新创业竞赛，激发青年学生的创业热情。校团委继续组织学生参加各级各类创新创业竞赛，培育优秀项目，打造精品项目，并坚持举办“兴农杯”创新创业大赛和大学生创新创业成果展，通

过竞赛的形式，激发学生的创新创业意识，调动参与创新创业的积极性和主动性。同时，积极推荐优秀项目参加全国和省级“创青春”创业计划竞赛和“互联网+”创新创业大赛以及其他各类竞赛。推荐好作品走出校门，加强与兄弟院校之间的交流，在交流中发现不足，找准方向，提升山西农业大学青年学生的创新创业水平。

（三）以培训增添创新创业内生动力

学校始终把创业作为工作重点，切实提升大学生创业能力，依托大学生创业服务中心，面向山西农业大学学生开展创业技能培训。通过营造创业文化、提升创业能力、加强创业培训、深化创业实践、搭建创业平台、完善创业政策等全方位服务青年学生创业。面向有创业意向的学生开展 SIYB 创业培训，并积极引导大学生创业，真正实现以创业促就业。同时，学校还持续开展各种类型的创业讲座、论坛，为山西农业大学学生获取创业知识、交流创业心得搭建平台，营造浓厚的创业氛围。

（四）以典型感召创新创业浓郁氛围

校团委根据山西农业大学具体情况，充分挖掘本校优秀青年的先进事迹，用身边人讲好农大青年故事，打造“创业大讲堂”“青年榜样”等活动品牌，凝聚当代农大青年的青春正能量，生动展现农大青年积极向上、永不言弃、奋发有为的青春故事。在微信公众号“青年榜样”栏目中选树创业典型。

据统计，创业园成立至今，累计有近百支大学生创业团队入驻创业园，有 500 余名大学生在创业园开展了涉农创新创业实践。创业学院培养的毕业生有 30 多名在农业领域继续创新创业，这些学生有效带动了当地产业的发展以及老百姓增收致富。例如，创业大学生黄超成立太谷县绿能食用菌专业合作社，注册“蘑菇王子”商标，先后带动 160 余名在校大学生创业，辐射全省 16 个县市，获 2012 年“全国就业创业优秀个人”，创立的“太谷县绿能食用菌专业合作社”，获评2017年度山西省最具成长型企业，并作为山西省十个双创代表之一，在全国大众创业万众创新山西分会场启动仪式上参加了推杆启动仪式；创业大学生江利斌组建“绿翼”创业团队，承包长治市黎城县荒山一座，对山上的野核桃进行嫁接，并开展林下食用菌栽培，获“第九届全国大学生年度人物”，受到刘延东同志亲切接见，并被选为2018年山西省政协委员，2018年11月7日，江利斌又喜获“2017—2018大学生就业创业年度新闻人物”（20名之一）；创业大学生马红军组建“微美曲辰”创业团队，种植绿色无公害蔬菜，他的产品好评如潮，取得了良好的社会口碑，获2014年度“中国大学生自强之星”；创业学院先锋班的第一批学员、学校自强之星——付益，与先锋班的张伟、吴家峰等同学在贵州省盘州市创办了“宝之灵”农业有限公司，他们毕业后直接选择农业自主创业，学校一直为他们提供长期的技术支持，并把他们的创业项目与学校的科技服务专项行动结合起来，形成了合作共生的发展关系。

2018年7月3日，《农民日报》刊发记者吴晋斌采写的专题报道，探访山西农业大学大学生创业园区，并配发他撰写的记者手记——《小园区的大启示》；2018年7月2日，《山西晚报》以“大学生创业从校门里开始”为题，整版宣传山西农业大学大学生创业园孵化创业先锋的“三步曲”；2018年6月22日，《山西日报》以“农大学子创业梦想”为题，整版报道山西农业大学创业学子及山西农业大学创业工作。

围绕立德树人根本任务，以双创实践育人为抓手，山西农业大学已经形成“体系优化、要素整合、机制创新、品牌纷呈”的双创实践育人工作新态势，创业学子们在创业学习中培养创业意识、萌芽创业梦想、践行创业理想、施展创业抱负的大道上前行，媒体及社会各界的广泛关注，既是对山西农业大学双创实践育人工作的肯定，也为更多创业学子在创新创业战场上不断建功立业提供更大动力。

第四节　搭建“以赛促学”平台实践育人探索[①]

学科竞赛以竞赛的形式实现对学生综合知识与能力的考察，同时也有利于培养学生的团队协作意识与创新精神。学科竞赛为实践育人的开展营造了良好的氛围，是开展实践育人的优势载体，能很好地体现实践育人要求的学习环境的开放性、学习过程的主动创生性、师生平等交互与知识共享性等特点，有利于培养学生的创新意识与创新精神，有利于提升学生的综合素质与能力，同时有利于丰富大学校园文化氛围，提升学生的学习品位与质量。[②]

一、基于学科竞赛的实践育人的意义

（一）顺应了时代对高校创新人才培养的要求

《中华人民共和国高等教育法》第五条规定：高等教育的任务是培养创新精神和实践精神的高级专门人才。我国《面向21世纪教育振兴行动计划》也强调，“高等教育要跟踪国际学术发展前沿，成为知识创新和高层次创造性人才培养的基地”。而学科竞赛作为高校实践育人的有效平台，大大地激发了学生的参与、学习和创造热情，不仅对学生理论知识、基本技能的掌握，而且对其实践创新能力及综合素质的提升产生了深远的影响，从而顺应了时代发展对高校育人职能发挥及人才素质提高的要求。

---

① 本节内容根据刘冬、何云峰发表在《教育理论与实践》2014年第27期的文章《基于学科竞赛的高校研究性学习探微》和刘振宇发表在《高等农业教育》2019年第6期的文章《农业院校信息类学科竞赛与相关专业教学互长模式的构建》整理修改而成。

② 刘冬、何云峰、朱江：《基于学科竞赛的高校研究性学习探微》，《教育理论与实践》2014年第27期。

（二）满足了大学生创新发明的内在动力需求

基于学科竞赛的实践育人以竞赛为目的，相互竞争，优胜劣汰，为实践育人的发起、维持提供了动力。这类面向学生开展的课外科技活动一般由教育部、共青团中央、中国科协、全国学联以及有关专业学会等权威机构主办，影响力大、范围广，不仅被高校所认可，甚至成为一些企业选择人才、解决科技问题、扩大单位知名度的有效途径，被社会各界所认同。因此，活动的举办、实践的开展能够调动高校乃至全社会形成创新氛围，进而又推动创新型人才的培养，形成良性循环。

（三）响应了高校教育教学改革内涵发展的诉求

20 世纪 80 年代，站在时代要求的高度上，一种旨在“通过教学过程的研究性，培养学生的研究意识、研究能力和创新能力”的研究性教学受到了国内外教育界的推崇和倡导，其中以丰富多彩的学科竞赛为阵地的实践育人也在高校、各省市及全国范围内广泛开展。在基于学科竞赛的实践育人中，学生是活动的主体，改变了以教师为中心的传统教学模式的桎梏；从活动内容讲，打破了以“书本”为中心的课程论，转而实现以“问题”为中心的课程观，更加贴近实际、贴近生活，同时也能使学生化理论为实践；从活动的结果上看，学科竞赛原本就是一种检验和激励手段，依据结果给优胜者以奖励，奖励形式涉及物质、精神等，同时，评价人员多元化，使评价结果更为客观、公正。

二、基于学科竞赛的实践育人体系构建

（一）基于学科竞赛的实践育人平台搭建

将基于学科竞赛的“实践育人”纳入高校人才培养方案，将知识理论

教学与实践创新教学紧密结合起来，才能有效地激发学生参与各类学科竞赛的积极性与能动性，也使学科竞赛的开展有规可循、有章可依，从而使其更加常态化、规范化。具体来讲，可通过开设跨学科的具有研究性、创新性、实践性的选修课，丰富所涉及的学科专业门类，从而为综合创新类的竞赛及研究提供重要的学习资源支撑；搭建竞赛平台，为全校对学科竞赛感兴趣的学生提供更为规范化的训练平台，积极联合企业开展校企联办的学科竞赛项目，积极联合社会各方企业开展学科竞赛活动，使学生的能力训练方向更切合市场的需求，使得高校培养的人才与市场接轨；鼓励学生自主创办与管理“研究性团体”，广泛发动学生参与竞赛，竞赛团体负责参赛学生的日常管理和组织以及与学科竞赛相关的宣传、培训活动，不仅可以丰富学生的课余生活，还可以培养学生的科研兴趣，对学生创新、协作、团队精神的培养具有重要作用。

（二）基于学科竞赛的实践育人的教师队伍建设

一支具有合作精神的高水平研究型师资队伍是将竞赛与实践育人以及创新型人才培养有效结合的保证，因此，高校要着力建设一支具有高度责任心、较高业务水平和相对稳定的基于学科竞赛的实践育人指导教师队伍，既保证实践育人有效开展，又确保学科竞赛取得好的成绩。一是健全教学团队内部的管理机制，以科学的标准选择核心教师作为团队带头人，合理配置在教学技能、教学经验和教研能力等方面具有一定特长的团队成员；二是团队带头人应该构建“学习型组织”模式，促进团队成员之间的相互学习、取长补短、沟通与合作，使整个团队积极向上，团队内成员和谐一致地完成团队目标；三是高校应设立学科竞赛首席教师岗位，组建学科竞赛指导小组，不同领域的指导教师可以进行经验交流，从而提高教师的学科竞赛指导能力，为学科竞赛的顺利进行提供了坚实基础。

（三）基于学科竞赛的实践育人内容的选择

第一，按照组织部门和级别划分，实践育人的内容可分为高校自组织活动、由高校所在市组织活动、由高校所在省级区域组织活动和由国家部委等组织的国家级别的活动。虽然层次、规格不同，要求不一，但都能达到“以赛促教、以赛促学、以赛促改”的活动目的。第二，按照活动对学生的能力发展划分，在内容选择上可分为三类。一是基于基本知识和技能学习的活动，如基于计算机作品大赛的研讨、各种制作发明的合作研究等；二是有助于综合能力培养的实践育人活动，一般以解决实际问题为主，研究的是多学科的综合内容；三是以培养学生创新能力为目标的实践育人活动，如为完成大学生科技创新竞赛、大学生电子设计竞赛等而进行的实践育人。

（四）基于学科竞赛的实践育人的组织管理

基于学科竞赛的实践育人教育理念是以学生为中心的，强调学生对知识的主动探索、主动发现和对所学知识意义的主动建构，其教学组织形式应以小班化、小组合作协商讨论的方式为主，但在高校扩招的大背景下如何让这种实践育人之花开遍校园，最终形成多层次、全方位的实践育人体系，是目前高校开展基于学科竞赛的实践育人活动中遇到的一个难题。笔者以为，可借鉴导生制教学组织形式的思想与理念，建构一种“阶梯互助式”教学组织形式，以应对师资不足、班容量过大等问题。

“阶梯互助式”教学组织形式是让拥有丰富学科竞赛指导经验的教师指导高年级学生，资历较浅的青年教师指导中年级学生，高年级学生指导低年级学生的模式。“阶梯式”教学模式让学生在进入校园之始便开始接触基于学科竞赛的实践育人活动，随着他们年级的增长，专业课知识的逐年丰富，此时跟随有经验的学科竞赛指导教师参与学科竞赛便有了更大的把握，学生的研究能力、创新能力、团队协作能力在四年不断的学科竞赛训练中逐步提升，从而达到学校培养创新型人才的目的。与此同时，青年教师指导学生参与竞赛的经验也会随之不断增加，师资队伍将不断壮大，学校参与学科竞赛的水平和层次也会随着系统完整的竞赛机制的建立得到稳步提升。

（五）基于学科竞赛的实践育人评价理念及方式

对于基于学科竞赛的“实践育人”的评价，往往是基于目标取向评价理念，单一地从竞赛结果对学生进行评价。但对于实践育人来说，单从结果评价是不够的，应用多元的、发展的眼光来综合衡量整个实践育人的实践过程。从评价的内容看，不仅要看到最后的竞赛结果，更应看到整个实践育人中学生在知、情、意、行各个方面的进步，实现由“知识主导型考核”向“知识、能力、素质协调发展型评价”转变。从评价的时空看，也不再局限于一个场景，即最后的比赛，应更加注重各个实践育人环节学生参与的积极性、主体意识的发挥和参与效果。总之，不再局限于学生学到的具体知识，而是扩展到学生学习习惯的养成、创新意识与创新能力的培养上。

三、基于学科竞赛的教学互长模式探索①

学科竞赛由学院进行合理引导，建立相应的社团，由指导教师进行辅助指导。以山西农业大学信息科学与工程学院为例，学院现有4个本科专业，即电子信息科学与技术、网络工程、计算机科学与技术、物联网工程。另外，还建立了包括科技创新协会、单片机爱好者协会、网络技术协会、智能车协会及航模协会等相关领域的社团。以社团为基础，按照由低年级到高年级层层选拔学生，再由高年级带领低年级的同学完成信息学科竞赛培养体系结构的建立。

---

① 刘振宇、刘琪芳、车秀梅等：《农业院校信息类学科竞赛与相关专业教学互长模式的构建》，《高等农业教育》2019年第6期。

（一）以学科竞赛推动专业课程与教学建设

夯实专业理论知识是专业合格人才的基础。经过多年实践，我们发现适当地将学科竞赛类题目引入课堂，引发学生思考，在思考、分析直至解决问题的过程中，可有效地培养学生理论联系实际、学以致用的能力。以电子信息科学与技术专业为例，它将教育部电子信息教学指导委员会主办的“全国电子设计竞赛”作为专业核心竞赛，但除了电子信息专业相关专业课程以外，还需要扎实的数学理论、自动控制理论及编程技术作为支撑，这就需要我们在对学科竞赛相关专业的课程理论学习中注重理论与实践结合。学科竞赛使我们懂得注重学生基础与需求，突出实践课程与教学内容是实践育人新的切入点。

教学方法好坏直接影响着教学内容与课程体系的制定与发展。因此，在制定基于学科竞赛的课程内容时，我们会选择适合的教学方法，以确保学生理论学习与实践学习的系统性与完整性。一方面，要求教师在课堂讲授时，要充分利用课堂上有限时间精讲知识、解释疑难，克服照本宣科、本本主义的惯性，强调问题导向，通过结合实际生活讲授激发培养学生学习兴趣；另一方面，强化学生动手实践能力的培养，鼓励学生多动手参与实验操作，由浅入深，循序渐进，让学生在完成较简单实验后，进一步对学生提出更高要求，如遇到较难问题时，教师要能随时介入，并且提供有效指导，以确保学生完全掌握相应知识，可以进行有效迁移。在具体实验操作时，一定要按照学科竞赛方式对学生进行分组，安排每组中各组员的具体研发任务，培养学生合作能力与交流能力，不断提高实验过程的灵活性、科学性和探索性，完成实验后，要求将实验结果以文字形式表述，意在培养学生逻辑及文字组织能力。在考核评定上，采用问答形式，师生互动交流，师问生答，可面对面了解学生掌握情况，随时进行点拨，增强学生自信，鼓励学生变被动为主动，最终达到全方位提高学生综合素质之目的。

（二）以学科竞赛推动实验室提质增效

为鼓励学生了解学科竞赛，积极参与学科竞赛，学院提供免费的开放网络实验室、计算机实验室、单片机实验室、传感器实验室和机器人实验室等，以便使学生在参赛时有机会进入实验室；在不参加竞赛时，学生也有机会通过免费开放的实验室开展自主探索与实践设计、加工与调试。但还需要学院制定科学合理安全的实验室管理条例，保证实验室、实验设备及学生安全，并保证有指导教师在场对学生进行指导，为学生参与学科竞赛创造良好环境条件。让学生在这种开放氛围中，根据自己的兴趣爱好，自由选择喜欢的项目及实验进行操作，使学生分析解决能力不断得到提高。

为此，这就需要学校及学院加大对大型实验室的投入力度，而且可以通过对各个实验室使用情况及使用频率进行动态调控，将使用较少的实验室变成讨论及交流指导地方，以缓解满负荷实验室的空间压力。同时指导教师要能灵活根据实验需求，灵活调整教学方法，保证各专业实验教学和学科竞赛之间保持良好的互动与支持，以确保实验效果，确保学科竞赛比赛取得好成绩。

（三）以学科竞赛推动教师队伍成长

学科竞赛不仅可以使学生发现自身不足，同时也是对老师指导水平的直接反映。这就要求指导教师不断关注信息科学前沿知识，同时增强对知识的融会贯通能力，并且能形成自己独到创见。从科研层面讲，这可以对指导教师科研创新打下坚实基础，也为教师在科研发展道路上提供了新思路，从而在提高教师队伍质量的同时，实现多赢的局面。尤其是一些专业刚起步、科研发展有一定困难的年轻教师，通过指导学生参与学科竞赛，可以接触的命题范围广、应用性强，涉及多门学科，综合能力要求高，这些问题情境促使老师综合化发展，为年轻教师提供了有利的成长空间，增强其对快速演化的信息学科发展的适应性。

（四）以学科竞赛营造良好学习风气与学术氛围

学科竞赛是基于学生掌握专业知识后，考查学生专业基本理论知识和解决实际问题能力的综合比赛。从竞赛的实践来看，赛前准备以问题为导向，主动探寻解决实际问题的知识，开阔了学生的视野，激活了思维能力，提升了专业创新能力；比赛中因地制宜、机智应变，不断提升随机应变能力；赛后总结反思，养成学生学思结合的习惯与能力。另外，比赛也是一个团队合作的过程，团队成员的协同配合，有利于培养团队合作精神。通过组织学生参赛，也会在全体同学中营造“以赛促学”的良好氛围。学校与学院应广泛宣传学科竞赛，使更多大学生了解学科竞赛的实践意义，提高学生参与竞赛的积极性，为学生营造便于交流、不耻下问的良好学习氛围。也要对竞赛中表现优秀的学生给予适度激励，并给予加记学分，这样不仅可以提高参与竞赛的积极性，还可以提高学生学习的积极性，营造出良好学习氛围，吸引更多大学生参与到学科竞赛中来，使学生保持一种敏捷的思考状态和学习状态，提升学生综合素质与能力，为学生就业发展、深造发展提供有力的支撑。

四、基于学科竞赛的高校实践育人保障机制

（一）组织保障

长期以来，高校的学科竞赛活动都只是参赛师生的个人行为，高校只负责赛前通知以及相关的报名工作。但是，高校学科竞赛要想出成效就必须成为学校行为，融入高校党政工作，纳入高校人才培养方案，成立学科竞赛工作委员会，委员会主任由高校党政主要领导担任，负责统一领导组织学校的各项学科竞赛活动，高校办公室、学工处、教务处、科技处、人文社科处、研究生处、团委、财务处、实验室与设备管理处以及各二级学院为成员单

位。领导小组下设办公室，办公室可以设在团委，这些部门负责在高校竞赛委员会的领导下，具体牵头组织学校的学科竞赛活动，并负责组织师生团队参加各级各类的学科竞赛活动。

（二）经费支持

在进行学科竞赛过程中，高校应划拨学科竞赛专项经费支持竞赛活动，对于每项竞赛要给竞赛参与者一定的经费支持，为竞赛的有序开展奠定良好的经济基础。为了保证学科竞赛的有效开展，高校不能搞平均主义，应重点资助参赛面宽、影响力大、由教育行政主管部门主办的学科竞赛项目。对于影响范围小、专业性很强的学科竞赛项目，高校可鼓励各二级学院根据自身的专业特点选择性地参加，同时在经费方面，高校应给予适当的补助。在实验设施建设方面，高校要以学科竞赛为中心加大对实验室的投资和建设力度，解决实验室和设备不足的问题。同时，为了实现资源优化配置、节省投入，高校要加大实验室的整合和优化，合并或共享实验环境，提高实验设备的使用效率。学科竞赛课题也可以以市场为导向，与企业合作。实验室建设也可鼓励校企合作，节省部分建设资金。高校应设立创新实验基地，为学科竞赛活动的顺利开展提供硬件基础，保证经费和设施的投入，为学科竞赛发挥其重大作用。

（三）激励保障

学科竞赛的高效开展需要建立一套完善的激励措施，激发师生参与创新教育和实践的积极性和主动性。对参与学科竞赛获奖学生可给予奖励，如可给获奖学生记相应的创新或奖励学分；对在竞赛中成绩特别优秀的学生，高校可根据实际情况，在评选优秀学生、奖学金及推荐免试研究生时予以优先考虑；参加省级及以上学科竞赛成绩优异者，对其因竞赛受到影响的课程，可根据实际情况对其学习和考核方式给予特殊政策。另外，对指导教师也要制定相应的激励政策，对在学科竞赛中获得显著成绩的指导教师，学校要在职称评审、晋级的过程中，同等情况下予以优先支持；担任学科竞赛指导工作的教师，也可以给予一定教学工作量的补贴。

（四）文化支撑

为培养创新型人才，学校应该努力营造健康向上的校园文化环境和学术氛围。学科竞赛对于教师的教学和学生的学习都有良好的促进作用，要让广大师生深刻认识到它的重要意义。这就需要高校在平时多宣传、多动员，营造良好氛围，扩大学科竞赛的影响力，让广大师生把参加学科竞赛变成自己生活的一部分。高校应该大力加强学科竞赛工作校本培训，通过举办学科竞赛讲座，加深师生对学科竞赛的了解，增强信心。高校要积极利用晨会、校报、展板等宣传平台在全校营造良好的学科竞赛环境和舆论氛围，使全体师生知学科竞赛、爱学科竞赛。

第六章

基于志愿服务的农科实践育人探索

第一节　咨政实践育人探索

咨政育人，是哲学社会科学的一项重要功能。所谓咨政，就是高校调动广大哲学社会科学工作者的主动性、创造性，为政府、高校、社会提供决策咨询服务。所谓育人，就是社会科学工作者围绕学校中心工作，充分发挥“思想库”“智囊团”作用，履行学校哲学社会科学工作的咨询、业务指导等职能，为社会培育大批现代化人才。然而，长期以来高校自身蕴含的咨政育人功能并没有得到充分挖掘，其相关激励制度和最优化的途径设计还有可提升的空间。因此，如何进一步推动高校咨政育人功能的发挥，是当前大学生思想政治教育理论研究与实践探索的一项重要课题。①

一、高校“咨政育人”探索实践与独特优势

从历史角度看，自古至今，不同时期的知识分子群体往往都有着为国

① 何云峰、高志强、王卓：《地方农业院校“咨政实践育人”模式构建研究》，《中国高等教育》2020 年第 Z2 期。

为民谏言献策的优良传统。尤其自改革开放以来，高校焕发出前所未有的生机活力，各类型、各层次高校及其学者都积极投身改革开放的历史伟业当中。这其中涌现出许许多多的“咨政育人”高校典范，如自2008年开始，上海财经大学全体师生十年暑期持续不断的“千村调查”行动，分别围绕不同主题组织学生奔赴全国各地实地调研，20453人次上财学生走进11342个村庄155556农户，调查中国的农村、农民、农业问题，形成了7000多篇调查报告，其中不乏“挑战杯”全国一等奖、上海市特等奖及一、二等奖作品和在全国核心期刊公开发表的文章，“千村调查”成为上财学子的田野大课堂，探索出一条包括国情教育、社会实践、科学研究、学科建设在内的人才培养模式，这成为享誉国内高校的“咨政育人”典范。

显然，高校“咨政育人”具有独特的优势，既具有跨学科的优势，也具有创新性人才优势，还具有建言献策的历史传统优势。这其中蕴含着科学研究、社会服务、人才培养等多重功能。据相关文献研究显示，开展“咨政育人”效果较好的多为综合类高校及哲学与社会科学类高校，而理工农医类院校“咨政育人”能力相对较弱，不能有效回应改革开放深化、脱贫攻坚突破、乡村振兴起步的急需。

山西农业大学百年扎根乡村，心系三农，是山西区域特色农业经济与社会治理的主力军。一批有具政策意识、理论水平与技术支撑的综合型智库人才活跃在山西省三农一线。2019年暑期，国内知名小麦专家、山西省政协委员、山西农业大学农学院院长的高志强教授牵头发起，组织协调校政对接，成功策划山西省首届农产品品牌建设大调研。其主要目的是在山西省率先探索“咨政育人”模式，也就是说，要带着省委省政府强农兴农的重任，调动专家教授、青年学子，走基层、下企业、入农户，为政府了解省情农情和科学决策提供“智库源”，为学子实践学习开辟“新课堂”，为教师科研人员找到科学研究、服务社会的“主战场”。

据介绍，首届开展的农产品品牌建设行动，是为全面贯彻落实习近平总书记视察山西重要讲话精神，发掘山西特色农业产业的优势，分析山西农业产业发展存在的瓶颈问题而推出的一项具有科学性、系统性、全局性的农业大调研，也是对《安吉共识——中国新农科建设宣言》的积极回应，更是对习近平总书记给全国涉农高校的书记校长和专家代表回信的坚决响应。

“咨政育人”模式的育人功能主要体现在：一是价值观引领功能。引领大学生坚定理想信念、培育民族精神、提高思想道德素养。二是发展能力构建功能。指导大学生增强管理各方面的能力，全方位地指导学生培养理想信仰、生活态度、审美能力等，进而构建一个能够不断适应事业发展和社会前进的能力结构。三是思维方法创新功能。指导大学生创造性地系统学习相关专业知识，学会运用学科专业理论和方法来指导实践，交叉渗透相近学科。高校社科工作者发挥“智库”作用，为高校教育教学改革提供指导，积极有效地引导大学生树立科学精神，提高人文素养，为社会发展培育所需人才。

二、高校“咨政育人”农大探索与具体做法

（一）确立“咨政育人”的先导理念

率先探索地方农业院校的“咨政育人”模式，就是要打破地方政府和地方院校的壁垒，打破三农社会和农业院校的藩篱，打破农业技术学科和哲学社会科学的阻隔，发挥多层次、多类型、多主体的协同功能，致力打造政府“三农”科学决策的智库源、创建农业院校实践育人的新课堂、开辟农业科学研究的新阵地、开拓“强农兴农”服务社会的主战场，逐步构建跨学科、跨部门、跨系统、跨院校的新型农业类“咨政育人”智库，逐步成为山西农业科学创新发展决策的“主力军”，逐步成为山西三农一线所需“一懂两爱”人才和新型职业农民的“补给站”。

（二）制定“咨政育人”的目标任务

根据省委省政府农业发展战略的重大决策，围绕山西特色有机旱作农业重要战略任务，首先以农产品品牌的大调研作为山西“咨政育人”模式的首秀，不断根据山西农业发展战略所急需的咨政育人调研专题，分年度、分步骤、分阶段，逐步推开，逐步系统化，逐步形成山西农业“咨政育人”的战略智库，努力做到有问必答，主动设问，主动求解，率先发力，超前思考，超前谋划，把决策咨询、人才培养、科学研究、社会服务有机结合，形成山西农业“咨政育人”模式发展的良性态势。

（三）确立“咨政育人”的工作机制

“咨政育人”的工作机制由调研任务顶层设计、调研任务安排部署以及调研任务评价激励三大机制组成。以2019年山西省农产品品牌建设大调研为例说明。

1.“咨政育人”调研的顶层设计

根据山西省政协在2019年度农业和农村协商工作推进座谈会安排部署的“以品牌建设为抓手，推动农业特色产业做大做强”重点履职工作的省市县联动调研行动。政协面向相关高校发布调研任务，由高校专家跨学科组提出调研方案，供政协农村委选择使用，首期调研由山西农业大学农学院承办，并制定详细的调研方案，以确保调研任务的落实。进一步讲，顶层设计强调，“政”（政府方）“咨”（高校方）双方目标一致，责权分明，政府方提出目标任务，疏通调研渠道，给予相应的调研经费支持，高校方负责研制调研手册，组织调研队伍，完成调研报告，在调研过程中，把高校教师科学研究与实践育人紧密结合。

2.“咨政育人”调研的安排部署

根据调研目标任务，首先，动员跨学科专家组研制《2019年暑期农产品品牌建设专题调研手册》，包含《县域以上农产品公共品牌建设情况调查表》、《农产品品牌持有企业情况调查表》、调研报告及调研反思四块内容，并就近到太谷饼龙头企业“鑫炳记”等企业试测修改定稿；其次，调研组队，主要面向农学院大一到大三本科生，鼓励按市县自愿报名组队，一县一人，一市一队，就近返乡调研，并确定调研的时限和明确的任务要求，以便于调研的有效开展；再次，调研专题动员培训，由学院主要领导和管理专家共同进行动员培训，对具体的调研细节进行详细解读、答疑，以形成“咨政育人”调研的共识，同时，也对学生安全保障工作进行周密安排部署，以达到“安全行，受教育，长才干”的实践育人目的。

3. “咨政育人”调研的评价激励

根据调研目标任务，制定评审细则，组织专家组严格评审《“农产品品牌”调研报告》，并将“咨政育人”调研结果与学生学业奖学金评价挂钩，联合团学、政协部门表彰优秀调研报告。

三、高校“咨政育人”的实效与优势

（一）为国调查，提升实践定位

首期农产品品牌调研，是深入贯彻习近平总书记视察山西讲话精神，围绕有机旱作农业，打好特色优势牌。学院在暑期调查之前将遴选出来的优秀调研员召集起来，召开了一次动员大会，学院领导及人文社科专家从国家战略、省级战略以及省情校情三个角度为学生们讲解了这次调研的意义价值。结合国家战略、省级战略，能够为学生营造一种调查为国、调查为省的自豪感，增强大学生的时代感与使命感，在为国奉献、为民奉献中找到自己的价值。此次农产品品牌调研，共有 120 名左右本科生参加，借此机会，他们能够以不一样的角度审视故土，从而加深对家乡的认识与感知。很多学生的调研感想中都提到“见识到了不一样的家乡”“原来我的家乡还有这么多优秀的企业家”“课堂上讲的很多问题原来在家乡随处可见”。随着农产品品牌调查主题的深化，学生在情感认同上逐步将家与国联系起来，开始站在国家的角度审视家乡的问题，也站在家乡的角度反思国家的问题，这些都确确实实让学生在了解农村的过程中培育起家国情怀。

（二）为农调查，深谙专业逻辑

通过首期农产品品牌调研，许多同学表示，走出校园走向社会，真正体会到“纸上得来终觉浅，绝知此事要躬行”，通过调研，了解了农产品的生产现状、技术难题，也了解了脱贫攻坚和乡村振兴当中各种生动活泼的例子。在调查过程中，学生可以通过理论与现实的反差、城市与乡村的反差、文明和落后的反差、思想和行动的反差，激发他们的意识，包括问题意识——他们会想为什么有这个反差，忧患意识——从落后的地方可以看得到，从而激发他们的责任意识和改革意识。“课本上学到的技术可以用到这个合作社里”“原来我学习的东西是这么有用的”“我后悔这门课没有好好学”这些心里话，均是学生们从调研实践与课堂学习的强烈对比中得出的深切反思，这有助于提升专业自信，加深专业理论理解，明确专业学习的目标。

（三）为企调查，熟知产业肌理

调查研究工作主要面向农村、面向企业家、种粮大户、合作社等农业微观经济主体。首期农产品品牌调研，所有学生粗略了解了本地企业生产经营现状、企业诉求、企业技术难题等，了解到农业企业经营的不易以及他们对人才、资金、技术的渴求，也切身感受到在农村的发展变化中、在农民的创业致富中既有辉煌的一面，但更多的还是创业的艰苦心酸。很多学生从中深受教育、深受启发、深受思考，他们表示都有种“垂死病中惊坐起”的感觉，“逐步在衣来伸手饭来张口的舒适中麻木，但是又在深入企业、深入乡村的调查中惊醒”，理解了屈原“长太息以掩涕兮，哀民生之多艰”的真切感受。同时又为家乡的企业家自豪，他们把自身放入同样的境地，一样的环境一样的条件，自问能否做到这么好。企业的成功，专业技术仅仅是很小的一方面，还需要全方位的考虑，涉及管理学、经济学、关系学、心理学、运筹学等多门学科。一位指导教师讲述了本次调查的一个重要价值是为省政协提供决策、提供数据和资料参考及依据。只有看清山西农产品建设的现状和问题，政府才能做出正确的决策，最终才会通过政策落实到每个人的家乡，促进家乡农业企业的发展，了解家乡农产品品牌的发展情况，总结经验、寻找不足，找准为家乡农产品品牌贡献力量的切入点。

（四）为己调查，锤炼综合能力

通过走千村访万户这样一个过程，学生在素质上获得了很大的锻炼，包括写作、研究、学习、人与人的交流等多方面。参加调研是一个加强学习、拓展知识的良好载体，是一项锻炼能力、提高素质的重要措施，也是一条走近农民、感受农村的有效途径。大学生通过参与调研，提高了分析问题、研究问题的能力，也激发了他们自我教育、自我管理、自我服务，提高了协作意识和科研意识，更激发了大学生为"强农兴农"报国学习的责任与使命。"调查很有收获，暑假在家也就是打发时间，把时间都浪费掉了""刚开始不敢说话，怕这怕那，越到后面越顺畅，自己也开朗了很多，看到被调查对象就上去主动打招呼""看到当地政协干部与合作社负责人热情的招待，我心里暖暖的，通过换位思考明白了自己该如何待人接物""越到后面越熟悉问题内容，把相关的问题都连在一处问了，甚至有的不用问，听语气看表情都知道了"这些都是学生们调研后的内心写照，满满的收获，这些都是"咨政育人"调研的意义价值所在。

四、进一步推广"咨政实践育人"模式的长效机制

探索建立旨在服务政府的各类决策和优化人才培养的"咨政实践育人"模式，深入思考其可持续推广的机制，具有新时代教育的现实价值。

（一）将“咨政实践育人”嵌入实践教学环节

当前，在卓越人才教育培养机制2.0下，结合新启动的《普通高等学校本科专业类教学质量国家标准》（2018），把咨政实践育人恰当地嵌入实践教学环节中，制定完善的质量标准与要求，创建学校实践教学管理委员会，组织各学科正在担任智库的专家、代表、委员及有志于做智库研究的专家等组成“咨政实践育人”专家团队，构建灵活的“咨政实践育人”的任务型团队，并设立专门办公室负责日常事务联络与安排。

（二）制定相应“咨政实践育人”规章制度

明确“咨政实践育人”内涵要求、任务目标、工作方式、考核指标等，使各任务型团队能及时根据政府相关部门决策咨询或咨政要求，组成由专家、青年教师和优秀本硕博学生参加的“咨政实践育人”团队，把咨政、学科、科研、育人等多项职能有机地结合起来，对调研主题进行科学选题与精心设计，设计完善的调研手册，保证调研科学性与严密性，形成系统的调研培训机制，强化对调研方法与学术规范等内容的全面培训。真正实现高校“以服务求支持，以贡献求发展”，实现各利益相关方的协同、共赢与共荣。

（三）建立“咨政实践育人”课题任务机制

实施课题驱动策略，政府部门与高校会商对接设立咨政类应用课题，根据政府部门需破解的热点、难点问题，引导“咨政实践育人”团队开展咨政育人活动，既为政府提供跨学科决策服务，同时也在此过程带领学生参与调研，让学生通过了解国情、省情、农情、舆情、民情等，在广阔的社会大课堂里受教育、长才干、炼品格、砺志向，师生共同完成过去以师或生一己之力难以完成的大型调研任务，而且增强了智库调研成果对决策咨询的支撑力、辐射力与影响力。

（四）搭建“咨政实践育人”多功能平台

一方面，建立高校与政府相关部门联系沟通渠道，确立专家决策咨询制度或听证制度，畅通综合决策科学成果流转渠道，强化咨政实践育人研究成果转化率；另一方面，强化宣传推广工作，通过咨政咨询简报和新型融媒体等多样化载体形式，及时刊登咨政服务的先进经验与做法。

当前，正处在深入贯彻习近平新时代中国特色社会主义理论和十九届四中全会精神的关键时期，进一步深化习近平总书记关于智库建设和立德树人根本任务的具体指示和要求，积极探索“咨政实践育人”模式，既是高校发挥专家智库优势建言献策的契机，同时也是高校育人可资利用的独特载体，相信通过政校深度对接，不断探索完善政产学研用协同的“咨政实践育人”模式，可为新时代本科人才培养提供理论与实践借鉴。

第二节　助力脱贫攻坚的实践服务探索①

党的十八大以来，以习近平同志为核心的党中央高度重视脱贫攻坚工作，举全党全社会之力，奋力打赢脱贫攻坚战。2021 年 2 月，习近平总书记在全国脱贫攻坚总结表彰大会上深刻指出，脱贫攻坚伟大斗争，锻造形成了“上下同心、尽锐出战、精准务实、开拓创新、攻坚克难、不负人民”的脱贫攻坚精神。脱贫攻坚精神，是中国共产党性质宗旨、中国人民意志品质、中华民族精神的生动写照，是爱国主义、集体主义、社会主义思想的集中体现，是中国精神、中国价值、中国力量的充分彰显，赓续传承了伟大民族精神和时代精神。② 7 月 1 日，习近平总书记在庆祝中国共产党成立 100

---

① 本节内容由山西农业大学林学院团委书记李鹏执笔完成。

② 习近平：《在全国脱贫攻坚总结表彰大会上的讲话》，人民出版社 2021 年版，第 19 页。

周年大会上庄严宣告，“我们实现了第一个百年奋斗目标，在中华大地上全面建成了小康社会，历史性地解决了绝对贫困问题”①。在脱贫攻坚基础上，党和国家高瞻远瞩、深谋远虑，又适时提出乡村振兴战略，优先发展农业农村，全面推进乡村振兴。可以说，脱贫攻坚与乡村振兴两大战略任务，具有很强的内在联系和承接关系，脱贫攻坚是实施乡村振兴的重要基础，而乡村振兴就是要在脱贫攻坚基础上，巩固脱贫攻坚成果，为进一步实现城乡融合发展，为实现人民共同富裕提供坚实保障。

作为农科院校，必须勇于承担起时代赋予的社会责任，同时这也是高校走活开放办学之路和服务社会的内在要求。高校每个学年均组织实践服务活动，涉及师生人数多、覆盖社会面广，将社会实践与脱贫攻坚有机结合，构建依托脱贫攻坚和乡村振兴的实践服务模式，推动高校社会实践助力服务脱贫攻坚和乡村振兴的常态化。②

以山西农业大学长期服务脱贫攻坚实践为例，从“服务谁、谁来服务、如何保障”三个问题入手，从精准服务体系、精准服务队伍、精准保障机制三方面着力，探索建立“三位一体”的精准实践服务模式，统筹解决精准服务到位、扶贫扶智并举、防止形式主义等问题，确保脱贫攻坚社会实践让师生受锻炼、地方得实效、群众得实惠。③

一、“三位一体”精准服务模式的基本内涵

高校社会实践助力脱贫攻坚的“三位一体”精准服务模式，具体来说：一是构建起服务对象、服务内容、服务方式衔接有序的“三位一体”精准

---

① 习近平：《在庆祝中国共产党成立100周年大会上的讲话》，人民出版社2021年版，第2页。

② 李鹏等：《脱贫攻坚视阈下高校社会实践的育人功能探究——基于山西农业大学脱贫攻坚社会实践育人机制的分析》，《沈阳大学学报（社会科学版）》2019年第1期。

③ 李鹏等：《高校社会实践助力脱贫攻坚的精准服务模式探究》，《高等农业教育》2019年第2期。

服务体系，解决好服务谁、服务什么、怎样服务的问题，确保服务客体得到实实在在的获得感；二是构建起专家教授、指导教师、大学生有机结合的“三位一体”精准服务队伍，解决好技术难题如何解决、活动质量如何保证、社会服务如何有效的问题，确保实践队伍的作用得以有效发挥；三是构建起高等院校、地方政府、实践基地的“三位一体”精准保障机制，解决好谁主动、谁协调、谁配合的后勤保障问题，确保社会实践活动的有序推进。

精准服务体系、精准服务队伍、精准保障机制，这三者共同构成脱贫攻坚社会实践的“三位一体”精准服务模式，三者相互支撑、相互作用（如图 6-1）。

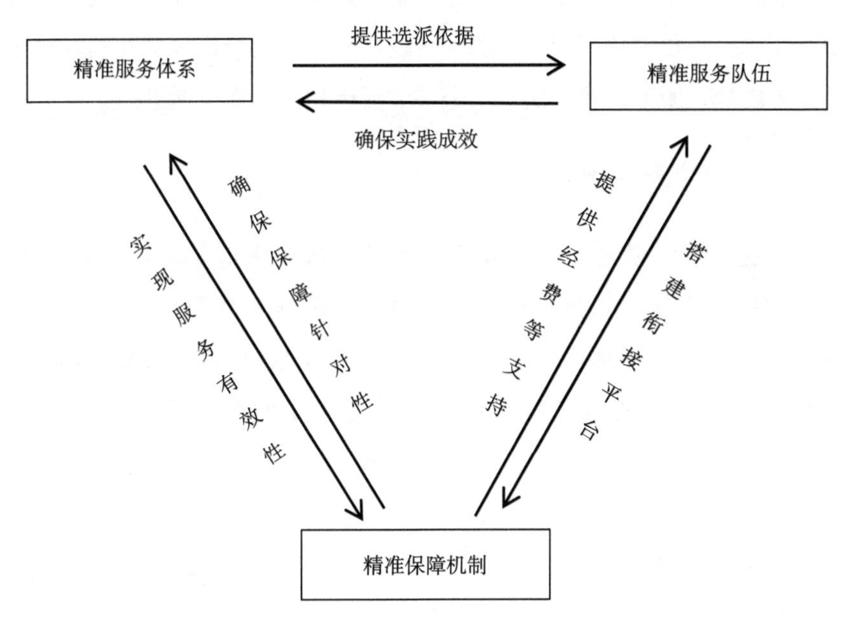

图 6-1　助力脱贫攻坚的“三位一体”实践服务模式

其中，精准服务体系的构建，要依托实践基地和服务客体后综合考量确定，确保实现服务有效；同时予以确定后反过来指导精准保障机制的修正和完善，确保实现保障有效。

精准服务队伍构建，要结合精准服务体系来组建和选派，精准服务体系是选派依据；同时反过来看精准服务队伍来贯彻落实精准服务体系确定的社会实践内容，服务队伍构建是否精准关系到实践成效。

精准保障机制的构建，为确定精准服务体系提供前期的基础资料和实践意向，并为精准服务队伍开展实践提供经费等后期持续支持；同时反过来看，通过精准服务队伍实现与精准服务体系的有效衔接，发挥社会实践助力脱贫攻坚的重要作用。

二、“三位一体”精准服务体系的构建路径

高校脱贫攻坚社会实践精准服务体系，是要突出解决社会实践服务对象精准的问题。高校要依托校友资源、实践基地、校企合作等精准确定服务对象、服务内容、服务形式，实现三个环节环环相扣、逐层递进。

（一）精准确定服务对象

精心选好服务基地，找准服务的贫困地区贫困群体。可争取贫困地区政府部门的支持，选择具有典型代表的贫困村；或根据学校专业优势和历史特点，在政府部门协调下，选择有代表性的实践基地；或高校选择前期有扶贫基础的定点帮扶点；或依托建立的思想政治教育实践基地；或争取贫困地区农业企业的支持，选择农业龙头企业或优势明显的农民专业合作社。山西中医药大学选择定点扶贫点临县青凉寺乡作为实践基地，有前期扶贫工作基础，对当地医疗卫生情况、中医药种植条件、村民健康状况有所掌握，便于针对性帮扶中药材产业发展和开展义诊活动。中北大学具有光荣革命传统，前身为太行工业学校，其结合校园红色文化基因，选择红色革命圣地武乡县建立实践基地，帮扶武乡发展红色旅游业。

（二）精准确定服务内容

根据服务对象特点，确定服务对象需求，实现社会实践与群众需求精准对接。高校可选派师生代表深入实践基地调研贫困村、贫困群众、农业经济组织等的需求，因村因户因组织确定服务内容，并找准实施有效服务切入点。或通过与地方政府协调确定服务内容，既符合地方产业发展方向，也可获得地方政府的有力支持。太原科技大学经调研后发现汾西县师家沟村存在资源短缺、群众技能不足的问题，便把提升群众脱贫本领作为社会实践的主要内容，培训村民“非遗”项目——剪纸技艺，提供一项新的谋生技能。山西农业大学根据宁武县怀道乡政府食用菌产业发展需求，教师带队专程考察后，确定选派食用菌种植专家带领研究生和本科生开展社会实践服务，举办食用菌技术讲座，深入农户提供技术指导。

（三）选择恰当服务形式

按照服务客体需求的项目，选择实效性强、针对性强且符合地方实际、群众乐于接受的服务举措。山西高校开展脱贫攻坚社会实践，到达实践基地首要任务是与村民代表座谈，细化社会实践方案，确定社会实践方式，得到了实践基地群众的认可。这是确保社会实践取得实效和顺利展开的宝贵经验。通过与服务客体协商，确定其认可的技术指导、顶岗实习、公益服务、产业帮扶等服务形式，即可得到群众支持，还可以更有效提升社会实践助力脱贫攻坚的效果。中北大学在武乡县石圪垤村结合群众把抗日战争期间“妇女干部训练班”旧址打造旅游扶贫特色的要求，社会实践期间制定出具体建设发展规划，并积极争取相关社会资源支持发展。太原理工大学结合实践基地群众诉求，选择孟家坪中学 17 名学生进行资助，组织他们到太原市参观学校机器人团队、图书馆、艺术学院、大数据学院以及省科技馆，扶贫又扶志。

三、“三位一体”精准服务队伍的构建路径

高校脱贫攻坚社会实践精准服务队伍，突出对贫困地区的技术指导和智力支持，选派专家教授、指导教师、大学生（包含博士、硕士研究生）组成，专家教授提供技术指导，指导教师负责过程管控，大学生推动技术入村，三支队伍之间有机结合、互为支撑。

（一）选派社会实践队伍人员精准

结合贫困地区贫困群众的需求，依托高校专业优势、技术优势、人才优势，合理确定专家教授、指导教师和青年学生人选。专家教授、指导教师、大学生三支队伍要精准选派，服务重点要有所侧重，专家教授通过远程指导、现场讲座、田间实践等形式提供技术服务，侧重社会服务能力；指导教师制定实施方案，并有效组织学生开展服务活动，侧重协调组织能力；大学生落实社会实践方案，利用专业所学，深入田间地头、企业车间等一线，在教师指导下帮助解决农民群众的实际问题。山西大同大学结合阳高县大泉山村特点，依托当地黄河流域生态环境综合治理、京津风沙源治理、21 世纪首都水资源可持续利用等生态项目，选派相关专业学生在专家教授指导下帮扶推进项目实施，助推当地生态环境建设。

（二）实践学生的专业或优势要互补

从三支队伍架构来看，建议三支服务队伍从事专业相近，且符合农村农业生产实际和服务客体需求的项目，比如食用菌栽培、蔬菜学、果树学、农村区域规划、动物科学、新能源利用等。从实践学生团队来看，建议实践学生要实现所学专业或个人优势的互补，既要涉及技术服务内容，还要突出义务支教、义诊服务、文艺下乡、法律宣传、政策宣讲等内容。山西农业大学脱贫攻坚社会实践队员探索实行招募制，队员从优秀研究生、校院两级学生

会干部、校级“青马工程”学员中选拔产生，这样既保证了学生的综合素质和服务本领，也确保了学生的专业差异和优势互补。

（三）建立社会实践考核激励机制

高校要建立社会实践激励考核体系。针对教师可将指导社会实践内容折合为科研工作量、课时量，给予一定物质补贴，同时在优秀教师评选等活动中予以倾斜。针对青年学生探索建立科学合理的考核指标体系，诸如综合考量社会实践时间、解决群众问题、指导教师评分、服务群众认可度等内容，较为全面地对学生社会实践成果进行评定，并对表现优秀的学生予以表彰奖励。山西农业大学脱贫攻坚社会实践由处级领导干部带队，全程指导社会实践的展开，既保证了实践过程管控有力，克服形式主义，还保证了实践队伍与学校、地方政府的有效衔接。社会实践结束后，还对优秀指导教师、优秀实践队员进行表彰。

四、“三位一体”精准保障机制的构建

高校脱贫攻坚社会实践精准保障机制，突出表现为精准服务队伍提供坚强保障，并为精准服务体系确定提供前期依据，通过高等院校、地方政府、实践基地三个层面的有效沟通与配合，确保社会实践顺利有效开展。

（一）加强高校组织领导保障

高等院校是通过脱贫攻坚社会实践履行社会责任的组织者、实施者，承担组织领导协调、实践基地选择、学生实践安全、人员选派管理等多重职责。坚强有力的组织领导是脱贫攻坚社会实践得以有效开展的重要保证。山西农业大学成立脱贫攻坚社会实践工作领导组并出台专项实施方案，承担18个贫困村社会实践服务团队产生的相关费用，这为社会实践队伍全身心开展助力脱贫攻坚提供坚强保证。中北大学脱贫攻坚社会实践基地建设工作

由校领导专门负责，全面推进实践基地建设和学生社会实践、智力服务等各项具体事务，这便于校级层面统筹校内资源来解决服务客体需求和支持实践活动开展。

（二）主动争取地方政府支持

高校社会实践得到地方政府的支持和配合，对保证社会实践助力脱贫攻坚的效果有着重要意义。地方政府对于协调确定社会实践基地、实践内容、实践方式等有着天然的优势。高校可通过校地合作、校企合作、校友资源等多种渠道，获取地方政府的支持，为助力地方脱贫攻坚找到合作共赢点，调动地方政府支持学生社会实践的积极性。山西农业大学主动争取山西省扶贫办支持，近三年来每年组织36支社会实践服务队赴36个国定贫困县助力脱贫攻坚，地方扶贫部门从后勤保障、实践内容确定、实践基地选择等多方面提供便利。山西省多所高校与一些市县签署战略合作协议，有效密切了与政府部门的联系，这为社会实践基地的建立和脱贫攻坚社会实践的开展提供了极大便利。

（三）争取实践基地后勤支持

实践基地是高校社会实践的承接地。实践基地功能定位明确、保障服务充分、基础管理规范、学生安全有保障，这是确保社会实践助力脱贫攻坚常态化的重要保证。青年学生直接参与农民群众生产生活的一线，提供技术服务和智力支持，注重与服务群众实现双向联动。通过与实践基地党员过组织生活会，促进服务内容的交流沟通，达成思想共识；开通早间广播，让村民知晓学生每天实践活动内容，得到群众认可；组织举办文艺汇演、与群众同台表演等多种形式，促进服务实效。

五、高校社会实践助力脱贫攻坚的育人效果

（一）社会主义核心价值观的形成

第一，从国家层面的价值目标角度来看，大学生参加脱贫攻坚社会实践活动，使他们亲身感受到党的十八大以来农村的巨大变化和发展，感受到党和政府对贫困地区和人民的关心和支持，感受到“富强、民主、文明、和谐”的国家形象，这将有助于增强大学生对党和国家的认同感、责任感和对社会的使命感，进一步促进大学生将国家理想融入个人职业理想和生活理想中，树立为实现中国梦而奋斗的远大理想。第二，从社会价值目标的角度来看，大学生从事各种社会实践活动，如走访农民、听报告、民意调查、志愿服务、志愿教学等，用专业知识服务社会，帮助提高他们对社会的认知能力，切身融入改革开放带来的“自由、平等、公正和法治”的社会环境，增强他们对中国特色社会主义的理性认知和情感认同，进一步推动改革开放后的社会环境融入大学生的精神追求。第三，从个人价值目标的角度来看，大学生深入贫困地区，与农民一起生活和工作，体验农村生活，感受基层扶贫干部不怕艰难困苦、造福穷人的责任和辛勤劳动，感受基层党员的执着追求和坚定信念，热爱党和爱国人士，感受农民辛勤劳动和诚实友好的质朴品质和宝贵精神，这有利于增强大学生对“爱国、敬业、诚信和友善”的深刻理解，进而推动大学生将“爱国、敬业、诚信、友善”作为基本行为准则，内化于心、外化于行。脱贫攻坚工作任务艰巨，学生们参与这项艰巨工作，感受到贫困地区脱贫的强烈需要，尽自己所能为国家的发展的尽一份绵薄之力，提高学生的参与度，与此同时能切实增强学生的使命感，让学生感受国家的发展变化状况，增强学生的爱国主义情感，激发其勇挑社会重担的责任感。

（二）国情民情的普及与爱国主义的培养

“脱贫攻坚”是思想政治教育的良好课堂。高校在贫困地区建立思想政治教育基地，组织大学生深入农村开展脱贫攻坚社会实践活动，是开展国情民情教育的有效形式。一方面，它有助于加深大学生对中国国情的科学理解，增强民族自豪感。通过精准扶贫的社会实践，大学生切身感受到党和国家帮助贫困人口的良好政策，了解国家自上而下共同扶贫的良好措施，正确认识社会主义初级阶段的基本国情和人民的实际需要，进一步认识中国特色社会主义理论体系和社会主义制度的优越性，坚定不移地走中国特色社会主义道路。另一方面，对大学生来说，充分理解农业、农村和农民，对增强他们的学习主动性是有益的。大学生深入贫困农村，广泛接触农民，有助于他们全面了解农业发展水平、农民生活状况和农村建设，提高他们对贫困农村“三农”问题的认识，深刻理解农民艰苦创业的艰辛，从而激发推动农业技术进步、农村建设发展和农民素质提高的热情和动力，增强他们为“三农”服务的意识和参与“三农”问题解决的情怀。

（三）学科实践的创新发展

学生在参与脱贫攻坚过程中将课堂所学“真枪实弹”地用于实践，是实现理论与实践结合的关键环节，促使同学们真正思考课堂理论知识与社会实际的融合，如何实现知识输入输出的转化，在参与评估的过程中明确自身的长处与不足，发现问题、解决问题，是一个自我完善的过程。目前学院对学生实践能力的培养主要通过教学实验与实训、课程实习与毕业实习、社会实践与科研训练、经济问题调研训练、毕业论文（设计）等教学实践环节来完成。参与脱贫攻坚评估等一系列工作于学科实践而言是一项重要的补充与完善。学院的这些培养模式能更加凸显学生的主体地位，立足于学生的思维特征、认知能力，尊重学生的主体地位，激发学生的主体意识，为他们构建开放的学习环境，提供多渠道获取知识并将所学知识加以综合应用于实践的机会，促进他们自我教育、自我发展能力的形成，使学生毕业后能在各类农（林）业企业、教育科研单位和各级政府部门从事经营管理、市场营销、金融财会、政策研究等方面工作。

长期以来，地方院校在助力脱贫攻坚的服务实践中发挥了不可替代的积极作用，探索形成了富有时代特色的精准服务模式，也呈现出其富有特色的育人功能与价值，在推动高校思想政治教育工作中发挥了重要作用。当前及今后一段时期，在稳定脱贫攻坚的基础上，工作重心向乡村振兴转移过程中，地方院校就要及时转换工作思路、创新工作方法，积极探索有益于乡村振兴的实践服务路径和模式，为新时代乡村的全面振兴贡献力量，为实现人民共同富裕提供有力支持与坚实保障。

第三节 社会实践活动育人探索①

党和国家历来高度重视实践育人工作。坚持教育与生产劳动和社会实践相结合，是党的教育方针的重要内容。坚持理论学习、创新思维与社会实践相统一，坚持向实践学习、向人民群众学习，是大学生成长成才的必由之路。深入开展大学生社会实践活动是大学生了解社会、了解国情，增长才干、奉献社会，锻炼毅力、培养品格的重要途径，是高校课堂教学的重要补充。

对地方农科院校而言，引导广大青年学生奔赴农村基层一线，聚力乡村振兴，更广泛、更有效地动员和激励广大青年学生以实际行动，把国家政策、科学技术及文化知识传播到农村，在此过程中，识国情、受教育、

---

① 王杰敏、李德芝、郑瑞禅、赵水民：《农业高校社会实践活动模式研究》，《山西高等学校社会科学学报》2000 年第 6 期。

长才干、做贡献。以山西农业大学几十年来坚持开展的社会实践活动为例，深入总结地方农科院校的社会实践模式及其育人规律与特色，对培养乡村振兴急需的“懂农业、爱农村、爱农民”的“一懂两爱”人才具有重要价值。

一、指导原则：服务“三农”，把握实践活动方向性原则

（一）社会实践活动是服务“三农”的重要途径

教育与生产劳动相结合是马克思主义教育思想的重要组成部分，也是我国教育方针的一项基本内容。把社会实践纳入教学计划，组织学生参加社会调查、军政训练、勤工助学等活动，已经成为高等教育发展的优良传统之一。对于高等农业教育而言，高等农业教育与生产实际相结合的程度如何，关系如何以有效途径提升教育教学质量，关系高等农业教育主动适应现代农业产业技术创新和服务乡村振兴发展战略实效，因此社会实践活动应成为面向“三农”、服务“三农”的重要途径。

（二）社会实践活动是农业高校实践育人的重要载体

当前及今后一段时期，实现巩固拓展脱贫攻坚成果同乡村振兴有效衔接、平稳过渡，发起轰轰烈烈的新时代乡村振兴建设热潮，擘画乡村振兴新图景，推动农业全面升级、农村全面进步、农民全面发展，从胜利走向新的胜利。这也是时代赋予农业高校的重要时代使命与发展机遇，对当代农科大学生来说要适应未来发展、担负历史重任与社会责任，就必须十分注重实践能力和创新能力的培养与提高。由此可见，农科大学生成才教育，就必须要把思想文化教育与社会实践活动融为一体，把传授知识的领域与应用知识的领域全线贯通，增强大学生走实践成才之路的针对性与感召力。

二、内容体系：开展“三期”教育，注重实践活动的层次性

“受教育、长才干、做贡献”是大学生社会实践活动的宗旨。受教育是前提，长才干是条件，做贡献是前两者的目标。对于农科高校大学生来讲，受教育就是要巩固专业思想，坚定学农事农信念；长才干就是要增长专业实践技能，深化爱农兴农情感；做贡献就是要发挥专业才干，确立强农兴农目标。显然，农科高校大学生的社会实践活动只有随着“受教育、长才干、做贡献”目标体系步步深入，才能促进“学农、爱农、兴农”这一目标体系的渐进深化和升华。由此可见，开展面向和服务“三农”的社会实践活动，有必要针对不同年级和专业特点，分层次明确社会实践活动的内容与要求。

（一）第一学年：社会实践注重“受教育”

在内容上，以思想认识教育转变为主，开展观故址、访前辈、忆传统，瞻仰革命圣地、走访老少边穷地区、调查国事民情、考察农业科技示范区和小康乡镇农村等见习活动为主；在要求上，撰写田野调查报告，交流心得体会，亲身感受“三农”发展变化与成就，增强农科大学生了解农业、热爱农业，立足农业、面向农村、服务农民的时代使命感与社会责任感。

（二）第二学年：社会实践注重“长才干”

在内容上，以培养能力为主，结合生产实习和大学生暑期“三下乡”社会实践活动，开展一系列的诸如短期挂职锻炼、岗位实习、市场调查、资源普查、科研创新实践等活动；在要求上，要有精心设计的调研访谈提纲、撰写田野调研报告和手记，认识所学专业在现代农业产业发展中的作用，认识到所学课程的社会功用与价值，通过社会实践逐步掌握多样化的

专业技能，具备从事调查研究、组织管理、协作攻关和分析与解决问题的综合能力与素质，把炽热的“爱农情感”融入长才干的社会实践活动中去。

（三）第三学年：社会实践注重“做贡献”

在内容上，在强化受教育长才干基础上，逐步扩大社会服务范围，尤其结合科研创新实践活动对标当地主导产业，灵活开展创新研发、技术推广、咨询培训、科技扶贫、技术承包和农科教协作攻关，或者协助地方政府、工青妇团体开展“三下乡”活动；在要求上，满足农科大学生自立、成才，就业发展，创新创业实践的愿望与需求，引导大学生在深化专业实践技能的同时，面向农业经济建设主战场，真正把受教育、长才干、做贡献融为一体，确立心系“三农”、服务“三农”、献身“三农”，努力成为“一懂两爱”的乡村振兴急需的三农工作队伍的一员。

三、实施机制：坚持“三化”要求，强化实践活动的实效性

农业高校社会实践活动要主动适应“三农”发展的新时代要求，就必然会呈现出活动社会化、制度规范化和组织科学化管理的特征。

（一）社会实践活动的社会化

大学生社会实践活动，是一个开放性的系统工程，它的深入开展必然会出现人数多、空间广、效益高、影响大的基本态势与壮阔景象。实践活动社会化，就是组织要以社会的广泛需求和社会所能提供的实践条件为基础，争得社会力量支持，达到深入而广泛的社会实践目标。如山西农业大学坚持开展的丰富多彩的社会实践活动，遵循“互利双赢、多点结合、重在育人”基本原则，采取“联系一地、带动一方、辐射一片”基本方法，把社会实践活动与破解“三农”问题有机结合起来，与农科大学生培养、使用、招

生、就业、创新、创业结合起来，如我校与山西省科协共同举办的以“践行科学发展观，推进农村信息化”为主题的2009年大学生暑期“三下乡”社会实践活动，全校12个学院400余名师生志愿者奔赴晋中市、吕梁市、朔州市12个县134个乡镇3000多个行政村，开展农村信息员培训、科技信息进农户、农村需求信息调研、政策理论宣讲等活动。而且，在长期持续的社会实践中，还涌现出诸如平定理家庄果业高产村、吕梁红枣区、运城棉花区、榆太农业高新技术开发区、闻喜小麦区、忻州杂粮区、万荣果业区等200多个实践基地，以基地项目为载体，以合同为纽带，以实践育人为目标，建立长期稳定的联系，既获得了经济社会效益，又让大学生在社会化进程中砥砺成长。

（二）社会实践制度的规范化

活动制度的规范化，就是要把握社会实践活动的规律性，结合社会实践活动发展需求，认真制定和完善社会实践活动与规章制度。将大学生社会实践活动纳入农科高校各学科专业的人才培养方案以及学生管理激励工作体系之中。要求社会实践活动有基地、管理有机构、经费有保证、实施有效果；要将学生社会实践活动表现作为大学生考核和综合测评的重要内容，考核测评结果记入个人学籍档案；要建立相应激励机制，充分调动广大师生参加实践活动的积极性；根据不同年级、不同专业开展不同类型和特点的活动。40多年来，数十万名大学生在老师们带领下，持续坚持开展社会实践和社会服务，有些社会实践活动项目还与当地政府或农户签订科技服务或技术承包合同，按合约双方利益共享、责任共担，使社会实践活动机制日趋健全、效益日益明显，规模不断扩大，影响更加广泛，成为农业高校社会服务的重要品牌。

（三）社会实践活动组织的科学化

现代经济社会发展正面临着前所未有的巨大变化，经济社会发展对大学生实践活动的要求越来越高。作为系统工程的社会实践活动，要想发挥出更大作用、释放出巨大能量，不仅取决于社会实践活动社会化和规范化的程度，还取决于组织的科学化水平。农业高校社会实践活动组织的科学化，要突出目标设定和内容选择两个维度。其一，社会实践活动目标要有层次性，正确处理好总体目标和具体目标的关系。“学农—爱农—兴农”教育是一个具有层次递进性的目标教育体系，实行分“三期”教育、分层次推进、分阶段实施，符合思想教育工作规律。其二，社会实践活动内容要有多样性，正确处理社会实践活动主体与社会需求的关系。如近年来，聚焦乡村振兴发展的新需求，科学设计活动内容，创新活动形式，就近就便，“以乡为组、以县为队、以区为营”的跨院系跨专业跨年级的乡镇服务组，利用假期开展分散型活动等，如 2019 年，以山西农业大学农学院为主组织调动近 200 名大学生会同省政协开展了山西省农产品品牌调研活动，获得省级领导批示，引起社会反响；农学院同时还开展了“助力精准脱贫，聚力乡村振兴”暑期“三下乡”大学生主题社会实践活动，活动内容涉及理论普及宣讲、村情民情观察、科技支农帮扶、教育关爱服务、文艺下乡会演、红色精神传承等六个部分，产生良好社会反响，收到良好实践育人综合效果。通过科学有序组织的社会实践活动，实现了社会实践活动主体由被动到主动，内容由单一到全面，效益由一方到多方。

农业高校开展面向“三农”的社会实践活动，之所以得到社会各界赞誉并在农科大学生培养中发挥着不可替代的作用，是由这一实践活动的特殊性质与功能所决定的。历史实践证明，通过组织开展大学生社会实践活动，能有效促进理论与实践结合，坚定大学生学农信念，深化大学生爱农情感，深刻体验学农事农的专业价值、感悟人生价值。因此，要不断重视和优化社会实践育人在整体育人体系中的独特功能与作用，不断强化实践育人体系的整体优势。

第四节 基于支教服务的育人探索

一、研究缘起

（一）研究背景

1993年底，共青团中央决定实施中国青年志愿者行动。共青团中央于1994年12月5日成立了中国青年志愿者协会，随后各级青年志愿者协会也逐步建立起来。1996年开始，中宣部、教育部、团中央等14个部门联合开展大中专学生志愿者暑假文化、科技、卫生“三下乡”活动。[①] 其中，大中专志愿者暑假“支教”的文化下乡和基层扫盲活动，可以看作是我国大规模大学生志愿者支教的开始，作为服务三农、助力脱贫攻坚的重要活动，大学生支教活动持续深入，至今已持续25年。

当前，在全面实施乡村振兴战略的大背景下，大学生下乡支教活动的重要性无疑提升到一个前所未有的高度。因此，研究并解决好支教活动中存在的问题，理应成为一项重要的课题任务。

（二）研究现状

其一，既有大学生支教模式及特色研究。程华东、张贵礼提出，随着大学生西部农村支教志愿服务深入推进，结合支教地区实际，因地制宜地在大学生西部农村支教志愿服务中引入爱心企业，探索“大学+政府+企业”的支教志愿服务新模式，在以“大学”与“政府”两方为主向西部农村“支教学校”输送各种相关资源的基础上，动员企业力量加入，进一步增强了

---

① 中共中央宣传部宣传教育局：《植根沃土十载情——全国文化科技卫生“三下乡”活动十周年座谈会材料汇编》，学习出版社2006年版，第127页。

支教志愿服务在开展过程中的“后方”保障和供给力量。这一模式需要通过大学生在西部农村地区长期地、有规律性地开展支教志愿服务才能发挥应有效果。①

其二，大学生支教的积极影响研究。霍大然认为，大学生在支教实践中能够更好地认识社会，加深对社会的理解，锻炼解决事务能力，提升自身综合素质等。在支教过程中，大学生的组织能力也会得到很大提高。支教中大学生的角色转变，使他们对教师这一职业有了更深的认知与理解，体会到作为一名教师的责任与使命，增强了责任意识。② 而且，通过支教活动，大学生们得到了社会和人民群众一致认可，也大大地激发了大学生的学习和工作热情。这些都说明支教实践活动，对大学生身心成长是极其有益的。

基于以上文献梳理与分析，笔者尝试提出并回答如下问题：（1）政府应对做好大学生支教工作提供哪些支持与帮助？（2）被帮扶学校应对做好大学生支教工作提供哪些支持与帮助呢？（3）大学生下乡支教可能产生的影响？

二、研究实施

课题组选取山西大学、山西农业大学、忻州师范学院等三所学校的社团支教或有组织的学校支教为研究对象，对支教队员展开深度访谈，主要是通过上述三所学校的大学生支教社团，更深层次地观照大学生支教现状、存在问题及优化方案，以期提出促进大学生支教的有益的建议。

主要采取个案研究法，对支教大学生进行电话访谈或面对面访谈，着重了解支教大学生在支教过程中的心理感受以及心路历程变化，深入了解大学

---

① 程华东等：《“大学+政府+企业”：大学生西部农村支教志愿服务新模式探究》，《华中农业大学学报（社会科学版）》2015 年第 4 期。

② 霍大然：《北京高校实践育人机制的现状及对策研究》，《中国职工教育》2013 年第 24 期。

生下乡支教产生的多方面影响。

三、案例叙事

首先通过媒体收集整理山西农业大学大学生支农队、山西农业大学大学生支教协会、山西大学教育知行社和忻州师范学院3所院校的4个典型案例的支教故事，还与山西农业大学大学生支农队的邢炳乾和王晓宇，山西农业大学大学生支教协会的王翠萍、赵利芳，山西大学教育知行社音乐表演专业的薛宇，忻州师范学院的申燕和孙慧慧等7位支教大学生进行了深度访谈，形成了对3所学校4个团队的支教案例故事。

1. 山西农业大学大学生支农队——热忱支教，为边远山区孩子描绘美好未来

成立于2005年的山西农业大学大学生支农队，坚持以“为农民服务，为理想奋斗”为宗旨，一步步成长发展，历经十余年发展，打造了“兴农大讲堂”品牌团支部活动、建立了读书交流会制度，坚持开展支教、调研、老弱帮扶、暑期“三下乡”社会实践以及寒假“回家过有意思的新年”等活动。

支农队曾到四川大凉山支教，为到达目的地——大凉山敬谦小学，需要坐火车到成都，再转到西昌，从西昌坐大巴到昭觉县城，再坐面包车到瓦姑村，这里是大凉山的腹地，队员们在公路的尽头下了车，呈现在眼前的是延绵群山和茫茫的大雪山，大山将这里与外界隔绝，一条坑坑洼洼的土石路，也是村里唯一和外界连通的道路。在这里支教，生活条件艰苦，需要队员自己劈柴生火，吃的则是学校地里种的土豆青菜，这些便是队员的一日两餐的基本伙食。据新浪网报道，大凉山腹地的村子，只有一个没有牌照的医生，医药也不足。这就是贫困落后的大凉山。

贫穷和恶劣的自然环境，成为大凉山孩子们读书受教育的最大阻碍。村里的学校共有100余名学生，却常常有学生缺课。就是在这种情况下，队员

们每天带着学生上课，王晓宇说：“我们每天会抽出两节课辅导作业，还会随学生去做家访。监护人大多都是学生的爷爷奶奶，都很热情，但是都说孩子的父母不在，他们也不知道怎么管教孩子，就全靠学校老师。”

有的孩子长时间没有父母在身边陪伴，性格比较内向，很难沟通；有的孩子年少老成，整日愁眉苦脸、郁郁寡欢。对此，支教队员们就努力地多和孩子们交流、谈心。不止一个学生说，“想早点出去工作，早点帮父母的忙……”，支教队员邢炳乾说：“孩子们这些想法，让我们很揪心，很替他们的未来担心，我们能做的也只是尽力给孩子们描绘学习的美好。”

2. 山西农业大学大学生支教协会——公益支教，奉献服务长才干①

十多年来，山西农业大学基础部大学生支教协会，始终如一地践行着服务社会、奉献社会的志愿服务理念，协会的支教小学由最初的白城小学、河西小学、贺家堡小学、杏林小学 4 所小学，发展到现在的 14 所，支教队员的足迹几乎遍布太谷县各个乡村小学，十年来累计进行支教活动 200 余次，受益小学生多达 3000 多人，参与支教的大学生支教队员也累计达到了 1000 余人次。这些简单的数字背后，承载着他们不一般的艰辛历程。大学生支教协会连续五年获得校“学雷锋先进集体”荣誉称号，2016 年获得校级优秀社团荣誉称号，2017 年被评为“校级优秀十佳社团”“三星社团”“活力团支部”“山西省优秀志愿者服务团队”等等。

早在 2006 年初，与太谷县农村开展“三支一扶”多层次合作与共建过程中，党总支、分团委和学生会多次深入学校周边农村开展调查研究，在看到农村教学设施落后、师资力量短缺等窘困现象后，毅然决定组织开展爱心支教活动，创办“文理学院大学生支教协会”，并通过竞争上“岗”方式，精选出 40 名优秀大学生，组成“文理学院公益支教活动队”，拉开了公益支教活动的序幕。在太谷报社义工联盟竭诚帮助下，顺利对接联系到太谷县

---

① 廖青桂：《践行社会主义核心价值观——文理学院大学生支教协会事迹》，2018 年 7 月 29 日，见 http://news.sxau.edu.cn/info/1068/32035.htm。

内四所乡村小学，达成合作支教协议，自此开始了长达十年的支教历程。

针对乡村小学英语师资力量短缺、孩子们基础薄弱、成绩不理想等问题，英语专业的队员们凭借自身过硬的英语知识基础，大胆创新、灵活教学，通过欣赏英文儿歌、原声电影、流行歌曲等新型学习方式，充分利用多媒体资源，调动孩子们学习兴趣，逐步纠正发音、强化听力训练、培养英语语感，还组织孩子们编演英语小话剧、情景短剧，通过实践应用强化学习效果。本着“Teach For Children，Teach For China”的宗旨，支教队员们坚持利用周末时间每天往返两次（骑自行车共计两个多小时）骑车数十公里，为结对小学开展以英语教学为主要内容的支教活动。有的小学路途遥远，天还没亮，队员们顾不上吃早饭，便骑上自行车奔赴各自的支教小学；有几名支教队员不会骑自行车，专门租来自行车学习，不知摔倒过多少次，硬是学会了骑车；里美庄支教分队队员薛白同学，为了在路上节省时间，她常常催促着大家加快行进的速度，一次因为回头催促大家，不小心连人带车摔倒在地上，腿上擦破了一大片，队员们要送她回学校，但是她忍着疼痛，平静地说，“我不能失信，我答应孩子们这次要检查作业的！不能让那么多孩子等我”。队员们全身心地投入到讲课中，同孩子们进行互动交流，一起做游戏，建立了深厚的友谊。每次返程，孩子们都要目送很远。他们给队员们的纸条上是这么写的：“大哥哥、大姐姐你们教得真好，真希望你们能留下来，不要走了……”

十年来，在开展支教活动的同时，也开展了其他有意义的活动。支教队每年都会在农大校园内开展爱心捐书活动，先后帮助里美庄小学和胡村庄小学设立了“读书角”，极大地方便了孩子们阅读更多的好书；每年儿童节，支教队员们都会在节日的当天，到支教小学为孩子们带去精彩的节目和诚挚的节日祝福；在韩村小学举行运动会时担任过公正的裁判，协助运动会的成功举办；也曾在新年到来之际，积极联合学生会志工部、生活卫生部共同帮助支教小学打扫校园卫生；而每年春季，支教队员们则会带领学生们参观农大繁花盛开的校园，让学生们在领略风景的同时也能学到知识，同时也让农大校园中多了一道充满爱的风景线。

公益支教活动开展，其实并不是队员们单方面的付出，这也为队员们搭建了深入农村、实践锻炼的新平台。在实践中队员们可以了解到农村基础教育发展现状，提升思想境界，增强他们的社会责任感和历史使命感，也可以培养他们吃苦耐劳、团结友爱的集体主义观念，树立正确的世界观、人生观、价值观和远大理想。活动中，队员们学以致用，将大学课堂学到的知识灵活运用到支教教学活动中，可以使他们对所学知识有更深的理解与运用，同时增强队伍凝聚力和感召力，使更多的青年学生积极主动地加入支教队伍中来，去提高自身的实践能力，积累社会经验。

支教队员王翠萍是个腼腆、内向的女孩，平时很少主动与同学们交流，为了能够把课上好，她开始主动跟同学们交流，性格变得开朗起来，胆子也"炼"出来了，现在成了队员中能言善辩、最受学生们欢迎的"小老师"。支教活动除了使同学们思维、交际等能力得到提高，更重要的是带给同学们思想上、精神上的触动和感悟。王翠萍是这样说的，"在这里，是孩子们让我们懂得了什么是责任，什么是奉献，看到孩子们克服种种困难学习的情景，我们懂得了什么是珍惜、节俭……"支教队员赵利芳在日记中写下这样一段话："虽然自己还是个学生，但是我不会忘记支教出发前作出的庄严承诺，我们也许并不能改变这里许多，但我们愿意在这里奉献自己的全部""我们从活动中体味到了苦与甜，艰辛和愉悦，我们奉献爱心的同时，自身得到了锻炼，我们成长了，成熟了，懂得了责任和义务，懂得了付出与奉献，这些难忘的经历将使我们受益终身！"

3. 山西大学教育知行社——不惧艰难，远赴南疆做好支教工作

山西大学教育知行社支教团队 2002 年开始进行支教，多在山西省内进行支教。最远曾赴广西壮族自治区来宾市忻城县大塘镇寨北小学开展暑期支教，2018 年 7 月，支教队员们要克服长达 30 多小时的旅途劳顿，还要克服南方天气湿热、盛夏有蚊虫叮咬，甚至水土不服的困难。虽然困难不少，但都没挡住大学生们的支教热情。

就是在此境况下，队员们开始了难忘的支教行动。首先要做的是招生，最终招得学生 80 余人，供需对接后，支教队员为孩子们提供了美术课、手工课和暑假作业辅导。这些孩子多半是留守儿童，暑假不能随父母外出，只能由爷爷奶奶管护；知道大学生开展支教活动，爷爷奶奶们便把孩子都送来了。

支教队员薛宇说："支教比较辛苦，既要承担较重的课业教学和作业辅导任务，同时还要料理自己的饮食起居，有的队员生病还坚持支教工作，队员们都希望不虚此行，能为偏远地区的教育事业尽自己绵薄之力。"

4. 忻州师范学院①——校地合作，形成持续稳定长效支教机制

从 1997 年至今，忻州师范学院每年都派一定数量的大学生到贫困地区学校开展"扶贫顶岗实习支教"，涉及忻州市各县（市、区）和运城、阳泉、大同、雄安新区、海南、新疆等地共 700 余所农村中小学进行扶贫顶岗实习支教，累计派出数万名支教大学生，提高了在校大学生的教育教学能力，培养了一批批有理想信念、有扎实学识，愿意为基础教育辛勤耕耘、默默奉献的优秀教师。

2010 年，忻州师范学院首次将实习支教基地扩大到省外的海南省五指山市，忻州师院与五指山市教育局签订了长达六年的支教协议。当年，首批 23 名充满热血与激情的大学生走出娘子关，奔赴近万里之外的五指山市，深入黎村苗寨开展实习支教。初到五指山，艰苦的生活条件，是要克服的首要难题。支教队组织了"相约周末"共同研读教育学经典活动并结合教育教学中存在的实际问题进行交流讨论，通过共读讨论等活动让初登讲台的定岗实习生很快进入了教学角色。支教师生还要面对这里教育状况薄弱、学习氛围不好的现实。支教队员们深刻认识到，不仅要教书，更要育人，大力抓养成教育，把培养学生的良好生活、学习和文明习惯为目标，取得明显支教

① 孟小平、孟晓梅、孙孝和：《忻州师范学院扶贫顶岗实习支教坚持传承爱心》，2017 年 6 月 9 日，见 https：//www. sohu. com/a/147356181_ 117600。

成效。

2018 年 10 月，学院与新疆和田地区教育局签订协议，将连续三年，每年派出 100 名以上优秀学生赴新疆和田地区策勒县开展扶贫顶岗实习支教工作，助力新疆基础教育发展。2019 年 2 月底，首批赴新疆实习支教 54 名师生出征并开展工作，受到好评。

四、问题解析

总体看来，支教活动由最初个体零星行动和社团行动，到学校、学院有组织有计划的支教行动，呈现出良好的发展态势。尤其在党的领导下，各级政府高度重视、大力支持，支教活动磨炼了大学生的意志、提高了大学生综合素质，了解了国情农情、增强了大学生的社会责任感，通过参与文化科技卫生“三下乡”传播先进科学文化知识，为扶贫扶智、乡村振兴作出了重要贡献。但依然存在诸多问题制约着支教工作可持续发展，亟待改进。

1. 薄弱的设施条件是有效支教的重要制约因素

王晓宇、邢炳乾、薛宇等五人所在的组织都是小社团，并没有任何官方认证和支持，学校所拨的社团经费十分有限，衣食住行大部分都需要自掏腰包，联系支教学校也都要自己解决，去较远地区支教出现状况也不能很好解决。据邢炳乾口述，去大凉山支教时有一位队员水土不服，不得不先让她回去，导致了她的课程没能按计划完成，直接影响了支教效果。在我们问到遇见这样事情的解决办法时，五人都表现出了不同程度的为难，看来解决这个问题还存在一定的困难。

相比之下，忻州师范学院、山西农业大学基础部是有组织的支教活动，由学校统一调配，食住行都由学校统一安排，支教队员申燕说，“一般不会出现因病导致支教效果低下的问题，因为我们不是一门课只有一个支教队员代”。这样就比较好地保证了支教的顺利开展，确保取得支教实效。

2. 留守儿童教育是乡村学校不容忽视的难点问题

支教地区由于贫穷，大多数青壮年都会选择外出打工，这就造成了支教组成员经常说的“386199”问题，即村里大多数都是妇女儿童和老人。王晓宇认为，农村留守儿童作为一个特殊群体，在心理健康、道德品质与体质健康等方面都存在很多问题。而对于支教大学生而言，最不容忽视的就是留守儿童问题。支教组成员也反映，留守儿童大多数比较敏感，很不愿意与人交流，给支教工作带来了很大的困难。但据申燕反映，随着自己与这些留守儿童越来越深入的交流，他们也会更愿意与自己以及同伴交流了。

邢炳乾所在的组织去过阳城、阳泉、大凉山、雅安等地支教，他也反映到这些地方的留守儿童现象都很严重，有一个小女孩让他印象特别深刻，“她一天到晚就坐在座位上，低着头，也不说话，怎么问都不说话，让人特别担心”。

薛宇也反映，她所在支教组织所去的地方经济也都相对比较发达，各方面条件都比较规范，但还是有留守儿童问题，甚至出现以不学习为荣的现象，这让她很担忧。

申燕和孙慧慧所在组织的支教团队去的是镇上的中小学支教，相比于农村，经济要发达一些，就有不少父母留下来陪伴孩子，留守儿童问题相对要好许多，但仍然存在，有留守情况的孩子都比较内向。孙慧慧说，不论是去乡村还是镇上，我们的支教团队都会努力帮助这类学生。

3. 支教大学生缺乏必需实践知识与能力

虽然，有许多大学生响应国家和学校相关政策积极投身于大学生下乡支教事业之中，但由于缺乏必要的支教技能培训和精神准备，导致大学生所提供的教授内容在很大程度上满足不了支教地学生的需求。据山西农业大学支农队队员反映，由于缺乏必要的支教培训，大学生支教多以心理辅导、思政教育为主，内容有些单调，一定程度上影响支教效果。“看着那些思念父母哭泣的学生，不知该怎么安慰，对那些埋怨父母的孩子，自己却无从开导，深感自己相关专业知识的匮乏”，曾赴四川支教的一名队员感慨地说。由于支教队员缺乏系统培训，无法给这类学生以最适合、最贴切的心理援助，他们深感自责。可以说，这些问题在非师范教育类院校的大学生支教社团中不同程度地存在着。

申燕说，我们是学校组织的，成员都是师范生，接受过教育学、教育心理学、教育研究方法、思想政治学等相关的专业教育，对于学生的心理问题会有方法去开导。还有心理学专业的学生也会去支教，他们基本可以满足学生教育心理援助需求，有的成员甚至通过实习就留在支教学校任职。

4. 支教活动缺乏各方面的有力支持

从外部支持来讲，大学生支教的效果受到学校和支教地两方面因素的影响。从学校方面来讲，虽然支持支教互动，但是缺乏系统的教育培训与准备；从支教地来讲，当地政府缺乏必要引导，当地学生和家长观念滞后，都影响着支教效果。据山西农业大学、山西大学支教团队反映，支教费用很大一部分需要支教队员自费，而且联系支教地、招募组织成员等都要由支教队员自己负责，这个对部分支教队员就是一个挑战。当然，从某种意义上来说，这也是非常有益的锻炼和磨砺。

大学生支教作为扶贫扶智和助力乡村振兴的重要战略举措之一，实施以来便发挥着重要的支撑作用。但从参与支教大学生的反馈来看，大学生支教团队需要得到各方面帮助支持，而不少地方政府对于支教重视程度还不是很高，当然，学生和家长的积极配合也非常关键，这些都深刻影响着大学生有效地参与支教工作。

五、策略建议

1. 高校要采取有效措施，激励大学生投身支教

高校要充分发挥自身人才优势，加大大学生下乡支教工作投入与支持力度，采用奖励学分、支教补贴等政策激发大学生下乡支教的积极性，同时成立相关组织机构，来统一组织协调大学生下乡支教活动，使支教大学生和团

队的支教志愿服务更专业、更见实效，同时也能提升大学生支教的专业化水平。

2. 政府要统筹规划，大力支持支教事业开展

从学校来讲，联系省外支教地并非易事，这就需要各级政府出面统一规划支教资源，可以考虑把支教活动与乡村人才振兴有机地结合起来，学校所在地政府与支教地政府构建联动机制，实现供需信息共建共享，积极主动地介入支教工作，不断提升支教质量与工作效果。

3. 提高村民思想觉悟，培养村民积极学习习惯

支教首先是对乡村学校、对留守儿童援助支持，同时也要发挥好支教对村民学习的引导与激励，扮演好学习引导者的角色，积极强化思想观念转变的学习引导，积极引导农民学习农业科技知识，推动农民在观念、视野、格局等方面质的飞跃。

4. 大学生要主动担当，在支教服务中建功立业

作为新时代的大学生，当前正值乡村振兴事业开局之际，大学生要努力学习，不断提升自我的综合素养，要全面系统地学习乡村振兴所需要的多方面知识，提升乡村振兴事业所需要的综合素质与能力，要不断增强社会责任和担当精神，积极投身于支教事业，在支教中锻炼自我、充实自我、发展自我，不断为支教工作发展贡献力量，持续为乡村振兴注入新的动力与活力。

第五节 自主研学实践育人探索与建议[①]

大学阶段是学生从家庭步入社会的一个过渡阶段，因此很多人将大学形

① 崔婕、陈晶晶、何云峰：《沉睡抑或激活：基于农科大学生自主研学实践的考察》，《中国农业教育》2021 年第 3 期。

容为“小社会”。这一阶段是学生知识、能力等各方面综合素质提升的关键阶段，也是学生全面发展的重要阶段。中国特色社会主义进入了新时代，我国发展的历史方位发生了变化，教育方针也随之发生了变化。2019 年 3 月 18 日，习近平总书记主持召开学校思想政治理论课教师座谈会强调，要加快推进教育现代化、建设教育强国、办好人民满意的教育，努力培养担当民族复兴大任的时代新人，培养德智体美劳全面发展的社会主义建设者和接班人。① 可见，培养全面发展的社会主义建设者和接班人是如今教育的指向。但是，单单凭借课堂教育或已无法实现这一要求。虽然实践教学作为课堂教学之外的第二种教学方式，已在各大高校普遍开展，但其是基于课堂开展实践活动，所涉范围大多与所学专业相关。在现实中，大学生除上课和进行课程实践活动外，独自旅行、结伴旅行或参加社会活动等课外实践活动的现象也较为普遍。事实上，这些实践活动中也包含着丰富的育人资源，在实践过程中，学生不仅可以增长知识、提升能力，而且也可夯实其课堂所学知识。本文将这种活动称为自主研学实践，它是区别于官方组织的研学旅行或研学实践的一种实践活动，是指学生为了扩充自己的知识、提升自己的能力、开阔自己的视野，主动发起或主动参加的课堂之外的实践活动，实践的地点、内容、方法、程序等要素由学生自己确定，包含学术性和社会性两大类活动，它是学生进行自我教育的有效途径之一。

“三农”问题是关系国计民生的根本性问题，中国的现代化必然离不开农业农村现代化，农业农村的现代化关键在科技、在人才，而大学是培养高质量农科人才的主要阵地。如今，我国农业农村现代化进程急剧加快，“新农科”不断发展。在这一变化的关键时期，2019 年 6 月 28 日，全国涉农高校的百余位书记校长和农林教育专家提出“安吉共识”，在宣言中，他们谈到“育卓越农林新才”，培养创新型、复合应用型农林人才。② 2019 年 9 月

---

① 《习近平主持召开学校思想政治理论课教师座谈会强调，用新时代中国特色社会主义思想铸魂育人，贯彻党的教育方针落实立德树人根本任务》，《人民日报》2019 年 3 月 19 日。

② 《安吉共识——中国新农科建设宣言》，《中国农业教育》2019 年第 3 期。

5 日，习近平总书记给全国涉农高校的书记校长和专家代表的回信中提到，希望涉农高校继续以立德树人为根本，以强农兴农为己任，拿出更多科技成果，培养更多知农爱农新型人才。① 可以看出，农科大学生如今肩负重要的时代使命，其不仅要懂得专业知识，还要具有农科通识素养，更需要全面发展。而自主研学实践在一定程度上可以扩充农科大学生的知识面，培养其创新能力，进而促进其更好地发展。因而，对农科大学生自主研学实践进行研究，探讨其现状呈现特点背后的原因，对于当前农科大学生综合素养的提高具有十分重要的意义。

自主研学实践是研学旅行或研学实践的一种特殊形式，它强调的是学生的自主性，即实践的地点、方式、内容等都由学生自己决定。目前，关于研学旅行的研究多集中于中小学生，且组织主体多为教育部与学校，对大学生的研学实践研究较少。在鲜有的对大学生研学旅行或研学实践的研究中，这些文献的研究角度有产品开发研究、市场需求研究、实现途径研究等。在产品开发方面，卫芯宇等将研学旅行作为产品来进行研究，他们基于对江苏省大学生的问卷调查，分析该群体的研学旅行产品现状，在此基础上提出了研学旅行产品开发策略②；张亚卿等从文化基础、自主发展与社会参与三大领域为出发点，设计了大学生研学旅行产品体系③。在市场需求研究方面，张岱楠等通过对重庆市 7 所不同类型高校 300 名学生进行问卷调查，结果显示大学生对研学旅行产品的需求多为价格较低的产品，且对研学旅行的认知与参与情况及在时间、范围、组织方式、主题等方面的需求则因年级、专业等有所差异。④ 在实现途径研究方面，亓玉慧等对高校研学旅行实施中的问题

① 《习近平回信寄语全国涉农高校广大师生，以立德树人为根本，以强农兴农为己任》，《人民日报》2019 年 9 月 7 日。

② 卫芯宇、荣康丽、孙诸婷、赵欣宇：《江苏大学生研学旅行产品开发研究》，《品牌研究》2020 年第 4 期。

③ 张亚卿、李强华、秦学武：《依托旅游资源提升当代大学生的核心素养研究》，《现代农村科技》2020 年第 4 期。

④ 张岱楠、罗瑞琦、马志鹏：《大学生研学旅行市场需求研究——以重庆市为例》，《经济研究导刊》2017 年第 1 期。

进行审视后建构了基于无缝学习的研学旅行模式①；成宏峰倡导高校思政实践课协同育人与红色研学旅行对接，开发形式多样的研学旅行模式，设计多种研学线路并建立研学旅行安全保障②；程永强、张惠元以太原理工大学的“生涯导航”教育计划为例，提出在实践基地、指导教师队伍、勤工助学体系、自主创新创业平台以及暑期社会实践等方面创造条件开展自主实践③。另外，针对农科大学生实践的研究则集中在创新创业实践④、数学实践⑤、社会实践⑥、农忙实践⑦等方面。综上所述，已有研究针对的实践活动多为课程形式，鲜有对自主研学实践方面的研究。可见，自主研学实践作为一种育人的方式还未受到重视。基于此，本文在对农科大学生进行问卷调查的基础上，了解他们目前自主研学实践的现状，总结其特点，进而对其背后的原因进行分析。

---

① 亓玉慧、段胜峰：《基于无缝学习的研学旅行模式探究》，《现代大学教育》2020 年第 5 期。

② 成宏峰：《协同育人视角下大学生红色研学旅行实现途径研究——以山西省为例》，《晋城职业技术学院学报》2019 年第 3 期。

③ 程永强、张惠元：《大学生自主实践活动开展研究》，《教育理论与实践》2014 年第 36 期。

④ 吴自明、黄继超、徐晓飞、吴自红、李辉婕：《新农科视域下农林大学生创新实践能力培养体系探索》，《科教文汇（中旬刊）》2020 年第 11 期；陈少雄：《“创业教育—创业实践—后续扶持”三位一体的农科专业大学生创业教育体系研究》，《教育与职业》2016 年第 18 期。

⑤ 丰雪、张阚、陈忠维：《农科大学生数学实践能力培养体系研究》，《中国农业教育》2015 年第 5 期。

⑥ 张玲、吴风亮：《农科类大学生“三下乡”社会实践活动实效性现状分析与对策》，《黑龙江畜牧兽医》2014 年第 22 期；张素芬、刘启定、南勇、刘涛：《农科类大学生暑期“校企对接”社会实践活动探讨》，《新西部（理论版）》2013 年第 9 期；罗进德：《农科大学生“科技服务”为主体的社会实践活动探索与实践》，《实验技术与管理》2013 年第 8 期。

⑦ 李国生、华鹤良、张军、陈后庆：《利用农忙实践培养特色农科人才》，《教育教学论坛》2014 年第 2 期。

一、研究设计

（一）研究目的

本研究以主体性哲学为指导，通过问卷对农科大学生的自主研学实践进行调查，旨在了解目前农科类大学生自主研学实践的现状（包括认知现状、参与现状、参与频率、关注内容、实践效果以及成果转化），分析如今自主研学实践成为“沉睡”教育资源的原因，希望唤醒这种“沉睡”的教育资源，进而为新型农科人才的培养注入一股源流。

（二）研究对象

目前在校的农科大学生（大一、大二、大三、大四）。通过频数分析得知，此次被调查对象集中于农科类高校，尤其是山西农业大学，占比82.63%；其次为山东农业大学，占比15.46%。除此之外，还有来自塔里木大学、云南农业大学、中国农业大学、四川农业大学、西南大学、中南林业科技大学、南京农业大学、沈阳农业大学等高校的本科生。

（三）研究方法

1. 问卷调查法。参考研学实践相关文献，设计“农科大学生自主研学实践调查问卷”，利用问卷星发放和收集问卷，收回后利用SPSSAU分析软件对数据进行分析。本次问卷调查共收回有效问卷1831份。问卷收回后，对此次问卷中涉及的部分量表数据进行了信度检验。通过SPSSAU信度分析可知，信度系数值为0.955，大于0.9，表明研究数据信度质量很高。

2. 文献研究法。充分利用知网的数据库检索功能，对自主研学实践的相关文献进行了广泛的查阅和收集，并对相关著作、论文等进行筛选和整理，了解当前的最新研究成果，为本文的研究打下了坚实的基础。

二、农科大学生自主研学实践现状分析

本次样本数据中的男女比例基本均衡，男生占比 46.42%，女生占比 53.58%。其中，大一的学生有 846 名，大二的学生有 334 名，大三的学生有 298 名，大四的学生有 353 名。在这 1831 名本科大学生中，农学的学生最多（36.7%），其次为林学（22.12%）、植保（11.09%）、兽医（8.08%）、农业资源与环境（3.22%）、园艺（2.89%）、草学（2.84%）、水产（1.15%）、畜牧（1.04%）、作物（0.16%），除此之外，“其他”占 10.7%。

（一）认知现状分析

为了解调查之前农科大学生对自主研学实践的认知程度，问卷中设置“在这之前您对自主研学实践的了解程度”这一问题。调查结果如图 6-2 所示，有 307 人选择“完全不了解”，占比约 17%；有 1001 人选择“不太了解”，占比约 55%；有 414 人选择“一般了解”，占比约 22%；有 92 人选择“比较了解”，占比约 5%；有 17 人选择“非常了解”，占比 1%。数据显示，大多数农科大学生对自主研学实践不太了解，这说明自主研学实践并未受到农科大学生的重视。

（二）参与现状分析

虽然农科大学生对研学实践活动并不了解，但事实上，他们无意识中已经在进行自主研学实践活动。经调查，问卷中涉及的研学实践活动都有响应率且部分活动的普及率较高，在这些活动中，参加学校社团的学生占 63.79%，普及率最高。此外，“与朋友结伴而行”（57.35%）、“自己自愿（或与同伴一起）参加讲座、论坛、会议、竞赛等”（45.06%）的普及率也明显较高，部分学生也进行独自旅游（24.63%）、返乡实践（17.70%）、

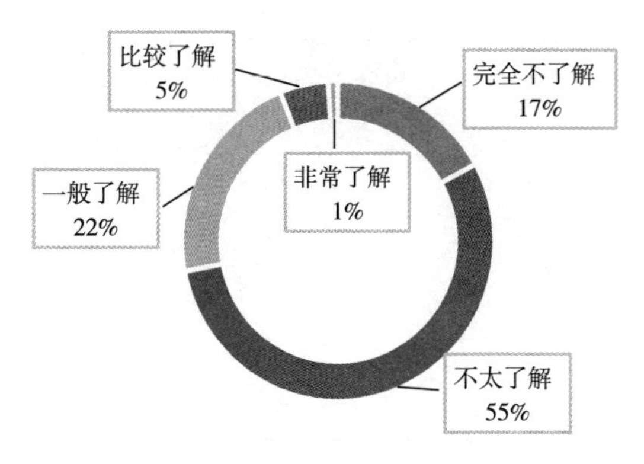

图 6-2 农科大学生对自主研学实践的了解程度

自主社会实践（29.06%）等活动。在研学实践活动的基础上，进一步考察农科大学生对研学实践地点的选择。调查结果显示，“大学校园”“动物园、植物园，博物馆、科技馆、主题展览、历史文化遗产” “山川、江、湖、海、草原、沙漠等自然景观”“农庄、农村”“家乡”6 项的响应率和普及率明显较高。此外，问卷中涉及的其他研学地点也有响应率。其实，农科大学生对自主研学地点的选择并不局限于大学校园，对自然景观、人文环境、历史建筑、基地场所等也有相应的选择，呈现出多样性的特征，大学生自主研学实践地点非常广泛。在此基础上，进一步分析发现不同年级农科大学生参与的自主研学实践活动以及不同专业农科大学生选择自主研学实践活动的地点存在差异。

1. 不同年级农科大学生参与自主研学实践活动的差异分析

表 6-1 农科大学生所在年级与研学活动的交叉（卡方）分析结果

研学活动	所在年级				总计/%	x^2	p
	大一/%	大二/%	大三/%	大四/%			
独自旅游	24.35	24.25	23.15	26.91	24.63	1.401	0.705
与朋友结伴而行	60.87	55.69	53.02	54.11	57.35	8.475	0.037*
学校社团	72.10	62.87	56.38	50.99	63.79	57.563	0.000**

续表

研学活动	所在年级				总计/%	x^2	p
	大一/%	大二/%	大三/%	大四/%			
返乡实践	12.65	16.47	24.16	25.50	17.70	38.448	0.000**
自主社会实践（实习、夏令营、冬令营等）	23.76	32.63	38.59	30.31	29.06	27.004	0.000**
自己自愿（或与同伴一起）参加讲座、论坛、会议、竞赛等	45.27	41.32	46.64	46.74	45.06	2.611	0.456

资料来源：* $p<0.05$　** $p<0.01$

利用卡方检验（交叉分析）研究学生所在年级对于“独自旅游”“与朋友结伴而行”“学校社团”“返乡实践”“自主社会实践（实习，夏令营，冬令营等）”“自己自愿（或与同伴一起）参加讲座、论坛、会议、竞赛等”6项的差异关系，研究结果如表6-1所示。从表中可以看出，不同年级的农科大学生对于“独自旅游”“自己自愿（或与同伴一起）参加讲座、论坛、会议、竞赛等”2项不会表现出显著性，这意味着不同年级的农科大学生对于这2项均表现出一致性，并没有差异性。除此之外，不同年级的农科大学生对于“与朋友结伴而行”“学校社团”“返乡实践”“自主社会实践（实习，夏令营，冬令营等）”4项会呈现出显著性，意味着不同年级的农科大学生对于这4项均呈现出差异性。

首先，在“与朋友结伴而行”方面，不同年级的农科大学生对于该项呈现出0.05水平显著性，通过百分比对比差异可知，大一学生选择该项的比例占60.87%，高于平均水平57.35%，而大二、大三、大四的学生选择该项的比例均低于平均水平。其次，对于“学校社团”这项活动，不同年级的农科大学生对于该项活动呈现出0.01水平显著性，从表中可见，大四学生不参加学校社团的比例为49.01%，大三学生不参加的占43.62%，均高于平均水平36.21%。而参加学校社团最多的学生是大一学生，占比72.10%，高于平均水平63.79%。再次，针对“返乡实践”这项活动，

87.35%的大一学生不进行返乡实践，而大三（24.16%）、大四（25.50%）的学生选择此项的比例均高于平均水平17.70%，不同年级的农科大学生对于“返乡实践”呈现出0.01水平显著性。最后一项显著差异体现在“自主社会实践（实习，夏令营，冬令营等）”这一活动上，不同年级的学生对该项呈现出0.01水平显著性，通过百分比对比差异可知，大三学生选择该项的比例为38.59%，明显高于平均水平29.06%。而大一学生不选择该项的比例为76.24%，明显高于平均水平70.94%。

总之，不同年级的农科大学生对于“独自旅游”“自己自愿（或与同伴一起）参加讲座论坛、会议、竞赛等”这2项不会表现出显著性差异，而对于“与朋友结伴而行”“学校社团”“返乡实践”“自主社会实践（实习，夏令营，冬令营等）”这4项会呈现出显著性差异。

2. 不同专业农科大学生选择自主研学实践活动地点的差异分析

表6-2 农科大学生所学专业与研学地点的交叉（卡方）分析结果

研学地点	所学专业/%											总计	p
	1	2	3	4	5	6	7	8	9	10	11		
山川、江、湖、海、草原、沙漠等自然景观	37	40	44	42	33	32	33	38	43	41	37	38	0.767
动物园、植物园	52	41	36	42	33	47	38	40	38	42	37	44	0.000**
博物馆、科技馆、主题展览、历史文化遗产	41	34	41	30	33	11	32	37	29	53	42	39	0.011*
工业项目、科研场所	12	9	19	9	33	11	9	15	29	14	12	12	0.015*
农庄、农村	38	33	42	38	0	47	28	40	33	25	32	35	0.063
农科类专业基地	21	11	34	38	33	26	15	13	29	17	13	19	0.000**
夏令营营地、团队拓展基地、红色教育基地	12	12	21	9	0	0	12	15	14	14	11	13	0.068

续表

研学地点	所学专业/%											总计	p
	1	2	3	4	5	6	7	8	9	10	11		
大学校园	54	53	57	58	67	53	45	63	62	54	59	54	0.427
主题公园	18	16	21	25	0	16	11	10	14	12	15	17	0.296
家乡	34	29	34	26	0	16	29	40	29	20	34	32	0.191

* $p<0.05$ ** $p<0.01$

注：1为农学；2为林学；3为植保；4为园艺；5为作物；6为畜牧；7为兽医；8为草学；9为水产；10为农业资源与环境；11为其他

不同专业农科大学生选择的自主研学实践活动的地点也存在差异，如表6-2所示。利用卡方检验（交叉分析）研究不同专业农科大学生对于“山川、江、湖、海、草原、沙漠等自然景观”“动物园、植物园”“博物馆、科技馆、主题展览、历史文化遗产”“工业项目、科研场所”“农庄、农村”“农科类专业基地”“夏令营营地、团队拓展基地、红色教育基地”“大学校园”“主题公园”“家乡”10项的差异关系，结果显示，不同专业农科大学生对于“山川、江、湖、海、草原、沙漠等自然景观”“农庄、农村”“夏令营营地、团队拓展基地、红色教育基地”“大学校园”“主题公园”“家乡”6项不会表现出显著性，而对于“动物园、植物园”“博物馆、科技馆、主题展览、历史文化遗产”“工业项目、科研场所”“农科类专业基地”4项呈现出显著性，这意味着不同专业农科大学生对于这4项表现出差异性。

第一，不同专业农科大学生对于“动物园、植物园”这一选项呈现出0.01水平显著性，通过百分比对比差异可知，农学专业学生选择该项的比例为52%，明显高于平均水平44%。第二，对于“博物馆、科技馆、主题展览、历史文化遗产”这一地点，呈现出0.05水平显著性，通过百分比对比差异可知，农业资源与环境专业学生选择该项的比例为53%，明显高于平均水平39%，而89%的畜牧专业学生不选择该项，此外，大多数水产专业学生（71%）也不选择此地点。第三，作物专业学生以及水产专业学生选择“工业项目、科研场所”明显高于平均水平，不同专业学生对该项呈现出 0.05 水平显著性。第四，在“农科类专业基地”上，园艺专业学生选择该地点的比例占 38%，植保专业学生选择比例占 34%，均高于平均水平 19%，不同专业农科大学生对于“农科类专业基地”呈现出 0.01 水平显著性。

由此可见，不同专业农科大学生对于“动物园、植物园”“博物馆、科技馆、主题展览、历史文化遗产”“工业项目、科研场所”“农科类专业基地”这 4 项呈现出显著性差异。

（三）参与频率分析

从以上的分析来看，农科大学生自主研学实践活动这一现象普遍存在。然而，在收回的有效问卷中，对“您一年当中自主参加研学实践的次数”这一问题的选择进行整理发现，有 23.48%的学生选择了“0 次”这一选项，研学次数在 1—3 次之间的有 63.41%的学生，4—6 次占 8.57%，7—9 次占比 1.69%，2.84%的学生会有 10 次以上的实践。从数据来看，超过一半的农科大学生每年的研学次数为 1—3 次，4 次以上仅占 13.1%。经过分析可以得出：目前农科大学生自主研学的次数较少。从侧面可以反映出，自主研学实践这一育人资源还未完全开发。

（四）关注内容分析

自主研学实践活动中涉及内容丰富，有哲学、经济学、法学、文学、历史学、管理学的知识，也有理学、工学、农学、医学的知识，还有艺术学以及其他方面的知识。运用 SPSSAU 分析软件对农科大学生自主研学过程中关注的知识进行汇总发现，$chi = 2429.910$，$p = 0.000 < 0.05$，拟合优度检验呈现出显著性，这意味着目前农科大学生对不同学科知识的关注具有明显差异性。从普及率来看，农学的普及率（63.08%）最高，接下来是历史学（31.08%）、文学（27.85%）、艺术学（24.63%）。虽然历史学、文学等的普及率相对较高，但最高仅占 31.08%，并未超过半数。通过分析发现：对

农科大学生来说，在研学过程中，他们重点关注农学知识，对其他知识关注程度较低，对不同学科知识的关注呈现出明显的差异性。

而对于不同专业的农科大学生，他们关注的知识也呈现出一定的差异性。如表6-3所示，不同专业的大学生对于“哲学”“经济学”“文学”“理学”“农学”“医学”“艺术学”“管理学”8项呈现出差异性。不同专业的大学生对于“哲学”“文学”“艺术学”呈现出0.05水平显著性。通过百分比对比差异可知，作物专业学生关注哲学的比例占33%，草学专业学生关注哲学的比例为25%，两者均明显高于平均水平15%。对于“文学”，85%的农业资源与环境专业学生不关注文学；而植保专业学生关注的比例为38%，明显高于平均水平28%。而在“艺术学”方面，作物学以及畜牧专业的学生大多不关注艺术学。除此之外，不同专业的大学生对于“经济学”“理学”“农学”“医学”“管理学”呈现出0.01水平显著性。从表6-3中可以看出，85%的园艺专业学生以及84%的畜牧专业学生不关注经济学，而水产专业学生选择关注经济学的比例为43%，明显高于平均水平21%。在“理学”上，通过百分比对比差异可知，作物专业学生不选择该项的比例为100%，兽医专业学生不选择该项的比例为92%，明显高于平均水平79%。对于“农学”，畜牧以及农学专业学生对他的关注高于平均水平63%。兽医专业学生关注“医学”的比例占58%，水产专业学生占29%，均高于平均水平17%。在“管理学”上，农业资源与环境专业学生不选择该项的比例为98%。总之，不同专业的大学生对于“法学”“历史学”“工学”“其他”4项不会表现出显著性差异，而对于“哲学”“经济学”“文学”“理学”“农学”“医学”“艺术学”“管理学”8项呈现出显著性差异。

表6-3　农科大学生所学专业与关注知识的交叉（卡方）分析结果

关注知识	所学专业/%											总计	p
	1	2	3	4	5	6	7	8	9	10	11		
哲学	14	13	23	11	33	16	10	25	24	19	15	15	0.014*

续表

关注知识	所学专业/%											总计	p
	1	2	3	4	5	6	7	8	9	10	11		
经济学	21	17	30	15	33	16	18	33	43	20	20	21	0.003**
法学	9	8	14	6	0	11	9	8	24	3	10	9	0.134
文学	27	30	38	23	33	32	22	25	19	15	29	28	0.016*
历史学	32	32	35	23	33	32	24	23	19	27	32	31	0.361
理学	21	22	24	13	0	16	8	21	14	17	28	21	0.004**
工学	10	10	11	6	0	5	2	4	5	7	13	9	0.052
农学	73	54	69	70	33	79	48	67	67	61	48	63	0.000**
医学	13	13	20	6	0	21	58	13	29	7	13	17	0.000**
艺术学	22	29	30	28	0	11	19	25	14	17	29	25	0.022*
管理学	10	8	16	11	0	11	4	10	19	2	11	9	0.006**
其他	1	1	2	6	0	0	2	0	0	5	3	2	0.154

* $p<0.05$ ** $p<0.01$

注：1为农学；2为林学；3为植保；4为园艺；5为作物；6为畜牧；7为兽医；8为草学；9为水产；10为农业资源与环境；11为其他

（五）实践效果分析

1. 扩充知识体系

为了解自主研学实践对农科大学生所学知识是否有影响以及程度如何，问卷中设置“自主研学实践活动对您所学知识的帮助程度（加深认识或新认识）”这一问题。调查结果如图6-3所示，选择“非常有帮助”的学生占比7%，46%的学生认为自主研学实践对其知识的深化比较有帮助，“一般”所占比例为39%，6%的学生认为不太有帮助，2%的同学认为完全没帮助。由此可以看出，绝大部分同学都认为自主研学实践活动对其所学知识有帮助，在一定程度上可以加深所学的知识。此外，经调查，64.94%的学生认为自主研学实践可以扩充他们的知识。可见，自主研学实践有利于扩充农科大学生的知识体系。

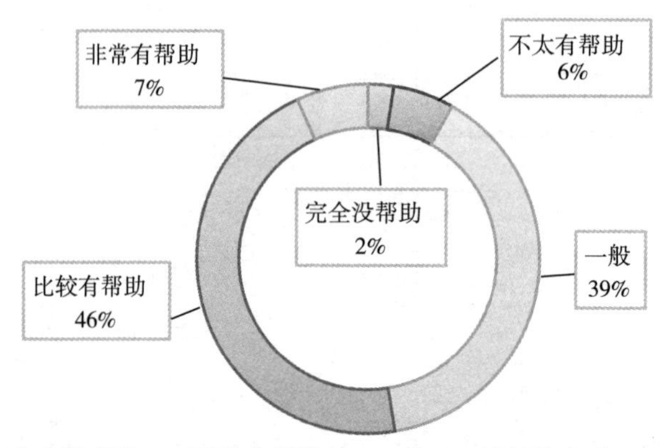

图 6-3 自主研学实践对所学知识的帮助程度

2. 提升综合能力

图 6-4 是研学实践结束后对农科大学生能力方面产生的影响及其普及率的条形图。从图中可以看出，大部分学生认为自主研学实践对自身能力提升有帮助，仅有 2.02% 的学生认为对其没有影响。进一步分析可以发现，超过半数的学生认为自主研学实践可以提高他们的自主实践能力（57.35%）和思考问题的能力（50.52%）。此外，在交流沟通能力（49.15%）、创新意识（能力）（47.24%）、分析思维能力（47.13%）、体能体质（45.49%）、自主探究能力（44.07%）以及动手能力（43.15%）等方面也具有普遍性影响。以上分析显示，自主研学实践不仅可以提高农科大学生的实践能力，而且对其思考问题、交流沟通、创新意识等能力的培养与提升也有重要作用。总而言之，自主研学实践不仅能够扩充农科大学生的知识体系，也能提升其综合能力。

（六）成果转化分析

研学后的交流展示是实现成果转化的一个重要途径。本问卷中设置了

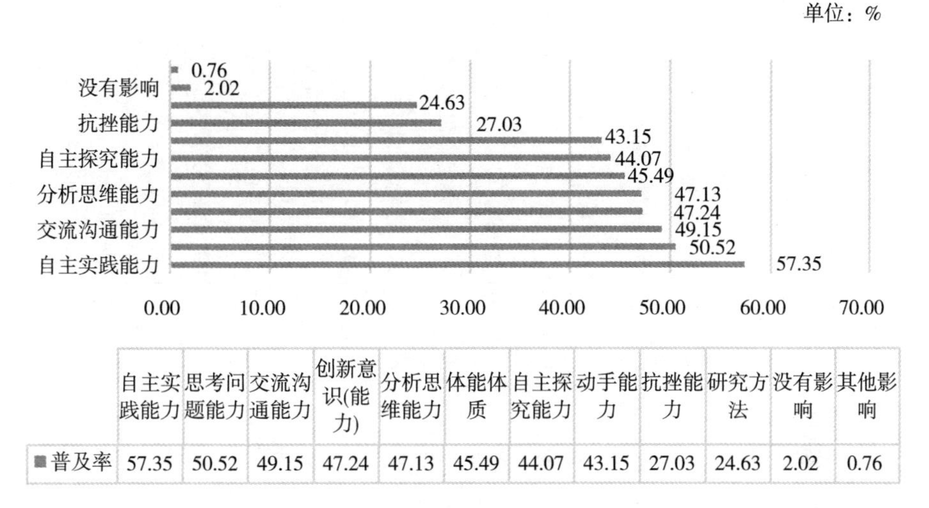

	自主实践能力	思考问题能力	交流沟通能力	创新意识(能力)	分析思维能力	体能体质	自主探究能力	动手能力	抗挫能力	研究方法	没有影响	其他影响
■普及率	57.35	50.52	49.15	47.24	47.13	45.49	44.07	43.15	27.03	24.63	2.02	0.76

图 6-4　自主研学实践影响条形图

三种比较常见的交流展示的方式：心得交流、集中展示和主动提交研学作品。图 6-5 是研学实践结束后农科大学生交流展示程度的柱形图。从图中可以看出，仅 3%或 5%左右的学生选择“完全没有”选项，大多数农科大学生研学后有交流展示。然而，选择“一般”的学生占一半的比例，其次是“比较多”，但最高也只有 35.23%，仅占全部调查对象的三分之一。由此可以看出，目前自主研学实践后存在交流展示，但是比例却不高。

自主研学实践活动中包含丰富的内容，农科大学生进行自主研学实践不仅能够扩充其知识面，还可以提升其综合能力。从问卷数据分析的结果来看，自主研学实践这一现象已然存在且活动类型多样、活动地点广泛。然而在这一普遍存在的现象中，农科大学生每年参与自主研学实践的次数却较少；在研学过程中，他们对农学之外的其他学科知识的关注呈现差异性特征且不同专业的农科生的关注点也存在差异；研学结束后，交流展示结果并不理想。可见，目前农科大学生对自主研学实践的重视程度不够，其育人价值并没有完全展现出来，处于“沉睡”状态。

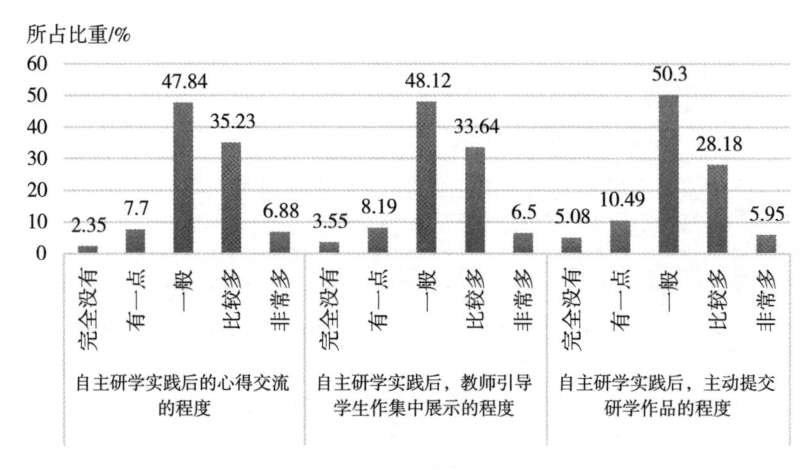

图 6-5 自主研学实践后的交流展示

三、自主研学实践育人资源“沉睡”的多维归因

经过以上问卷分析发现，自主研学实践有丰富的价值，而目前其处于“沉睡”状态。如要激活其育人价值，便需探究其“沉睡”的原因所在。究其原因，主要有以下几个方面。

（一）哲学视域：学生自主性的缺失源于社会对人的主体性的遮蔽

“每个人自由全面发展”是马克思主义哲学的核心概念。马克思认为，自由有意识的活动就是人类的特性。① 个人之外没有人，“每个人自由全面发展”必须落实到个体。② 对于个体来说，人的自由全面发展需要有主体性。主体性是指主体在与客体相互关系中生成并表现出来的主动、主导、积

① 《马克思恩格斯文集》第 1 卷，人民出版社 2009 年版，第 162 页。

② 陈曙光：《论“每个人自由全面发展”》，《北京大学学报（哲学社会科学版）》2019 年第 2 期。

极能动的性质①，它是人之所以为人的根本特性，包含自主性、主动性和创造性。②

在自主研学实践过程中，学生是主体，应当有主体意识。学生的主体性体现在学生能够独立、主动且富有创造性地去学习，表现为自主性、能动性和创造性。当前，家长、学校、老师以及学生自身都不够重视主体性意识的培养，人的主体性被遮蔽，这表现在以下几个方面。第一，家教、家风以及家庭教育方式等制约了学生主体意识的形成。如今大部分学生都是独生子女，家长对其呵护备至且要求严格，子女在做决定时都会听从父母的建议，一些父母有时会采取强硬措施使得子女顺从，有时还会直接替子女做抉择。在这种情况下，子女的独立意识较弱，不利于其主体意识的形成。第二，传统的教育方式阻碍了大学生主体意识的培养。传统的教育方式是一种理论教学，一种“填鸭式”教育，它以教师的教为中心、以课堂为中心、以教材为中心，教学方式以教师讲授为主，学生被动接受，以掌握教材内容为教学目的，知识灌输仍然是主要的教学手段。③ 而且，在传统的应试教育体制和升学的竞争压力下，学生终日埋头书本，只追求考试分数，大多数教师也只是基于教材为学生传授知识，以理论教育为主，对实践教学的重视程度不够，缺乏对学生自主教育、自主学习的引导。虽然高校中大多数专业开设实践课程，但实践课程毕竟是一项课程，是学生完成学业的任务之一。学校将学生的实践纳入课程教育中，并没有重视学生的自主性。在这种教学方式的影响下，学生也并不会想从实践中学习知识、提升能力，家长、老师、学校等对实践育人的重要作用也认识不深刻，以至于导致目前的实践教学的方式成为一种形式教学，仅仅浮于表面，而没有深入实质。第三，学生自我认知不足影响其主体意识的养成。这有三方面的原因：一是受学校环境的影响，

---

① 张秉福：《论道德教育的主体性原则与自我教育法》，《学科教育》2002 年第 6 期。

② 邱化民：《大学生主体性发展》，知识产权出版社 2017 年版，第 53 页。

③ 莫蕾钰：《高等院校中网络技术对传统教育方式的渗透和替代研究》，《华中农业大学学报（社会科学版）》2008 年第 2 期。

学生的自我认同感较低，缺乏独立意识；二是受家庭教育的影响，学生对父母的依赖过重，普遍缺乏独立意识；三是受社会不良信息影响，对于辨别能力弱、缺乏理性思维的未成熟的大学生来说，容易形成从众倾向，不利于其独立思维的养成。

总而言之，长久以来，学生自身和各方都忽略了大学生主体性意识的培养，无法充分发挥大学生自主性的作用，进而对参与自主研学实践的重视程度不够。这是造成自主研学实践这一重要教育资源“沉睡”的原因之一。

（二）资源学视域：研学效果的不理想源于教育资源发掘不充分

教育资源是一个开放的、立体的及多维的复杂系统，亦是指可资教育利用并通过教与学的过程可以凝聚形成人力资本的资源总和。从不同的视野来看，教育资源有不同的分类。从资源科学的视野来看，教育资源包含学生资源、教师资源、物质资源和财力资源。从社会学视野来看，教育资源可分为学校教育资源、家庭教育资源和社会教育资源。① 社会教育资源也是一种非常重要的教育资源，它是研究性学习开展的基础和得以生存发展的载体②，包含人力资源、信息资源、物质条件资源等。

自主研学实践地点多在学校与家庭之外，在一定程度上属于社会教育资源。社会参与教育的形式有显性的和隐性的。显性的诸如图书馆、科技馆、博物馆等；隐性的如大众传播媒体与信息、社会群体文化等。社会中教育资源的载体是普遍存在的，然而，农科大学生每年的研学次数却较少，研学中关注的知识呈现差异性特征，这是由以下几个方面的原因造成的。第一，受传统观念影响往往只重视学校教育和家庭教育，而忽略了社会教育。在实践中，大多数学生并未认识到实践活动中蕴含的资源，只“游”不“学”的

---

① 唐明钊：《教育资源系统研究》，西南交通大学出版社 2014 年版，第 27 页。

② 王捷：《研究性学习的社会教育资源开发》，《上海教育科研》2001 年第 5 期。

现象普遍存在。此外，家长、老师及学校对学生的引导程度不够。调查结果显示，高校、老师和家长对农科大学生的自主研学实践都有一定的引导，但是这些引导并不多。在引导主体方面，近半数的学生认为学校、老师、家长对他们的引导程度为“一般”，而“比较多”和“非常多”两者相加的比重最高也只有40%左右。在引导方式方面，各主体通过口头鼓励、资金支持或奖励和增加学分的方式对农科大学生也有一定的引导，但每一个问题中都有近一半的人选择“一般”，而选择“比较多”的最高也只占31.9%。不仅如此，研学活动结束后，家长与老师也未重视采用交流以及成果展示等方式加深学生的研学认识。问卷调查的结果显示，48%的学生对此持中立态度，仅33%的农科大学生认为展示的机会比较多。第二，安全问题一直是一个很重要的话题，不管做何事都需先考虑安全问题。在自主研学实践中，学生往往需要走出校园，走向社会，安全问题确实非常重要。受计划生育政策的影响，当代大学生往往是独生子女，家长对其呵护备至，尤其重视其人身安全，并且学生在走进大学之前很少有独立的历练。问卷调查显示，46.15%的农科大学生认为安全问题是他们进行自主研学实践的困难之一。可见，农科大学生自主研学实践的安全问题尤为突出，这也成为目前农科大学生自主研学实践频率低的原因之一。第三，自主研学实践作为一种社会教育的资源，在活动时必然涉及资金的问题。社会中的研学场所有些是免费的，而有些则需要付费，有些场所的费用较高，这便限制了很多家庭经济困难的学生。此外，对于离学校较远的研学场所，还涉及路费的问题。大学生并未有其固定的收入来源，他们的资金有限，谈及资金昂贵的研学实践时往往会选择放弃。据调查，68.38%的学生每月的生活费在1000—2000元之间，除去每月必需的生活开支外，供其进行自主研学实践的资金并不多。并且，70.34%的农科大学生认为资金是其自主研学实践中遇到的困难之一。可见，农科大学生在校的生活费并不高，用于自主研学实践的资金有限。

总之，在各方面因素的影响下，对这种社会资源的开发不到位，由此也造成了农科大学生的自主研学实践成为一种“沉睡”的教育资源。

（三）心理学视域：研学实践的差异性源于学习动机的不同

建构主义者认为知识不能以实体的形式存在于具体个体之外，尽管我们通过语言符号赋予了知识一定的外在形式，并且获得了较为普遍的认同，但这并不意味着学习者会对知识有同样的理解，因为真正的理解只能由学习者自身基于自己的经验背景建构起来，取决于特定情境下的学习活动过程。在他们看来，学生是信息加工的主体，是意义的主动建构者，而不是知识的被动接受者和被灌输的对象。建构主义学习理论认为，学习是学习者通过新旧经验的双向作用建构自己经验体系的过程。而学生的学习受其学习动机的影响，在心理学中，学习动机是个体发动和维持其学习活动，并使该学习活动朝向某一目标的内部动力，分为内部学习动机和外部学习动机。①

毫无疑问，农科大学生的自主研学实践必定受学习动机的影响。在自主研学实践中，内部动机是指学生的求知欲、学习兴趣、质疑等，而外部动机是指学校、教师或家长的奖励等。关于内部动机，调查结果显示，农科大学生认为自身的“求知欲”“问题意识”以及“质疑”的程度均集中于“一般”，可见，他们的求知欲、问题意识以及质疑程度不高。在这种情况下，农科大学生自主学习的动机并不高，进行自主研学实践的频率也不会很高。再者，兴趣在人的心理行为中也具有重要作用。兴趣是个人力求接近、探索某种事物和从事某种活动的态度和倾向，是个性倾向性的一种表现形式。一个人对某事物感兴趣时，便会对它产生特别的注意，对该事物观察敏锐、记忆牢固、思维活跃、情感深厚。② 因此，在选择研学地点时不同专业的农科大学生会表现出差异性，例如园艺专业与兽医专业学生更多会选择动物园或植物园。而且不同专业的农科大学生一般会对本专业相关的知识关注较多，而对其他知识的关注较少或并没有意识到研学中其他知

---

① 李朝霞：《心理学》，中国地质大学出版社 2013 年版，第 169—173 页。

② 车文博：《心理咨询大百科全书》，浙江科学技术出版社 2001 年版，第 65—67 页。

识的存在，例如，兽医专业的学生会倾向于关注医学方面的知识。关于外部动机，在农科大学生进行自主研学实践之前，学校、老师以及家长等通过口头鼓励、资金支持或奖励和增加学分的方式对农科大学生的引导呈现的结果是：每一个问题中都有近一半的人选择“一般”，而选择“比较多”的最高也只占31.9%。

由此可见，学习动机在一定程度上对农科大学生的自主研学实践活动产生影响，自主研学实践中丰富的育人资源被忽视，因此也造成了农科大学生自主研学实践的“沉睡”。

四、结论与讨论

自主研学实践是研学实践的一种特殊形式，与实践课程不同，它强调学生的主体性，即学生自主策划、自主安排、自主探究，教师在其中是辅助角色。自主研学实践中包含丰富的育人价值，学生通过自主研学实践可以扩充其知识体系、提升其综合能力。这种实践活动并非凭空想象，它已然存在于大学生的日常生活中，基于以上问卷分析已对此加以证实。然而，在这一普遍存在的现象中，农科大学生每年参与自主研学的次数却较少，研学中对知识的关注呈现差异性的特征，研学后的成果展示也并不理想。作为一种社会教育资源，自主研学实践未被充分开发，再加上学生主体性意识不强以及学习动机的不同，其育人价值并没有展现出来，目前处于“沉睡”状态。朱熹曾说：“知之愈明，则行之愈笃；行之愈笃，则知之益明。”对于农科大学生来讲，自主研学实践可以成为其发展自身通识素养和综合能力，成为时代需要的新型农科人才的一个重要途径。因此，这一优秀的实践育人资源不应当被弃之不顾，任由其“沉睡”，而应当“激活”它，使其成为人才培养的一种方式。当下，我们需要转变理念、转换思维、改变方式，变这一存在为资源，激活其独特的育人价值，这对于当今实践育人具有非常重要的意义。

第七章

“学农爱农—强农兴农”师生群像聚焦及释读[①]

筚路蓝缕，弦歌不辍。历经 114 年的砥砺奋进，百年学府“为党育人，为国育人”，坚持“强农兴农，励志报国”，为党的事业、国家建设、经济发展培养了数十万名优秀人才，他们分布在大江南北、各行各业。特别是新中国成立后、改革开放以来，人才培养质量稳步提升，各行各业涌现出一批又一批优秀人才，既有像中科院院士高福一样，为祖国科技进步作出巨大贡献的科学家，又有成千上万扎根基层、服务“三农”的县乡干部和农技人员。近年来，学校大力实施创新创业教育，涌现出了以“中国大学生年度人物”江利斌、“全国就业创业优秀个人”黄超、“中国大学生自强之星”马红军等为代表的一大批在农村基层创业的优秀学生。这些可爱的大学生，他们在校勤奋学习、刻苦钻研，走向社会勇于实践、开拓创新，不断开拓强农兴农事业的新篇章。同时，也涌现出像常明昌、张淑娟、姚建民、高志强、李步高、温娟等一大批杰出教师和教育工作者，他们以立德树人为根本，以强农兴农为己任，在实践育人和兴农报国的道路上负重前行。

---

① 本章第一、二节案例主体内容是在采访案例群体的基础上，参考了由山西农业大学学工部主编的《青春·励志·奋斗——山西农业大学毕业生创业典型汇编》《青春·追求·卓越——本科生国家奖学金、校长奖学金事迹材料汇编》《春风化雨 立德树人——农大故事》《春风化雨 立德树人——辅导员心语》《山西农业大学创新创业典型人物事迹集（1982—2018）》和部分媒体报道编纂而成。

第一节 “学农爱农”优秀大学生群像聚焦

一、勤学深造：励志乐学，行稳致远

（一）农学院制药1501班的“学霸宿舍”6位姑娘全上研

考研面试录取成绩揭晓后，山西农业大学农学院制药1501班224宿舍着实在校园火了一把，该宿舍六位姑娘全部考上研究生，成为名副其实的“学霸宿舍”。

1. 考研是一场持久战

她们的大学生活就像一部励志影片，每个人身上都有着农大人特有的坚强和毅力，而她们在时光长轴上洒下的汗水也已经开出了绚丽的花朵。潘婷作为推免生将前往中国农业大学继续学习，李奇、李芳芳、朱丽珊、祝智威、武菊平也分别被西北农林科技大学、南京农业大学、广西大学、福建农林大学、山西农业大学录取。

潘婷认为：“在大学四年的学习生活中，遇到问题首先要学会自己思考，这样不仅能提高个人的思维创新能力，也能让自己在学习的道路上越来越自信。”在校期间，潘婷在相会明老师的指导下，参加了学校的创新创业项目申报以及专利申请。“放手去做该做的，该有的成绩都会有。”正是有了这样的觉悟，她被推免到中国农业大学。宿舍环境对同学的影响是巨大的，不同的宿舍氛围，四年的学习结果可能会有天壤之别。很明显，潘婷为224宿舍起到了好的带头作用。

“考研是一场持久战，谁坚持到最后谁就是赢家。”李奇对此深有感触，在谈到去年11月份知晓报考西北农林科技大学人数较多时，自己内心压力大，一度想要放弃。而正是舍友的鼓励让她振作，调整心态，重新投入考研。李奇是一个喜欢做计划的人，每天6点多起床，早饭过后，图书馆开门前，她会抓紧时间早读，之后在图书馆里度过充实的一天。

2. 踏实才能走得更远

李芳芳是班里的团支书，在兼顾班级工作的同时，学习上也不放松。她说："工作较多的时候，室友不管在生活还是学习方面都帮助我很多，很庆幸能够遇到她们。"只有志同道合、团结互助的人才能真正走到一起，也正因如此，她们才能走得更远。

一天有24个小时，给勤勉的人带来智慧和力量，给懒散的人只留下一片悔恨。来自广西的朱丽珊从大一开始就脚踏实地、制定合理的作息时间，有着极强的自制力。她坚信，越努力越幸运，坚持下去总会成功。同样，祝智威也有着自己的奋斗目标。随着考研人数的增加、考研压力的增大，她"不以物喜、不以己悲"，用自己的学习方式朝着目标奋进。除此之外，老师也给予了她们很多帮助。武菊平提到，专业老师都十分尽心尽责，在选择学校和专业方面给了她们很多建议，让她们在考研路上更加坚定。

回顾考研之路，六人都有诸多感慨，但更多的是庆幸自己当初没有放弃，不后悔选择考研这条路。对于即将考研的学弟学妹，六位学姐也结合自身经验给出了建议。在分享考研学习经验时，六人都提到要重视英语，备考的过程中要优先英语，后期多看专业书籍，多复习巩固，还要注意劳逸结合。李奇说，考研备考中一定要胆大心细，坚定目标；武菊平寄语学弟学妹："学习没有捷径，只有踏实才能走得更远。"

（二）种子科学与工程专业1501班的"学霸"宿舍是如何炼成的

1. 一个宿舍六个女生全部胜出

大学毕业季，所有学生都在忙碌着。山西农业大学大四学生石尧也很忙碌。"我毕业后会接着在本校上研究生，不用担心出路。"5月6日，石尧颇为骄傲地说，目前她正忙着跟导师宗毓铮副教授做毕业实验。"这是我导师国家自然基金项目中关于‘小麦抗旱性对气候变化适应机制’部分。我非常珍惜这个来之不易的学习机会，不敢懈怠，五一假也没休，为毕业做最后的攻关。”

“考研的残酷竞争我都闯过来了，这点苦不算什么。”石尧笑着说。她所在的农学院院长、山西省小麦旱作栽培重点创新团队负责人高志强教授介绍说，今年农学院2015级463名学生中，共有380人报名参加了硕士研究生考试，最终186人被录取，学院考研录取率达40.17%，其中有10名学生被中国农业科学院等科研院所录取，31名学生被985院校录取，68名学生被211院校录取，有的班级考研录取率达50%左右。

石尧所在的种子科学与工程专业1501班考研率更高——全班38名同学，25人被录取，录取率达65.79%。更令人称奇的是，同住13号楼222宿舍的该班6名女生全部被录取，其中，李文玲、侯晨晨、赵凯敏、张美薇分别被东北农业大学、西北农林科技大学、扬州大学、华中农业大学录取，石尧和姚燕辉则被本校录取。

“学院一直高度重视立德树人工作，鼓励学生全面发展，支持学生继续深造攻读硕士学位，拔尖创新人才培养成为学院的一张名片。”高志强表示，近年来，农学院考研成绩呈现上升态势。这些成绩的取得，既是农学学子寒窗苦读、不懈奋斗的结果，也是学院不断深化教学改革、提高本科教学质量的重要体现。

2. 怀着一颗平常心坚定走下去

“大一时的玉米种植经历让我真正了解了自己的专业，我发现田地的世界并不适合自己，但大棚里的故事却时刻牵引着我的心。”大学期间，李文玲曾参加过学校的大学生创业实践活动和学院的玉米种植团队，“这些经历都在考研前期使我坚定了自己的选择，因为喜欢所以决定一直走下去”。

石尧是班级生活委员，还曾担任学院大学生创业实践项目负责人。“对于我自己而言，考研的这个想法确定的很早，当确定了要学数学后，之后很长一段时间就一直在努力攻克这门课，每天早出晚归。说实话，我也曾倦怠过、迷茫过，但是努力终会有回报，拼搏过后就是胜利的彼岸。”

姚燕辉喜欢给自己定计划，把要做的事和时间安排写在纸上，然后有计划地去完成每一件事。“和大多数考研人一样，我也有过低迷期，有过放弃的念头。但庆幸的是，在关键时刻，家人和舍友的鼓励让我重新调整，和大家一起并肩作战，最终为自己赢得了一份满意的答卷。人不可能一直顺利，如果轻言放弃，那么之前的努力都白费了，所以一定要坚持。”

在备考的一年多时间里，222 宿舍每天早上 6 时，闹钟准时响起，6 个姐妹一起早起学习，待夜幕降临才一一归宿，她们共同为同一个目标携手前行。“成功路上更为重要的是坚持，是不懈努力，不轻言放弃，也不焦躁不安，怀有一颗平常心向着目标出发，一定可以一步步接近那个充满阳光的地方。”她们这样寄语学弟学妹。

3. 她们很优秀，但她们更努力

“笨鸟先飞早入林”，她们是优秀的，但她们似乎更努力。

侯晨晨自大一入学始，学习就心无旁骛，非常认真。大二下学期她便开始着手准备考研，是 6 个姐妹中最努力的一个。

“1 天 24 个小时，避过食堂的高峰期，将休息时间一再缩短，几乎将所有的时间都给了自习室，奋笔疾书是我那段日子的常态。”李文玲回忆备考过程时说。

自打开始准备考研，姚燕辉就成了宿舍的“闹钟”，每天她起得最早，5 点多就把自己“闹”醒，久而久之全宿舍同学都养成了早起的习惯。

张美薇是姐妹们眼里的“数学达人”，考研时她的数学得了满分 150 分。宿舍有 4 个姐妹与她一样选考了数学，平时大家的数学难题根本不用愁，她会把自己的经验与技巧与姐妹们分享交流。

赵凯敏聪明好学又热心，今年考研六姐妹里考分最高，达 377 分。平时大家的电脑如果出了毛病，她都会热心地鼓捣一番，帮助解决疑难。

类似的无私交流分享、互帮互助，一直是 222 宿舍最温馨的氛围。在家人的无私支持下，六姐妹结伴向学，刻苦努力。“自 2018 年 10 月开始，我们进入考研冲刺阶段。大家都拼了，中午也不回宿舍休息。”石尧是宿舍长，她感慨地说，“要是没这个学习氛围，我肯定不成。很怀念在一起奋斗的日子。”

农学院也为学子考研积极提供各种条件，比如，积极组织考研经验交流会、考研辅导讲座，指导学生在考研初期的地域选择、院校选择及专业选择；对学生进行考研指导服务，就考研复习和导师联系等方面进行全方位指导；积极介入学生考研录取调剂，与达线学生进行一对一交流，指导帮助学生合理选择，确保考研录取率。此外，学院还组建了考研 QQ、微信群，邀请往届学长学姐给予鼓励，传授经验，营造出一派严肃、紧张的良好考研氛围。

农学院制药工程专业 13 号楼 224 宿舍的 6 个女生也全部成功考研。“最后一个女生刚刚确定被录取。”高志强高兴地说。

（三）“学霸”宿舍：“研”于律己，相倚则强

六月的农大，校园里花繁叶茂。毕业生们迎来了最特殊的一个毕业季。对于 6 号公寓楼的 211、212 宿舍来说，六月不仅有离别的伤感，更有难言的激动，因为这个 16 人的宿舍里，14 个人都收到了硕士研究生的录取通知书！

6 号公寓楼的这个 16 人宿舍中住的是我校生命科学学院 2016 级的本科生。其中，刘玉洁、刘小琼分别被推免到南开大学、中国药科大学，崔秀婷、马瑞锦、叶慧、郭斯琪、谢林碧、孟采锦、韩晋媛、于梦洁、高佳宁、段耿婷、杨凯丽、李孟宇分别考入了中国药科大学、东北林业大学、西南大学、华中农业大学、成都中医药大学、西北大学、广东药科大学、广东药科大学、黑龙江中医药大学、遵义医科大学、北京中医药大学、山西大学。冯丽晓找到了心仪的工作并逐渐适应了新生活，刘俊则收拾了心情，重整旗鼓开始准备二战。

1. 在互相督促、互相帮助中进步

都说高考是一群人的奋斗，考研是一个人的战斗。可是在这个考研“学霸”宿舍却不是这样。在回忆自己的考研经历时，她们纷纷表示，宿舍良好的学习氛围是考研成功的关键之一，很幸运能在大学遇到一群志同道合的小伙伴们，共同为梦想和未来努力。

在备考这段时间，她们相约一起早起去图书馆学习，一起在吃饭的时候互相交流学习的体会和遇到的难题，也会偶尔约着在操场散步聊聊彼此的烦恼。日子就这样规律而又充实地过着，每个人的努力都被互相见证着，每个人的压力也在偶尔的谈天说笑中化解了。

叶慧告诉记者，刚上大一的时候她们就讨论甚至憧憬过一个宿舍的人一起考上研究生的场景，如今梦想照进了现实，大家都将奔向自己理想的未来，和姐妹们并肩作战准备考研的经历将成为她最宝贵的回忆。

保研南开的刘玉洁被大家视作学习的榜样，她说：“我们宿舍平时的相处氛围很好，大家的想法非常一致，都在共同为考研努力。从大一开始，我们就会在大大小小的考试中互帮互助，分享学习资料和知识点，在平时的学习生活中也会督促彼此按时上课、按时完成作业。这个习惯也延续到了考研准备的过程中，我们会分享交流意见，互相鞭策，大家共同营造了整个宿舍良好的学习氛围。”

2. 确定目标，在坚持中收获

谈到考研经验，她们认为考研是一场“持久战”，积累和坚持是最重要的。良好的基础会让人如虎添翼、事半功倍。所以需要尽早确立自己的目标，提早准备，机会永远会留给准备充分的人。专业知识离不开大一、大二学习的积累，英语、政治这样的公共科目更是需要长期的练习。

刘小琼分享了自己的考研心路历程，学习是克服内心的自我怀疑、自我否定，并一直坚持的过程，是一种迂回前进，螺旋上升的状态。早早确定自己的奋斗目标，并为自己的选择付出和奋斗是一件让人心满意足的事。

面对考研准备过程中难免出现的煎熬，杨凯丽曾想过放弃，复习也变得不那么积极。舍友“你今天怎么又在宿舍?”的督促以及对她的开导让她坚持了下来，她说：“考研过程中无数次否定自己，又无数次带着对自己的质疑重新上路，幸好结果是好的，让我更加相信坚持和努力的意义。”

3. 劳逸结合，全面发展

虽然成绩喜人，但不要以为 14 朵金花就是只知道学习的书呆子，其实她们个个兴趣广泛，全面发展，众人除了最显著的学霸属性之外，还是一个多才多艺，能把生活过得充实、精彩的快乐集体。刘玉洁在大学四年实现了“学会吉他”“开始健身”的小目标；韩晋媛通过看电影、吃大餐排解烦恼；孟采锦在和朋友打游戏、聊天的过程中为紧绷的自己松弦。

平时学业繁忙的她们也会积极参与社团活动和社会实践活动，刘玉洁、刘小琼、马瑞锦积极参加大学生创新创业大赛、“互联网+”和“创青春”大赛等各类校内竞赛，段耿婷、崔秀婷在院学生会、校报记者团等学生组织中担任职务，也积极参加大学生创新创业训练项目。她们认为大学生需要全面发展，不仅要把学习学好，也要多参加社团活动，学习办公和处理事务，这对以后步入社会也会有帮助。

二、学科竞赛：赛中促练学，知识转化好

（一）无人机创新团队[①]：放飞“智慧农业”梦想

山西的沟壑里，河南的烈日下，江西的蚊虫中，甘肃的风沙里，无处不有他们的身影，山西农业大学农业工程学院无人机创新团队的师生们通过推广植保无人机精准施药技术，实现科技扶贫和志愿服务。2020 年 9 月底到 10 月初，该团队带着科技扶贫志愿服务项目，参加了第二届山西省青年志

① 田凤凤：《山西农业大学农业工程学院“植保无人机精准施药系统的发明与研究”志愿服务项目——80 余万亩农田喷洒农药用上无人机》，《山西青年报》2020 年 11 月 5 日。

愿服务项目大赛，从181个志愿项目中脱颖而出，荣获金奖。

1. *以兴趣为基石，组建专业团队逐梦启航*

无人机创新团队前身为山西农业大学工学院航模团队，最初由五名志趣相投的工学院学生自发组成。团队成立之初，困难重重，但同学们一直坚持梦想，砥砺前行。2015年初，同学们找到指导老师，在2015年秋季新生军训会演中成功表演。航模团队如何发展，路在何方，如何将学生的兴趣与学生的专业结合起来，是当时困扰团队的最大困难。2015年11月，由中国农业工程学会主办的首届植保无人机培训班在中国科学院南京农机研究所召开，指导教师申请并参加了培训，从此确定了航模团队的发展方向，并于当年冬天向学校申请专项经费，购置大疆植保无人机一台，航拍机4台，为航模团队搭建了实践教学平台，从此，航模团队筑梦起航。

团队以服务农业为宗旨，以行业应用为导向，“让农民更轻松，让农业更智能”是团队的理念，团队队员秉持“吃苦能干，听从指挥，积极主动，团结创新”的队训，利用周末与暑假，迎着朝霞下地，踏着月色返程，挥汗如雨，把希望种进黄土地。在校院两级领导高度重视以及指导老师带领下，无人机团队开始了跨越式发展，虽经费紧张，条件艰苦，但队伍从未退缩，把汗水洒在神州大地，把论文写到田间地头。

这个项目让更多的人参与到农业中来，农业的进步需要全行业共同的推动，以兴趣为起点，是团队招新的原则，也是队伍发展壮大的原动力，吸收各个学科中立志为农业进行服务的新成员，经过4年多发展，团队发展到400多人。

2. *以竞赛为驱动，激发创新创业综合能力*

为强化团队学生的创新意识与能力，多年来，团队逐步形成“以项目为载体，以比赛为驱动”的形式，鼓励大学生申报国家和省级大学生创新项目，争取学校学院支持学生参加各类学科竞赛和植保飞防赛事，加强过程指导，形成“课程、培训、实践、竞赛”的培训模式，逐步形成机械创新大赛、电子竞赛、智能机电创新设计大赛、互联网+大赛、数学建模大赛、创新创业计划等专业类、综合类、单科类、创业类竞赛体系，并且提升了各项赛事的育人内涵和育人效果，开阔了学生眼界，提高了学生素质。

多年发展中，团队始终坚持实践中探索、探索中创新、创新中发展，以解决农业的实际问题为载体，在发展中创新育人。连续三年获得国家级大学生创新创业项目：植保无人机喷头雷达控制系统的设计（2017 年，山西省教育厅）、植保无人机药箱剩余量实时监测系统（2018 年，山西省教育厅）、植保无人机自动配药机械（2019 年，山西省教育厅）、省级项目 1 项（植保无人机脚架系统的优化设计及改进，2017 年，山西省教育厅），承担 2018 年山西省农业科技成果转化和推广示范项目“植保无人机叶面肥喷施技术的示范与推广”（2018 年，山西省财政厅）1 项、“植保无人机施药关键技术研究”项目 1 项（2019 年，山西省科技厅），截至目前，团队共申请发明专利 5 项，实用新型专利 7 项，这些项目与成果都来源于作业过程中的实际问题，对植保无人机作业效果明显优化改进，对植保无人机应用技术的推广起到了积极的推动作用。

不仅如此，团队在无人机诸多赛事中均取得好成绩。2016 年 11 月参加“2016 全国大学生无人机创新大赛”，以领先第二名 20 秒的成绩夺得喷洒竞技项目一等奖第一名；2016 年 10 月参加“中国无人机与机器人应用大赛”，以优异的成绩入围决赛；2017 年 5 月，团队研制的“植保无人机喷头雷达定向系统”在“中国大学生无人机与机器人创业创新方案赛”上获全国二等奖；2017 年 9 月，“中国无人机与机器人应用大赛”总决赛中获得“植保无人机作业全国最佳服务队”称号，CCTV7、《人民日报》等多家媒体先后多次报道；2017 年 10 月 27 日至 29 日，“植保无人机雷达喷头定向系统”项目在第十届全国大学生创新创业年会上报告与展示。2019 年 6 月参加的“2019 中国（巨鹿）无人机与机器人应用大赛——植保无人机专项赛”中，获“植保无人机精准施药十强团队”“无人机植保教育突出贡献奖”2 项；获“植保无人机专项表演赛最佳飞手奖”2 项，并接受中央电视台、科技日报、光明日报媒体采访。2019 年 8 月团队携植保无人机喷洒系统精准施药的发明与研究获“2019年‘创客中国’山西省中小企业创新创业大赛创客组”三等奖。“植保无人机精准施药系统的发明与研究”获第五届中国“互联网+”大学生创新创业大赛山西省金奖，国赛铜奖。2019年12月参加全国智能机电创新设计大赛，获全国三等奖。2020年又获得包括“挑战杯”中国大学生创业计划竞赛国家三等奖（铜奖）等4项竞赛奖。

3. 以助农为重心，提供专业化飞防志愿服务

山西农业大学农业工程学院无人机创新团队是一个科研创新团队，属于公益组织，长期致力于志愿服务。主要是通过推广植保无人机精准施药技术来实现科技扶贫。农业工程学院农业航空工程技术中心主任武志明说，两年来，在植保无人机上做了一系列的发明和改进，在近50万亩次的实际作业中做出可用于实际作业的植保无人机精准施药系统。据了解，该团队累计作业80余万亩，培训专业飞手300余人，目前建有新村智能装备示范基地、北六门富硒蜜薯经济作物示范基地、黑风山牡丹园科研示范基地在内的3个基地和多个志愿服务点。

为将这一技术推广给更多农民，为农村传播科学使用农药知识，输送使用先进的农药喷洒设备和技术，2015年该团队开始开展科技扶贫志愿服务。目前，该团队通过打造示范点，以点带面，全面推进科技扶贫志愿服务，让广大农民实现丰收和增收，三个智能农业机械示范基地也在志愿者的努力下实现了增产增收。此外，该团队为职业农民开展专业培训，扎实做好科技帮扶志愿工作，还为长治市林业局、方山县林业局等农林部门提供了专业的技术支持和培训，在太谷中学、农大附中等中小学也开展了农业普及和无人机教育等。

借科技力量消杀防疫。2020年1月26日春节假期结束第一天，武志明老师号召团队自愿组建了山西农业大学无人机抗击疫情小组，在相关部门协调下，投入到太原、运城、晋中的消杀防疫中。团队成员武喆在永济蒲州等地完成消杀防疫工作后，用所学技能在长治市疾控中心培训技术人员；在太原市的团队和科技公司使用共同研发的地面遥控履带式植保坦克参与小区街

道消杀防疫；在晋中防疫中，张明峰、李超杰、万敏和农户相互配合消杀。参与了此次防疫工作的农民代表杜志鹏也曾在该团队中接受过培训，他在朋友圈激动地写道：“感谢团队的支持，让大家有机会为防控疫情贡献自己的力量。”令人感动的是，张旺旺和赵杰作为学院的毕业生、团队的老队员，听说团队在太原行动，他们便第一时间赶来投入防疫消杀工作。

手握遥控，肩扛责任。液泵中装载的是消毒液，心中装满的是疫情防控的决心。对于团队而言，此次的消毒作业是义务，更是责任；是挑战，更是担当。

“团队成员不忘科研初心，为保证公益事业的稳步发展，团队建设也尤为重要。”武志明说。作为国家航空植保科技创新联盟的理事单位，山西农业大学农业工程学院无人机创新团队是 UTC、AOPA 无人机驾驶证书培训点，现有 62 名队员拥有“慧飞”无人机行业应用培训中心颁发的专业证书，7 名队员拥有中国民用航空局认可的 AOPA 证书。团队形成了以本科生团队为主体、研究生团队带头、指导老师统领的体系。从航模团队到无人机创新团队，从普通教师到大疆农业特聘专家。团队参与研发的枝向对靶技术，在大疆新机 T30 植保无人机中完美集成，为多旋翼植保无人机打开果树病虫害防治的市场推开了大门。

把汗水洒在神州大地，把论文写在田间地头，坚持智能农业装备、土地资源的动态监测及微量元素的监测、无人机及地面农业机械的研发，在未来三到五年时间，团队将打开面向全省乃至全国吸引并输出人才的局面，将更专业、更深度地为现代农业服务……武志明说，未来，团队将拓宽志愿服务的宽度，在无人机团队的基础上将建立肥料团队、农药团队，利用山西农业大学的平台，让服务走得更加专业、更加深远。

（二）公管辩论队：雄辩闯天涯①

辩论赛让一群怀抱梦想的青年大学生们走到一起。赛场上，他们唇枪舌

① 本小节由山西农业大学公共管理学院学科办公室主任陈倩玥执笔。

剑、慷慨陈词，他们妙语连珠、鞭辟入里，展现了大学生全面发展的综合素质。山西农业大学公共管理学院辩论队成立于2004年10月，建队至今，这支特殊的团队以真诚和坚持传承，用温暖燃起一场场辩论之火，也展现了公管学子专业综合实力。

历数他们的傲人战绩，称之为雄辩之师，是当之无愧的。傲人战绩令人瞩目：2004年—2018年山西省“阳光杯”大学生辩论赛中，七次获冠军；2019年首届山西高校辩论邀请赛四强；2019年第二届山西高校网络辩论赛亚军；2018年山西省“晋扬杯”高校辩论联赛三等奖，演讲比赛一、二等奖；2018年第三届“学宪法讲宪法”演讲比赛山西赛区一等奖；2018年“华炬杯”第八届山西省大学生模拟法庭辩论赛团体三等奖；2017年太谷县人民法院“假如我是当事人”辩论赛团体优胜奖；2016年第二届法律进校园省城大学生法治辩论赛团体三等奖；2014年、2011年“黄河律师杯”模拟法庭辩论赛团体三等奖。

1. 雄辩实践：是“信息知识”转化为“能力素质”的关键

公管院是文科学院，学生大多是文科出身，而教学最常用方式就是授课，似乎略显单调。当时山西大学、太原理工大学、山西农业大学、山西财经大学等校的老师们发起“阳光杯”赛，成为这些学校公管学子们最爱的实践平台，他们以案例、话题、雄辩训练写功、磨炼口才、锤炼思维等多维的锻炼，把他们所学的“信息知识”通过年复一年的“奇奇怪怪”的辩题转化为能力素质，“善恶的标准看动机还是看结果”的辩题“折磨”了辩手们一个星期，尔后的政治学课上，老师的授课内容竟然也讲到了“善恶”“动机”的问题，他们抓紧听讲，下课找老师围聊，综合雄辩题就这样在一堂堂生动的课上得到破解，知识活化，辩题消化，教学相长，“雄辩实践”居然成为一种特殊课堂文化。课堂上，时不时冒出来几个有意思的选题，从辩题到课题，就一步之遥，许多同学参加了辩题，之后将其升华为大学生创新课题，公共事业管理专业大学生还发表了100多篇不错的小论文。法学专业的大学生们则把辩论技巧运用到假期的法庭庭审实习中。为了宣传宪法日，使大家了解更多法律知识，公管院还常常举办模拟法庭，那才是辩手们过瘾的地方，从庭审布置、策划，文案撰写，语言组织等，再到一次次运用从辩论中锻炼的语言表达能力、逻辑思维能力等，实景实战的法庭辩论体验，真正做到了知识与能力素质的融合与协调发展。总之，大学生们的辩论让辩手们对一道道辩题理解更加深入，也让辩手们从辩论中提高综合能力，而又迁移运用到日常生活实践中去，独特的“雄辩实践”成为公管学子专业成长的关键，不少同学考取了律师，考取了一流高校研究生，考取了国家公务员，而“雄辩实践”环节成为他们特色的加分项。

法学 14 级毕业生王蕾奇，现在是北京京师律师事务所的一名专职律师。在无数个与案件打交道的日子里，她也时常想起学生时代做辩论队队长的日子，那是她付出了汗水，寄托了情感，直到现在也为之牵挂的团体。她说当了律师之后发现那段时间锻炼出的辩证思维对工作有很大的帮助。做案件研究时、与对方律师对庭时、考虑审判长及公诉人的角度时，辩证思维往往能让她准确找到关键点。而作为辩论队队长的经历，也让她在工作中挑选合作伙伴、组建团队时掌握了更多的沟通技巧，形成了舒服和谐的工作氛围和协作向上的统一目标。辩论赛时无数次的输赢也让她在工作中更能用一颗平常心来看待得失，让她在作为法律人的路上走得更稳更长远。

2. 朝气青春：是辩论队里最鲜亮的底色与追求

一个优秀辩手，应当培养的基本素养，包括表达、交流、协作、应变、分析等五大方面，这对队员有着极高的要求。

入队第一场训练赛，是踏入辩论“殿堂”的第一步。从来没有接触过辩论的小萌新们，虽有些束手无措，但却挡不住他们的“朝气”与“青春”。课业闲余时间，备赛的日子里，晚上谷园三楼休闲区，全是公管学子熟悉的面孔，这一桌那一桌，都是年轻学子坐在一起认真剖析和讨论辩题。早历赛场的学长学姐们，也会按时出现，一会这桌瞧瞧，一会那桌问问，向他们面授机宜，告诉他们应该怎么准备、怎么讨论、怎么分析，学弟学妹充满朝气的脸庞上闪烁着青春的光芒。

从人潮涌动待到各个窗口收工，是辩手们的家常便饭，等到人潮散尽，也该带着满身的厨房味，拖着精疲力竭的身子，回到宿舍，结束忙碌的一天，大家结伴而行，这算是休息前的温情时刻。

线下赛是与谷园的“味道”相伴，而线上赛是与“网络”相伴，在疫情肆虐，各大高校延迟开学的2020年，各地避免聚群，公管院辩论队开启了网辩模式，从面对面沟通转变为网络一线牵，线上的讨论由于无法面对面高效沟通，显得进展艰难，每个人的认知不同，对于事情的看法就不同，如何找到共识，彼此理解，彼此认可，是一大难题，如何更精确地提出主张，又是一大难题，大家从早聊到晚，终于突破瓶颈，那瞬间的茅塞顿开，是对付出的时间、精力的最大回报。这是辩手们热血拼搏的样子，也是青春的样子。

说起青春，更要提到辩论队里有代表性的两个同学，他们是2011级的李敏和郭登登。两人不是同班，却在辩论队里相识相知相恋。李敏利落精干，郭登登稳妥细致，迥异的辩论风格却在比赛搭档时分外和谐。毕业后他们同时考上公务员，之后喜结连理。现在郭登登是太原市公安局长风刑警队的一名警察，李敏是晋中市气象局的一名公务员，凭借出色的口才，荣获晋中市第一届气象科普讲解大赛一等奖和山西省气象科普讲解大赛一等奖、山西省科普讲解大赛暨全国科普讲解大赛选拔赛一等奖和山西省十佳讲解员称号，并荣获2019年全国科普讲解大赛优秀奖。对于他们来说，辩论除了对个人能力有所助力，更重要的是让他们在青春的日子刻下了携手共进的记忆，更让他们在人生旅途中找到了相依相伴的彼此。

3. 责任担当：是辩论赛让他们不断遇见最美最优的自己

辩论队的故事是成长的故事，成长的不仅仅是知识与能力，更重要是一种责任与担当。

2019年的新生赛，公管院的第一场比赛就遇上了实力较强的经管院，压力与紧张压在每位队员的心上，宿舍和训练室虽仅相隔十几分钟的路程，辩手们却舍不得浪费一分一秒，大家选择“彻夜鏖战”。

强赛背后是苦练，台上几分钟，台下几年功，常常为了一场比赛，误了吃饭，牺牲了睡眠。压力是会摧垮人的，开朗坚强的学生们悄悄躲在楼梯间痛哭，但一边是不能丢掉的荣誉，一边是压力与紧张并存的比赛，于是大家互相鼓鼓劲，咬咬牙，再启航。绝不能轻言放弃，相互扶持、一起坚定地面对未来，一次次全力以赴，一次次夺冠狂欢，他们在这条路上不断遇见最优最美的自己，这就是他们成长的模样。

樊译文是2012级辩论队的队长，毕业后成为晋城市泽州县晋庙铺镇北罗西村的一名大学生村官，成为千千万万扶贫“战士”中的一员。先后荣获第一届“泽州好青年”脱贫攻坚奖；泽州县“脱贫攻坚奋进奖”；泽州县“两转三讲”宣讲比赛二等奖；泽州县“我扶贫·我奉献”宣讲比赛一等奖；担任全国二青会泽州站火炬手；先进事迹在泽州电视台、太行日报“闪亮的名字”系列片中展播，并提名为全省脱贫攻坚奋进奖候选人。这些荣誉的背后是一个刚刚踏出校门的女孩无数个日夜的汗水泪水和擦掉汗水和泪水再次出发的坚忍执着。

2016年到北罗西村任职以来，她编制了村、户脱贫攻坚档案资料模板，为全县提供了成熟经验。她帮助村里成立两个农业专业合作社，协助争取资金200多万元，带动留守村民户均增收1000多元，带动养猪贫困户户均增收5万余元。她还完成乡村旅游景点导游词整理并担任解说员，接待游客500余人次，协助完成晋庙铺镇抗日战争纪念馆的资料整理和版面制作。她自编自导自演扶贫小品《好事成双》在市、县、乡展演，弥补了全市原创扶贫小品的空白。她创办了“译同梦想”公众号，原创乡村文学100余篇，完成乡村调研报告4篇，在山西组工网发表文章《脚下有泥、心中才有底》。她在北罗西任期结束后主动请示，到泽州县农业农村局的扶贫村李寨乡闫庄村继续完成扶贫工作。

要说辩论带给她什么，作为队长的统筹管理能力，作为辩手的思辨和口才，作为赛场选手面对挫折的勇气和信心……这所有的一切是作为一个新时代青年的成长和蜕变。

辩手们有幸踏上辩论的征途，而我们有幸见到青春、热血的他们，在一次次跌倒中站起，在一次次胜利中狂欢，在黄昏在黎明，都有他们奋斗的身影。他们就是公共管理学院辩论队！

三、社团实践：为志趣着迷，为梦想努力

刘清河，男，汉族，中共党员，园艺学院艺术设计 082 班。2012 年毕业于山西农业大学园艺学院。

1. “清韵国剧社”里玩出名堂

他在校期间创办了“清韵国剧社”并任首任社长，在校期间，以京剧《追韩信》荣获教育部举办的全国大学生艺术节全国第三名、山西省教育厅举办的全省大学生艺术节第一名的好成绩。2012 年 7 月毕业之际，他还荣获山西省优秀大学毕业生荣誉称号，毕业论文获山西省优秀毕业论文。

2. 带着“独门技艺”当村官

毕业后，他被推荐选聘为长治市大学生村官，清韵盔饰创始人（兼法人），曾先后任长治市沁县杨安乡佛堂岩村党支部书记助理，杨安乡南沟村党支部书记，杨安乡松交村党支部副书记，长治市城区紫金街道兴安社区党支部书记助理，紫金街道滨河西社区党支部书记。现任长治市城区紫金街道综合办公室主任、分水岭社区党委书记。

在村里，他是党支部书记，同时他又是村里计生宣传员、新闻播报员、农业生产指导员、护林防火检查员、社情民意调研员。在村官的岗位上他充分利用在大学所学知识服务三农；他充分发挥自身兴趣爱好带头创业；他用行动找到了理想和现实的契合点，搭建起了传统工艺与市场需求连接的致富桥；他用自己的创业激情，构筑了山沟沟里留守妇女的创业梦，带给当地百姓致富的希望，他的所作所为得到了村里干部、群众和上级领导的普遍好评。

3. 以非遗“小技艺”带火“新产业”

他带领创办的清韵戏曲盔饰生产专业合作社现拥有盔饰制作工作室100平方米，展厅100平方米，带动农户25户，拥有社员31人。

为了乡亲们致富，刘清河四处寻门问道、筹借资金领办创业。他自掏腰包外出考察、拜师学艺。为把项目引进回来，他不畏艰苦，仅靠随身的一百余元在北京坚持了一个多月，终于学成归来。在艰苦的条件下刘清河带领乡亲们加工和制作戏曲盔饰。为了打开销路，他四处推介，并通过互联网向外界传递信息，终于使得产品走向了北京、上海、香港，乃至于新加坡。如今，“清韵”注册了商标和版权，成为沁县的一个重要的文化地标，乡亲们人均年收入也由的原来不足3000元，提高到了9600元。同时，他受到特邀参展第三届中国（山西）特色农产品交易博览会，参会全国第十三届村长论坛。

4. “美丽乡村”是他更大的梦想

在清韵盔饰运行良好的态势下，他先后20余次回到山西农业大学，依托母校引进先进农业技术，并适时促成农业项目的引进落户，为南沟村农业致富添油加力。清河在父亲重症入院抢救治疗期间把工作搬到了医院，陪侍、工作两不误的整整坚持了70多天，在父亲的病榻边起草出了《关于构建美丽山村前期筹备工作》草案，并创作复原绘出了盔饰图纸50余套。

刘清河还是沁县政协委员、潞州助学会沁县站站长。他调研了解社情民意，他到山区慰问演出，他参加扶贫助困、兴农支教的公益事业，他为山区中心校联系成立爱心图书室和实验室，他把戏曲盔饰文化传递到了校园，他用行动感恩乡村、感恩社会。

四、公益实践："冰激凌"[①] 微公益团队众筹播撒"大爱之心"

“冰激凌”微公益团队创设于2014年3月，缘于针对太谷县范村孤儿

---

① 孟令飞：《学生志愿公益团队事迹——“冰激凌”微公益志愿活动》，2018年10月10日，见https：//spxy. sxau. edu. cn/info/1069/3507. html。

院的孤残儿童发起的一项志愿服务活动。五年来，微公益团队在学院师生共同努力下，不断拓宽志愿服务活动的形式和内容，提升志愿服务质量和水平，共开展活动50余次，支教40余次，举办各类爱心募捐活动6次。

（一）以公益之心，行力所能及之事

公益，爱心，奉献……是当代社会最为需要的，怀揣公益之心，共行利于社会之事，完善自身品格，弘扬时代精神。

“冰激凌”微公益志愿活动，是食品院师生针对范村孤儿院的孤残儿童发起的一项志愿服务活动，旨在号召大家，“用少吃一支冰激凌而节省的钱去付出一份爱心”，就是要我们少点甜，让孤儿多点甜。这项志愿服务活动开始于2014年3月，另外在2017年9月，“冰激凌微公益”也开始实施石象村小学支教项目，截至2018年4月7日，我们的团队共进行了50多次活动，其中包括30多次支教活动。这四年来“冰激凌微公益”一直注重青年学雷锋志愿服务对学生的思想道德教育的影响力，不断拓宽志愿服务活动的内容，促进学院精神文明的不断提升。

（二）坚持奉献，公益梦想时刻谨记

茨威格曾言：一个人的力量是很难应付生活中无边的苦难的。所以，自己需要别人帮助，自己也要帮助别人。公益事业一直是弘扬校园文化的重要办法之一，“冰激凌微公益”不断抓住契机，完善自身机制，为不断提升自身影响力从而宣传我校的公益事业做出了突出贡献。

团队志愿者看望孤儿，辅导他们的功课。不同的时间，同样的地点却有着不同的感动。在3—4月的“学雷锋”活动月中去范村孤儿院看望孤儿2次，每月根据不同的节庆日制定不同的主题，前往范村孤儿院看望孤儿。开展“学雷锋”志愿服务，不仅为了告诉孩子们要继续传递爱，也要让孩子们在他们的影响下，使得“做一名优秀的志愿者、传递爱心”成为孩子们的梦想，在孩子们心中埋下一粒奉献的种子。“冰激凌”微公益刚开始去范

村孤儿院的时候，孩子们从最初的排斥到最后的不舍，无一不体现了公益事业的伟大。2015 年的一次支教活动中，队员们在孤儿院墙上看到了歪歪扭扭的一行小字——“我要上大学”，简陋的书桌，破旧的书本，困窘的经济，并没有湮灭孤儿们对大学和未来生活的渴求。2015 年 9 月，“冰激凌”微公益的志愿者们针对孩子们学习差的问题专门成立了功课辅导小组为孩子们辅导功课；并于 2014 年 3 月至 2018 年 4 月，先后在范村孤儿院进行了 30 多次的周六日支教活动，每一次都会进行一对一的功课辅导，确保每一个孩子都不会落下。随着孩子们的长大，他们发现孩子们的心理健康也很重要，因此从 2017 年开始志愿者们都会接受相关的心理培训，然后去孤儿院进行相关心理辅导，让孩子们走出心理阴影，使他们相信他们与别人没什么不同。另外，队员们千方百计向校里申请了邀请孤儿院孩子来农大，让孩子们第一次有机会接触大学。在农大，12 名孤儿自在徜徉，图书馆、思想湖、植物园、谷园餐厅让他们在懵懂中埋下了奋斗的种子和未来人生的根芽，并告诉队员们：“有一天，我们也要进到这里来学习。”一次次的相遇必然会产生不一样的悸动，一次次的交流必然会让更多的孩子受益，一次次的探望必然会打开孩子心中那扇通往友善美好的大门。

（三）春种农忙，志愿服务无处不在

时光飞逝，很多人在不断坚守的路上成为一代又一代具有巨大影响力的人，将志愿服务拓展到田间地头，让爱心之泉流淌在农大热土，使交流共享成为共同目标。

每逢春季和秋季，孤儿院阿姨会格外地忙碌，教导孩子们的同时还要照顾地里的庄稼，因此，在每年春季“冰激凌”团队的志愿者就会帮忙去春种，在中秋节期间会帮忙去秋收。在 3—4 月份中，他们会在周六周日两天去帮助孤儿院的阿姨春种并定期举行志愿服务交流会。团队成员在交流会上发现问题、提出构想、解决问题，为以后他们更好地进行志愿服务指明了前进的方向。成员的力量是有限的，但爱心奉献是无穷的，“冰激凌微公益”

秉承着这样的思想开展募捐活动，不定期的募捐活动，鼓励大家捐钱或者捐物，或是其他自己制作的小礼品为孤儿们献一份爱心。在 2018 年 4 月 20 日至 22 日“冰激凌微公益”举办了“汇涓滴之爱，成爱之海洋”捐助活动，通过夜跑的方式号召大家注意环保的同时进行宣传，希望大家可以献出一份爱心，并将筹得的善款在五一劳动节带给孤儿们。

爱心接力，让更多的人感受到“冰激凌”团队的信心和热情。他们还帮助解决农产品滞销问题。2017 年 9 月，通过益路同行 App 中石油项目申请利用“互联网+”解决农产品滞销问题，在 2018 年 3 月份去孤儿院时，阿姨和他们谈到了小米滞销问题，回来之后他们就在互联网上发布消息，寻找买家，现在已经卖出了一部分。此外还在石象村小学定期进行支教。在 2017 年 9 月，石象村小学因资金运转不够，长期缺乏相关老师教授学生音体美等课程。因此，与“冰激凌微公益”团队合作，他们在每周二周三学生们的活动课程中带他们学习音体美课程。团队在 2018 年 3 月至 4 月期间共支教 12 次，每次时间大约为 1 个小时。

每一次活动，都有着不一样的收获，他们坚信只要功夫深，铁杵磨成针，只要坚持就会有回报，只要努力就会有收获。

（四）校园内外，公益之心感染众人

真诚的关心，让人心里那股高兴劲儿就跟清晨的小鸟迎着春天的朝阳一样。他们就是农大的朝阳，不断迎着晨光向前进。

校内外志愿服务两者相结合，让志愿之行遍布校园。“冰激凌”团队除了进行关于范村孤儿院的相关活动之外，应校团委要求，他们还进行了校内的志愿服务活动。3 月 16 日至 18 日，因这几天风大，在谷园和图书馆的自行车常被风吹倒，因此“冰激凌”团队组织了“自行车排排站”活动，20 多名志愿者游走于校园内，把倒了的自行车扶起来。因为大家的不文明使用，5 号楼的桌子上常有各种污渍，因此在 3 月 19 日，他们组织了“5 号楼清洁”活动。此外，为了带领志愿者们进行更多的社会实践服务，“冰激

凌”微公益在3月份与太谷汽车站协商帮助他们周六日进行日常的清洁和维持秩序，并在3月7日进行了这项活动，太谷汽车站的工作人员纷纷感谢志愿者们的帮忙。“冰激凌”微公益团队还与太谷义工协会合作，在各个宿舍安排了“哆啦A梦的口袋”，供大家捐助衣物，在3月16日，和义工协会一同将箱子里的衣物整理拉走，捐给贫困山区。

“冰激凌”微公益作为我院师生参与公益活动的新途径和高校德育的新载体，真正做到将爱党、爱国、爱民大情怀的理念内化于心，外化于行。习近平总书记指出，“奉献爱心，处处可为”，团队成员践行如斯，爱的种子播撒在现在，必将收获在未来。

怀揣着善良之心，行利于社会之事。他们说我们要做到爱因斯坦所说的：“生命的意义在于设身处地替人着想，忧他人之忧，乐他人之乐。”

第二节 “强农兴农”杰出师生群像聚焦

2019年，习近平总书记给全国涉农高校的书记校长和专家代表的回信时指出，以立德树人为根本，以强农兴农为己任，拿出更多科技成果，培养更多知农爱农新型人才。

一、大学生创业园：孵出“新农人”，拼出“新气象”

“山西农大和太谷县只有一墙之隔，但是农大的技术越过这道墙推广进太谷的大田里，也不是一件容易的事。”许多年以后，创业成功的山西农业大学毕业生黄超回忆起往事时感慨地说：“是学校的创业园为我们削平了这座山，让我和学弟学妹实现了从毕业到就业的无缝对接。”不只是黄超，即将毕业迈出农大校门的王东明对此也深有体会。

从2006年成立大学生创业中心、首家大学生创业公司，鼓励学生在学校 20 亩教学实验用地上因陋就简地创业开始，到 2014 年成立创业学院，将学校社会化服务和学生创业教育捆绑，整合政策、资金、人才、技术等要素推动大学生创业园建设以来，山西农业大学大学生创业园成了推动山西农业发展的一个孵化器，不仅让象牙塔里的学生能接到地气，孵化出一批又一批像黄超那样懂农爱农务农的创新人才，还孕育出了一个又一个接地气的“泥腿子教授”。他们力量的叠加，孕育出了一个又一个适合山西特色农业向现代化发展的技术模式，并成为助力山西脱贫攻坚的一个强劲引擎。

走进山西农大大学生创业园，探访发生在这里的故事。

（一）“蘑菇王子”黄超：执着于他的菇业大梦想

黄超，男，中共党员，湖北天门人。2004 年考入山西农业大学农学专业，2008 年毕业。现任太谷县绿能食用菌专业合作社执行理事长。大学期间，源于对农业的热爱，他积极组织成立“绿能科技协会”，组织团队参加大学生创业设计竞赛并多次获奖。中国教育报、中国青年报、新华每日电讯、山西卫视、山西青年报、山西日报、山西农民报等多家媒体对他的事迹给予报道。他于 2009 年 5 月获得山西省第十届“山西青年五四奖章”称号；2012 年 5 月获得山西省人民政府“三晋创业就业奖”；2012 年 7 月获得国务院“全国就业创业优秀个人”称号。

1. 穷则思变，面对挫折不服输

大学四年对于黄超来说是不平凡的四年，同时也是艰辛的四年，为给家里减轻负担，他四年没回家。穷人的孩子早当家。小时候母亲告诉他：男儿不吃十年闲饭。所以大一寒假的时候他就没回家，想找点事情做。刚踏上社会没什么见识，更没什么技能，至少需要找一份管吃管住不折本的工作，哪怕老板赖账，不发工资，也不能倒贴钱，于是他就在太谷一家宾馆打工，虽然一天才 10 块钱，但当时觉得很高兴。大一暑假，也就是 2005 年 8 月到 9 月，由于缺乏社会经验，误入传销组织，被骗了 6000 多元学费和生活费。最终逃离传销窝点，变卖身上仅有的一张电话卡辗转回到学校，后来的学费

都是同学们凑的。

为了还钱，他扫过篮球场，洗过马桶，擦过皮鞋，也在歌厅、桑拿、宾馆打过工，还卖过自行车、收音机、耳机一类的东西。

回想那些生活确实很辛苦，他每天中午去学校篮球场打扫，星期天再骑着自行车到太原普国电子城进一些货，然后晚上回学校去各个宿舍推销。为了节省开支，他每天省吃俭用，早上一碗拌汤，中午奢侈一下吃碗米、打份菜，到了晚上啃方便面，这样每个月仅仅依靠国家补助的108元钱生活着。为了节省来回路费，过年不能回家了，自己打工挣点钱，学校还给发一两百的压岁钱，就这样他在学校过了四年。头两年是为了还钱，后两年是为了用钱。大二奋斗了一年，基本上还清了债，在还债的过程中，他发现自己做了不少事情，这也干那也做，但都是小打小闹，挣不了多少钱，于是心中萌发了干点“事业”的想法。

2. 学以致用，寻找创业路

打零工、卖自行车虽然挣了些钱，但这终究不是长久之计。当时正值国家实施以沼气为纽带的生态家园富民计划，大力推广农村沼气池，他觉得这个项目不错，既能生产沼气点灯做饭，又不会造成环境污染，现在能源比较紧缺，沼气作为一种清洁能源，绿色能源，肯定有发展潜力。于是他和同学一同设计了调查问卷，想在太谷做农村沼气调研，主要是看沼气池好用不好用、有没有问题、老百姓的接受程度如何、市场如何。跑了几个星期以后，发现太谷农村很少有沼气，有的人甚至没听说过沼气。后来听同学说汾阳的沼气做得不错，五一的时候他就跑到汾阳栗家庄下乡做调研，也没几户有沼气池。后来他又去了平遥、太原、介休等地，用沼气池的都不是很多。当时沼气池也是刚刚开始推广，政策也很好，他觉得这个项目可以做一做。然后开始在图书馆、网上找资料，学习理论，到村里面给人做小工学习实践，这样学起来很快，2007年1月就通过了国家沼气生产工职业资格鉴定并取得相关证书。2007年7月到8月，他和另外两个同学在学校周边的申奉村和桃园堡村参加农村沼气建设。这两个村的沼气池都是由他们负责建设完成的，效果都很好，为此，太谷电视台专门做了“看学子朝气，助农村沼气”的报道，申奉村也给他们送来了“学有所用，心系农家”的锦旗。做沼气的这段时间很辛苦，但很开心，也使他更贴近了农村，贴近了农民。

3. 立足农村，发展食用菌种植

在农村承包沼气池工程是季节性的，只能在天热的时候做，到了冬天便闲下了，考虑到这一点，黄超决定把做沼气挣来的钱拿出来种蘑菇，他觉得只有这样才能学以致用，活学活用，真正做到理论联系实际，实际结合市场，把所学的知识转化为生产力，然后创造出经济价值和社会效益。

有人说，知难行易；又有人说，知易行难。对黄超来说，知难行更难！2007 年冬天，他找做沼气池的朋友借了一间闲置的院子和废弃的苹果窖，东拼西凑花 3000 元做出菇试验，后来因村民反映说他种的平菇是养的“菌”，不让他搞试验，于是他把试验搬进了大棚。为了降低成本、减小投入，温室一小部分搞试验，其余部分种西红柿。2008 年 9 月，他和同学投入 3 万元正式生产平菇，但由于试验和生产脱节，技术和管理跟不上，生产失败。但他并没有因此而放弃，而是前后三次到省内菇场学习，和菇农同吃同住同睡，虚心向菇农请教，认真总结自己失败的原因。2009 年 3 月，他和同学集资 10 万元成立太谷县绿能食用菌专业合作社，并建起了第二个温室大棚，租赁厂房，投料 50 吨，转亏为盈，实现了平菇的周年生产，做到四季有菇。

2010 年 3 月，受山西农业大学扶贫队的委托，黄超参加了和顺县化南沟村“华安菌菇创业园”项目的建设，指导农民开展大规模的蘑菇种植，每天穿梭于大棚之间。赤日炎炎的夏天，他穿着背心站在河滩、大棚、树林为农民朋友讲课。为了解决产业化生产蘑菇消毒问题，用了一个多月的时间，他比较了国内所有设计方案和方法，请教了许多专家，终于探索出了一套灭菌新方法，大大推动了该产业的发展，真正收到了政府欢迎、农民高兴的效果。

他们在 2010 年 12 月又增加一个棚，逐步满足了太谷市场并建立自己的生产标准系统和管理制度。2011年以合作的方式分别在和顺县、宁武县建立基地。2011年8月注册了“蘑菇王子”商标。

4. 积极探索商业新模式

实践中，黄超认识到，没有质量的发展，往往是得不偿失；而没有数量的发展，质量的价值则无法充分体现。人们常常有“公司+基地+农户”的说法，在他这就成了合作社+基地+大四实习生了，这种模式相当好。2010年春天，他去和顺扶贫，后来又到宁武做工程，没有时间经营太谷的基地，但是场地、机器设备空着太可惜，索性租出去，他们提供技术、场地、机器设备、运输工具等，租棚的人只要买一部分的原料就行，租金等卖了蘑菇再算。对于大四学生来说，既能得到锻炼，又能得到他们应该得到的报酬，毕业后可以到合作社在外基地工作，也可以继续承包大棚自己创业。

黄超的想法也许和别人不一样，好多同学上完大学喜欢到大城市去，过打工族，过白领的生活。他认为做农民就很好，做懂技术、会经营的现代农民更好。黄超从来不认为读了大学就是天之骄子，他把自己定位为受过高等教育的现代农民。在黄超眼里，农村天地比城市更广阔，更适合创业，他一直坚信“励志照亮人生，创业改变命运，劳动创造财富”，这将激励黄超在食用菌的研究和生产道路上越走越远。

（二）大学生年度人物江利斌：和家乡有个约定

江利斌，男，汉族，山西省黎城县人，中共党员，2010—2014年就读于山西农业大学园艺学院艺术设计专业102班。现任长治市黎城县团县委副书记、北委泉村党支部副书记，山西省政协委员。

江利斌立志服务家乡、奉献“三农”。他刻苦学习、积极创业、矢志为农、勇敢追梦。他的学习、实践和创业精神感染着每一位和他接触过的人。

入校以来，江利斌秉承“理论联系实际，实际结合市场”的理念，励志扎根农村、服务农民、建设家乡，积极要求进步，树立了正确的人生观、价值观。

早在入校前，江利斌就已经规划好了自己的人生方向——踏踏实实的学习好果树方面的知识、学习一门实实在在的技术、探索一个适合自己及适合农村发展的好项目。江利斌知道“知识才能改变命运，知识才能成就梦想”，要想实现自己的梦想，带领家乡人脱贫致富，必须要找到真真正正适合农村，并能带动农民发展的好项目。

他是农民的儿子，他的梦在农村，他要把学到的知识和技术带到农村，带给农民，他要奉献他毕生的时间和精力去建设家乡，服务三农，完成他的梦想和承诺。根据自己对农村的了解和认识，他选择了“核桃+食用菌”发展项目。

他从2008年至今，在黎城县北委泉村，把漫山遍野、毫无经济价值的、被遗弃的野生核桃楸子树改接成有经济价值的食用核桃树和麻核桃树。2008年他开始学习核桃的嫁接与修剪，2009年做核桃改接方面的实验，2010年暑假大规模发展自己的核桃园子。2011年收集保存太行山上不同种类的优质野生麻核桃资源。2012年底注册了黎城绿翼核桃专业合作社。2013年开设了果树嫁接专业技术培训班等。

江利斌的创业团队于2013年获得校“大学生优秀创业团队”奖。江利斌个人于2012年获得校“十大自强之星”荣誉称号，由于表现突出，在农大报告厅作了“理想与成才”报告。2013年在校五四青年表彰中获得“学雷锋优秀青年”荣誉称号，2013年6月山西新闻联播以《共筑中国梦，建功在三晋》为题对江利斌进行了连续两期头条报道。2013年CCTV13新闻综合频道以《回乡创业，为了和家乡的约定》为题，对江利斌进行了专题报道。其事迹还先后被中国教育报、中国青年报、中国青年网、山西日报、山西青年报、长治上党晚报、山西新闻网晋中频道、新华社等多家媒体报道。

2014年，他当选“第九届中国大学生年度人物”；2015年，荣获山西省“科普惠农先进个人”；2016年，获得“山西省十佳最美村干部”荣誉称号；2017年获得“长治市五一劳动奖章”。

经过多年努力，不仅使“核桃+食用菌”产业成为北委泉村的特色主导产业，他所成立的黎城绿翼核桃专业合作社发展社员150多户，种植核桃树1000余亩，仅此一项户均增收3000多元。核桃树嫁接服务队嫁接食用核桃5500余株、(麻)核桃4000余株。黎城利斌生态种植专业合作社联合社修建大棚24个、冷库3座、接种室200平方米，用于栽培食用菌。现在解决了本村30余户的剩余劳动力，户均增收10000元以上，基本实现了他初步的梦想。

江利斌的梦想很简单，就是让家乡的父老不用走出大山也能过上富足的生活。每天多进步一点，和梦想的距离就会近一点。面对荣誉，江利斌告诉记者：“安逸的青春只能换来一生的悔恨，追梦的岁月才能成就荣耀的人生。”江利斌把自己的梦想种在了家乡的土壤里，在他眼里，中国梦就是立足当下的改变，谋划未远的未来。也只有这样，才能把美丽的梦想变成每个人出彩的人生。

（三）自强之星马红军：谋划出“微美”未来

马红军，男，汉族，辽宁省建昌县人，共青团员，山西农业大学农学院农学1101班本科生，山西农业大学2016级农学院植物病理学硕士研究生。生长在农村的马红军，深知农村生活的艰辛，平时就非常关注国家对农业、农村的政策的他，励志通过努力学习，掌握先进的农业科学技术，带领家乡人民走上致富的道路。2014年4月成立“微美曲辰”创业团队。目前，团队所种植的品种由单一的番茄发展到了草莓、圣女果、黄秋葵等多个特色品种，温室数量已经由最初的一个发展到五个。

1. 入学教育：坚定了绿色农业创业的梦

2011年，走进大学，马红军始终不忘自己对家乡人民的承诺。新生入学教育时，他了解到学校和学院支持大学生创业的政策措施，决定抓住机会，一边学习一边创业。2012年3月，他就开始查阅各种资料，向老师和曾经有过创业经历的学长请教。之后，他和几名有着同样梦想的同学，共同组建了一支团队，在农学院大学生创新创业园区申请到三分试验田，开始了最初的创业实践——种植圣女果。回想起刚刚开始的那段日子，他笑着说，当时真的很苦、很累，最主要的是没有掌握种植的技巧，只能按照老师的指导和书本上的介绍来做，有很多实际问题不好处理。但是小有成功，让他坚定创业的决心。

2. “志愿者”经历：打开创业之路

2013年暑假，马红军放弃了本应在家中享受团聚的暑期，去北京“分享收获”做起了志愿者，体验和学习现代农场的生产、销售、管理模式。农场内完全不使用化肥和化学合成农药，生产的产品完全是有机的。马红军很激动，他认识到那样的发展模式就是自己今后的努力方向。从北京体验学习回来后，马红军主动找到学院老师，希望能够在农学院大学生创新创业园区申请3亩试验田作为梦想的开始。正值山西农业大学现代农业科技园区项目启动，他的团队成为首支入驻园区的温室大棚种植团队。

种植草莓，需要打老叶、打匍匐茎，草莓结三茬，他们就得打三遍。在艳阳高照的时候，大棚里的温度高达40多度，棚内棚外温度给人的感觉就是“两重天”。马红军说，在那种环境下干活，身上所有的衣服都被汗水给浸透了。同样的工作做了一遍又一遍，重复了一次又一次，但是他丝毫不觉得枯燥、不觉得辛苦，用他的话说，“为了自己的‘绿色农业梦’，再苦再累，心里都是甜的，都是值得的”。

3. 自立自强，圆梦三晋

马红军带领着团队，将节假日、课余时间全部用在研究大棚种植技术及病虫害防治等方面，特别是2014年，随着大棚数量及种植规模的扩大，他们的团队一行7人，放弃春节与家人团聚的机会，毅然坚守在生产一线，辛勤劳作。

经过一年多的努力，马红军团队先后引进日本的红颜和美国的甜查理草莓品种，种植2.5亩、近2万株，圣女果1.2亩、2000余株，预计收益22万元。种植的大棚数量从最初的一个发展到三个，品种由单一趋向多元化发展。团队以温室为平台，吸引20余名在校大学生参与生产实践，累计参与实践的大学生近百名，团队还积极与周围农民交流，多次为农民讲解相关专业知识和生产技术，先后带动 6 家农户种植无公害草莓。马红军的“绿色农业梦”开始在三晋大地之上生根、发芽。

为了种好草莓，他查阅大量资料，认真学习、研究草莓温室的温湿度调控技术、蜜蜂养殖技术、瓢虫养殖技术、蚯蚓养殖技术。2014 年 9 月，他们团队在老师的指导下做了不同生物菌肥对草莓移栽成活率的影响的实验，当年 11 月对草莓缺素症及其补救措施进行了探索。目前，他们在有机种植方面取得了一定成果，在园区内起到了一定示范作用，并且从开始向老百姓请教逐渐变成为老百姓提供帮助和指导。

现在，马红军和他的团队已注册了“太谷县微美曲辰特色果蔬种植中心”，主要从事特色果蔬的生产、管理、销售、技术指导及推广、学员培训活动等。所带领的创业团队于 2013 年获得学院的“优秀创新团队奖”，2014 年获得校“创业表现突出奖”，马红军个人荣获共青团中央、全国学联 2014 年度“中国大学生自强之星”称号。2014 年 9 月山西新闻联播对马红军的创业事迹进行了报道，10 月山西新闻网对马红军的事迹进行报道，其事迹还先后被中国青年报、山西卫视、晋中电视台等多家媒体报道。

马红军有这样一个梦想，想着带动更多的大学生和有志青年投身到健康绿色的农业中，使之成长为懂技术、善经营、会管理、有思想、愿意留在农村从事农业生产、管理的大学毕业生。希望这些绿色无公害的果蔬与现代农业理念扩散出去，让更多的人享受现代农业带来的健康。

（四）创业新秀金永贵：走在快乐的创业大路上

金永贵，男，汉族，湖南省桃源县人，山西农业大学农学院学生。他曾获山西农业大学“优秀创业个人”“优秀创业团队”“创业表现突出奖”等荣誉称号。创业事迹被山西日报、新华社、山西广播电台等多家媒体的报道。

2015 年底，金永贵带领团队成立了太谷县卓越农人农业有限公司并担任法人，这是一家以新鲜果蔬种植与销售为主的农业企业。并且带动了其他的团队相继入驻大学生创业园。他们的足迹遍及太谷北洸、白城、孟高、范村、小白等地。团队还应清徐职业农民培训机构邀请，为他们讲解科学的农业病虫害防治技术和科学管理方法。企业现在由过去单一的蔬菜种植转变到果蔬采摘与配送、农业技术示范和推广等多元化经营模式。公司采用“公司+创业学生”的生产模式，积极带动大学生从事农业创业，解决大学生创业过程中销售难的问题。公司员工由两年前的 4 人增加到现在的“4+X”人。现阶段，公司正在大力推动“最后一公里”保姆式蔬菜配送服务，直接对接社区。

1. 心系农业，立志农业

他来自湖南的一个村庄，第一年高考曾被长沙的一所医学院录取，但是他志不在此，毅然决然地选择了复读。功夫不负有心人，第二年他以第一志愿第一专业报考山西农业大学农学专业，完成了他梦想的第一步。出身农村的他背负了家人的期盼，为此，父母曾百般劝说，而他却坚信农村有广阔的天地，要在这广阔的土地上舞出自己精彩的人生。

2. 前进的路上，苦也甜，累也乐

农学院创业园区牛刀小试。一次偶然的机会，他参加了院里组织的创业工作总结会，大受启发，此后他便积极的组织团队，准备风风火火地干一场。而理想与现实之间的差距注定他要经历层层阻碍。选种、种植、销售，他们选择了黄瓜种植，查阅所有资料，借鉴前人的经验，自己摸索种植新方法，面对各种突发状况、遭受尽冷眼和嘲讽，他们都不曾放弃。事后他曾表示，虽然辛苦些，但收获是巨大的。

在黄超蘑菇大棚实践学习。八月份黄瓜已经收获殆尽，他来到了黄超的蘑菇大棚，这里的生活无疑是辛苦的，繁重的种植过程，从倒料，到翻料，装袋，灭菌，出锅，接种，出菇，后期管理。短短几个字，简简单单地说出了这几个过程，但是有很多苦却是无法说出的。对技术的渴望，对未来的憧憬始终支持着他，在这里让他和梦想走得更近了。

在2014年9月份，他开始在山西农业大学大学生创业园区进行创业实践，开始接手冬季日光温室，凭着心中的那一腔热血，他遇到了事业上的伙伴卫爱波、宋国建、薛世通，四个一直怀揣创业梦想的青年一拍即合，共同走上了创业之路。9月份的太谷，塑料覆盖下的大棚里温度接近40度，他们整天在大棚里劳动，翻地、撒肥、吊钢丝、修棚、起垄，四个人用了一天半的时间将当地七个农民两天才能干完的活全干完了，苦却快乐着。为了更好地干活，他们每天中午在附近村庄的小卖部里煮泡面吃，一顿午饭每人吃两三包泡面，然后回来躺在大棚顶上的棉被上睡上一会儿，但艰苦的条件阻挡不了他们火热的创业之心。东拼西凑了启动资金后，漫漫创业路也开始了第一步。好不容易将苗种下地后，对于整个种植流程，他们这种新手总是有许多问题不是很清楚，而有时从课本上学来的知识在面对实际问题时不尽然是适合的，每每遇到问题的时候，他们不断地去请教周围的农民、技术员和学长，但是这么多人每个人给的说法都不一样，抉择一个比较好的方法也是很耗费心神的一件事，渐渐地他们摸索出了自己独特的一条路。让金永贵记忆深刻的是，有一次下大雨，突然接到消息说大棚塌了，他匆匆赶到现场，面对这种状况不免有点惊慌失措，之后每次遇到这种下雨天他都会提前检查大棚，避免同样的状况再出现。创业路上他也曾迷茫过，看到同学在宿舍里睡觉、打游戏，他问自己这么的辛苦是为了什么？他就是要干实事，他的行动先于大脑告诉自己，就是闲不下来，就是要实现梦想。他记得最深的一件事就是，时任山西农业大学党委书记石扬令来大棚参观，那种自豪和骄傲的感觉久久萦绕在他心头，这就是不断坚持的最大意义吧。2014年10月至2015年3月份主要是黄瓜和豆角的种植，现阶段，他们在进行的是西瓜、水果黄瓜、西红柿等的种植。一步一步地走过来，他的团队依然慢慢地成长、渐渐成熟。

3. 苦辣酸甜皆收获

谈及自己的梦想，他说这只是万里长征的第一步，他最终一定要建一个生态农场，做一个种植、养殖一体化的产业。他常常说，团队就是自己创业路上最大的财富，和他的伙伴们在一起就觉得有支撑有力量，有他们的支持，不管做什么，都会义无反顾。他给自己准备了两个日记本，一个用来记录所学到的技术和方法，一个用来记录自己这一路上所经历的事情和心情，翻开这两个本，里面满满都是收获和感动。

在谈及自己面对的困难时，他总是一脸的茫然，似乎这条路带给自己的总是快乐。他说现在要把所有的都经历一遍，那么以后一个人干活的时候就什么都不怕了，这就是现在经历磨难最重要的意义。现在他的团队已经有了收益，但更重要的是他们已经比较熟练地掌握了蔬菜种植的基本方法和基本技术。经验都是在失败与痛苦之中得到的，现在的他，也会碰到许多问题，但多了几分从容，几分智慧，在困难面前，没有说像过去那样自暴自弃，每次失败都是一次总结，都是一分收获。

金永贵说，他给自己定了好多个五年计划，在 30 岁之前一定要把所有的路都试过，要不断地去学习、去摸索，到全国各个地方实践，心有多大，舞台就有多大。他用自己的实际行动告诉我们，努力就会有机会，不要总是等待，不要让梦想变成幻想。

山西农业大学大学生创业园占地仅有 500 亩，但其意义和给我们的启示却远远超出这一物理空间。

首先，它很好地回答了地方农业大学如何兴农务农的问题。兴农应是农业类高校的办学之本，但是在一些地方农业院校发展中，往往为了迎合社会需求，大力发展非农专业，其结果是自己的农业专业特长没有做精做好，又因为师资力量不足，非农专业也办得不伦不类。受其影响，学生恶农的情绪逐渐蔓延。山西农业大学创业园为特色农业辟出创业园，为学生“学农爱农懂农务农”提供了平台，也孵化出了一支又一支愿意务农的高水平新型职业农民队伍，让农业院校的教育回归了本真，这值得肯定。

其次，它很好地探索了提高大学生创业成功率的现实路径。返乡农民工创业园也罢，大学生创业园也好，在各地屡见不鲜，优惠政策扶持资金投入多的也不少，但是形成孵化机制的却不多见。其实创业者不仅需要有企业家精神，还需要有科技创新的自觉，这两种品质的塑造，远远不是政策和资金所能解决的。山西农大立足自己的教育资源优势，设立创业学院，给学生“扶上马—送一程—做后盾”的机制，给创业的学生从创业设计、创业实操到接轨市场，在创业链的每一个环节都做了扶持支撑，大大降低了学生创业的盲目性，也减少了创业风险和资源浪费，值得借鉴。①

截至2021年，山西农业大学大学生创业园区，依然活跃着黄超、马红军、王东明、李小波、张淼、曹健、卫爱波、董帅等一批坚持创业的学子及其蒸蒸日上的优秀创业团队，每年都会带领来自全校农学院、园艺学院、林学院、农业经济管理学院等各学院的大学生逐梦在精彩的创业路上。

二、“特”“优”路上：创出科教新业绩，谱写服务新篇章

（一）食用菌专家常明昌：深耕沃土，催艳“蘑菇花”②

常明昌是山西农业大学食品科学与工程学院教授，被誉为山西省现代食用菌产业奠基人，是一位名副其实的“蘑菇专家”。“蘑菇”，也让他与扶贫结下了深深的缘分。36年来，常明昌从未停止扶贫事业，他常说：“我既做了扶贫，扶贫也成就了我。”

1. 扶贫：帮扶40余县，数十万农户受益

2020年6月2日凌晨，常明昌的手机响了起来。“常教授，半个月了，菌棒出不了木耳，怎么办？这是木耳的视频，您看一下。”中阳县车鸣峪乡弓村村民梁小平发来一连串微信。

“千万要注意高温，要加强通风换气降温。”常明昌一边回复梁小平，

---

① 吴晋斌：《接了地气，成了大气——山西农业大学大学生创业园探访》，《农民日报》2018年7月3日。

② 本节内容根据《光明日报》《人民日报》文章及相关媒体报道整理而成。杨珏：《盛开的“蘑菇花”》，《光明日报》2020年12月3日；郁静娴，付明丽：《山西农大食品科学与工程学院教授常明昌——送技术上门带村民致富》，《人民日报》2020年4月15日。

一边将信息转发给黑龙江省科学院微生物研究所所长张介驰。

“这些现象多数是开口催芽阶段高温缺氧导致，也有感染杂菌和螨虫造成的。”在与张介驰商量研究后，他给了梁小平一个准确的答复，又将这个问题发送到木耳种植户群里，提醒大家注意类似情况的发生。但常明昌还是放心不下，立即驱车前往中阳，实地查看木耳种植情况。

5个多月的时间里，这已经是他第18次去中阳。一边是山，一边是沟。常明昌就是这样一趟一趟往返在崎岖的山路上。

在常明昌的手机里，有40多个食用菌种植群，每个群都有百余人。至于菇农的微信，他自己都记不清楚具体有多少个。主动加微信、开心地合影、与村民同吃同住……在菇农眼里，常明昌怎么也不像教授。

“现在菌袋已经到了关键时期，长得挺好，到了转色的时候了，转色的时候一定要注意温、光、气、湿四个关键环节的协调管理。”这是4月26日，在吕梁市临县青凉寺乡柳沟村山圪崂农业合作社大棚里，常明昌给合作社社员董继兰手把手指导。

“常教授指导我们盖起了大棚，一年最少能挣2万元。”董继兰说。

“给农民朋友讲课不能像给本科生、研究生讲课，语言要接地气，要用他们日常生活中熟悉的事做比喻来培训，这样才能把课讲到他们的心坎里。”常明昌说。

山圪崂农业合作社理事长郭凯嘉是常明昌的“铁粉”。他一直记得，常明昌如何把自己从一个“门外汉”培养成香菇合作社的负责人。

郭凯嘉管理着11个发菌棚、31个出菇棚，年栽培香菇近40万袋，产值可达300多万元。“常教授将他多年的科研成果总结成简单易懂、操作性很强的技术流程，只要按流程上的时间节点上架、割袋、补水，出现异常及时沟通，绝对没有问题。”一说起常明昌，郭凯嘉就有说不完的话。

2014年，常明昌带领团队在临县开始食用菌科技扶贫。县里的香菇产业从零起步，目前已实现规模化、标准化、产业化发展，2019年栽培香菇1500多万袋，鲜菇产量达1.1万吨，产值突破1.3亿元。

从最初服务一户、两户菇农，进行一家一户庭院式栽培，到引进社会资本，推动食用菌工厂化生产模式。从开始研究食用菌算起，36 年来，常明昌跑了山西省 83 个县，在 40 多个县开展社会服务和科技扶贫，帮助 31 家企业建立了食用菌工厂化生产基地，推广优良品种 300 多个，打造了山西最大的香菇、木耳、白灵菇、绣球菌、杏鲍菇、灵芝、猴头等基地，经济效益达 36 亿元，数十万农户因此受益。

与此同时，常明昌带领团队先后举办食用菌培训 400 多期，培训农民 4 万多人次，还开设了免费咨询电话、网站和微信公众号，帮助农民解决生产中的实际问题。

2. 教学：教授学生 12000 余人，一批“蘑菇王子”投入科技扶贫

从 1998 年开始，常明昌的“食用菌栽培学”课程，就是学校里最大的选修课，也是最受欢迎的课。每次上课，330 人的大教室总是座无虚席，甚至还有很多校外学生慕名来听课。

中国食用菌产业年产值达 3000 亿元，却没有一个真正完整的食用菌学科来培养专业人才，这是常明昌心头的憾事。早在 2011 年，常明昌就设想着创立食用菌本科专业，实现食用菌研究几代人的梦想。

2020 年 3 月 3 日，是常明昌永远不会忘记的日子。经教育部批准，这一天，山西农业大学“食用菌科学与工程”本科专业成为全国首个食用菌本科专业，开创了中国食用菌科学大学教育的先河。

作为一名教师，36 年来，常明昌教过的学生有 12000 余名，其中一大批成为像他一样的科技扶贫带头人。

江利斌是常明昌的得意弟子，被评为第九届中国大学生年度人物，是迄今为止山西省唯一获此殊荣的大学生。

2010 年，江利斌考入山西农大园艺学院艺术设计专业。“上大学第 13 天，我第一次接触食用菌，从此爱上食用菌。”回忆起当时的情形，江利斌记忆犹新。他从蹭常明昌的“食用菌栽培学”课程开始，一蹭就是 4 年，完成了与食用菌相关的所有课程。

在老师的言传身教下，江利斌在学校附近租了 8 亩土地，开始了大棚蘑菇研究，一颗小小的种子在他心里发芽：毕业后带领更多乡亲致富。

如今，那颗种子早已生根开花，结出丰硕果实。31 岁的江利斌在家乡长治市黎城县北委泉村建起了 50 多亩的平菇和香菇大棚，带领村里 70 多户贫困户和邻村北坡村 67 户贫困户，过上了好日子。

能动手、会动手、敢动手的学生，最得常明昌喜欢，“蘑菇王子”黄超就是其中之一。

原本是农学专业的黄超，把常明昌的选修课当专业课来学。大三时，黄超开始在学校里种起了蘑菇，他说：“我要将书本里的知识变成真实的蘑菇。”2009 年，刚毕业的黄超成立了太谷县绿能食用菌专业合作社，有 20 个大棚。

像自己的老师一样，黄超竭尽所能带领村民致富。2010 年，黄超来到晋中和顺县牛川乡化南沟村蹲点扶贫，带领 200 多名村民改造牛棚、种植蘑菇，经过 3 年的时间，村里种植蘑菇超 30 亩。如今，黄超已经为 30 多个县的菇农提供过技术服务。

“常老师从不耽误学生的课，好多次都是为了第二天按时上课，连夜从外地赶回。”同是山西农业大学食品科学与工程学院教授的孟俊龙告诉记者，他是常明昌带的第一位研究生。

“将木屑等废物堆积在一起，就长出了香菇，这真是‘化腐朽为神奇’的力量。”2000 年，在跟随常明昌参加暑假实习时，读大三的孟俊龙在第一眼看见出菇的瞬间，便对食用菌种植“情有独钟”。

除了对食用菌的热爱，常明昌的一言一行，也让孟俊龙看到了一个别样的大学教授。“没有大学教授的架子，和农户打成一片，早晨喝大叶茶就馒头咸菜，中午面条就着盐拌着吃。”孟俊龙回忆着 20 年来导师的点点滴滴。

桃李不言，下自成蹊。56 岁的常明昌已经桃李满天下，看着学生们奔向四面八方的科技扶贫大道，他知道自己浇灌的蘑菇之花必将长盛不衰。

3. 科研：学术与实践齐头并进，打造农业4.0时代

常明昌出生在山西大同的一个普通工人家庭。1981年，他考上了山西大学生物系。做野外调查，采集藻类和真菌标本，去的地方都是深山老林、戈壁荒漠。每天步行五六十里路，有时候独自一人吃住在山里。大学4年，常明昌走过了大半个中国。

1985年，常明昌大学毕业后进入山西农业大学工作。他追随著名真菌学家刘波，倾心于食用菌栽培、山野资源开发、真菌分类、保健食品和块菌研究。在刘波眼里，常明昌是真正能够把论文写在大地上的学生。

刘波没有看错，仅仅27岁的常明昌发表了45篇论文和两本专著。然而，常明昌有自己的想法，论文写得再好只是纸上谈兵，科研应该走出实验室，送到田间地头，广阔大地才是一展身手的真正舞台。

1992年，常明昌开始着手创建山西农业大学食用菌科技服务中心，决心走食用菌栽培推广的道路。挖几条地沟，搭上木棍竹片，盖上塑料布，这就是最开始的实验场所。在这个闷热潮湿的菇棚里，他经常一待就是24小时，随时观察环境变化，不停地烧火、调湿、保温。

1996年3月18日，常明昌培育出了直径47厘米、重量8.2斤、世界上最大的猴头菇。

在那之后，一道道难关被攻克，常明昌的学术论文与实践论文齐头并进。这也成为他扶贫道路上最坚实的基础。

36年来，常明昌共发表学术论文216篇，出版著作12部，主编21世纪全国高校食用菌本、专科统编教材两部，主编全国“十一五”规划专科教材《食用菌栽培》和本科教材《食用菌栽培学》2部。

36年来，常明昌带领团队先后培育了晋灵芝1号和晋猴头96号两个新品种，“三位一体”香菇周年化高效生产技术、黄土高原杏鲍菇、白色金针菇工厂化高效栽培技术、银耳工厂化生产技术等达到国际领先水平。

2020年8月的吕梁市中阳县神堂峪黑木耳栽培基地，一个个木耳菌棒从棚顶垂直坠下，菌棒上一只只小木耳就像一朵朵小花恣意绽放。“全国栽

培黑木耳，一般只有春栽和秋栽。但在吕梁山区黄土高原冷凉气候和干燥的气候条件下，我们实现了春栽、夏栽、秋栽不间断，这在世界上也属于领先水平。”常明昌告诉记者。

走进山西腾宇农业开发有限公司黑木耳菌棒生产厂，迎面而来的是一块食用菌物联网采集展示系统大屏幕，在这里可以看到全县黑木耳的生长情况。作为该公司智能出菇实验基地核心的实验室，采用了先进的数字化集成技术，通过控制温度、湿度、光照、氧气等出菇所需要的关键因子，人工模拟出最佳出菇环境，采集最精准的出菇数据，为研发中心驯化筛选优良品种，推广实用栽培技术提供各项指标数据。

走工业化道路，用非农思想解决“三农”问题，是常明昌扶贫路上的又一次转型。“未来，农业要实现转型发展，要打造农业4.0时代。”常明昌信心满满地说。

（二）小麦专家高志强：爱岗敬业乐，为“三农”育桃李①

高志强，二级教授、博士生导师，山西省政协委员、国家小麦产业技术体系冬春混播区栽培岗位科学家、农业部小麦专家指导组成员、山西省农业农村厅小麦专家指导组组长、山西省旱作农业学会理事长、国家一级核心期刊《作物学报》编委、享受国务院政府特殊津贴、山西省“三晋英才”支持计划拔尖骨干人才、丝绸之路小麦创新联盟副理事长、山西省科教兴晋突出贡献专家、山西十大科技创新功勋专家、国家首批农科教山西小麦合作人才培养基地负责人、作物生态与旱作栽培生理山西省重点实验室主任、小麦旱作栽培山西省重点创新团队负责人，省部共建黄土高原特色作物优质高效生产协同创新中心主任……他的每一个身份都与“三农”事业紧密相连，

① 李全宏、何云峰：《爱岗敬业为“三农”育桃李——记山西农大农学院院长高志强》，《山西日报》2019年11月15日；赵岩、何云峰：《躬耕麦田为农兴农——山西农业大学小麦栽培团队的科研故事》《中国教育报》2021年6月15日；本节内容根据《山西日报》《中国教育报》《农民日报》等媒体整理而成。

这是他36年来潜心教学和科研的结果。

1. 坚守本分，乐育“顶天立地”新农人

身在高校，从教36载，即使担任行政职务后，高志强也从未远离课堂，坚持上好本科、硕士、博士的《农业生态学》等10余门课程，在培育“懂农业、爱农村、爱农民”的新农人的道路上默默耕耘。

“高老师的课既有最新农业前沿知识，更有接地气的农事农情，特别是注重给我们传授学习与研究的方法。”这是农学专业1603班赵庆玲上课的感受。在教学实践中，高志强不但注重知识和方法的传授，还十分注重学生品格的培养，每年亲自为农学类新生上《专业导学课》，开展专业交流会、专业文化展，培养学生学农、爱农、为农情怀。高志强说，“前辈倡导的生产实践调查和每年两次的农户调查，至今仍是我们团队开展小麦研究的重要方法”。2018年，他所领衔的教学团队获批“黄大年式教学团队”。

“纸上得来终觉浅，绝知此事要躬行”是对高志强园丁奉献精神的诠释。“教室、实验室、农田是高老师的生活轨迹，一年至少有几个月时间，奔波在基层一线。”学生们这样描述高志强的生活节奏。

为传承前辈扎根晋南麦区一线科研实践的优良传统，团队积极摸索构建“学术写作训练—试验设计锻炼—田间生产磨炼—化学实验操练—综合能力历练”五维一体的研究生全程实践训练养成机制，以增强师生“学农知农爱农”情怀和本领。“仅闻喜基地，每年运行的科研创新和试验示范项目以及平台运行项目就接近10个，每年要安排15个左右试验、200多个处理，这需要对小麦全生育周期进行观察记录，全年90—120天在基地试验，工作量非常大。”基地项目运行负责人孙敏说。“七八个人给85亩地施肥，每亩40公斤，人均400多公斤，还要在两天内干完。”团队成员任爱霞博士讲述了当年给小麦试验田施肥时的亲身感受，“一次施肥就足以把体能耗到极致”。一批批年轻的硕士生、博士生进入高志强团队，在实践中锻炼成长为“顶天立地”的新农人。

为适应服务乡村振兴和产业技术发展需求，高志强教授牵头申报获批了国家级小麦农科教合作人才培养基地、首批卓越农林人才教育培养计划拔尖创新项目等，他还作为方向带头人承担“山西省高校思想政治实践育人协同中心”实践育人改革创新探索工作，推动“433”实践育人改革实践，历时10余年，走出了一条地方院校产教、产学、科教等多维融合的特色化农科教合作发展之路。

2. 躬耕麦田，为科研创新勤耕耘

“要掌握学术话语权，就必须走出象牙塔，走进大农田，把科研学术与惠民为农相结合，要把‘爱农为农兴农’的情怀传承好”，这是高志强的导师、全国著名小麦专家苗果园对他的叮嘱。在运城市闻喜县桐城镇邱家岭村有一个不起眼的院落，当地人亲切地称为“专家大院”。从2010年起，高志强每年都要带领团队进驻他亲自筹建的这个大院，白天和农民一起干农活，晚上在简易的实验室里整理数据、资料，讨论改进实验方案。

作为农业农村部小麦专家指导组成员，多年来，高志强带领团队潜心有机旱作理论技术创新，揭示了旱地小麦土壤水分循环、变化及运行规律，创新性地提出旱地小麦三提前蓄水保墒技术、耕播优化水肥精量绿色高产技术等系列新技术，在小麦栽培理论上取得了突破性进展，2017年、2019年二次刷新山西省小麦高产新纪录，2021年校企联合研发实施的“耕播优化水肥精量绿色高产技术”试验示范获得成功，实现830.84公斤/亩，再创山西省小麦单产最高纪录。多年来，小麦团队的系列栽培与管理新技术在山西、陕西、甘肃等北方小麦生产中推广应用，推广面积达4500多万亩，节本增收效果明显。

和科研技术一起成长的还有他的小麦旱作栽培团队，带出了像孙敏教授、杨珍平教授、郝兴宇教授、董琦教授等各类优秀人才，个个做得风生水起。高志强主持的“旱地小麦蓄水保墒增产技术与配套农业机械的研发应用”获山西省科技进步一等奖、“黄土高原旱地作物根土水气系统研究与水肥高效利用机制”获山西省自然科学类二等奖。

3. 融入时代，为特色农业逐梦前行

“一年四季，几乎没有闲暇时刻，常常是放下书包，背起下乡的挎包；常常是出差回来，顾不上进家门，先到办公室；有时为了攻关项目，带领团队通宵达旦。”高志强的爱人陆梅老师嗔怪而感慨地说。

高志强每天的工作安排不止一个“忙”字能概括。担任农学院院长期间，他自觉融入新时代的发展大局中，积极推动、超前谋划学院的发展，紧紧抓住有机旱作农业战略、山西农谷战略平台建设机遇，学院先后承接国家自然基金等重大科技专项项目90多项，争取各类科研经费1.3亿元，2019年8月还发起承办了全国有机旱作农业高端论坛，引起业界广泛关注。2020年9月，以“黄土高原特色作物优质高效生产省部共建协同创新中心”平台获批为标志，山西农大小麦栽培团队由科研的“地方队”跻身创新的“国家队”，团队先后获得包括国家功能杂粮中心、国家一流专业、省级重点学科、重点实验室、重点创新团队等八大类20多个科研创新类、协同育人类平台的支撑。目前，小麦团队共主持获批90项国家级、省部级科研项目，发表高水平研究论文150多篇，出版专著教材32部，国家授权专利42项，共培养硕士生、博士生200多人。

团队骨干成员孙敏教授说：“高老师对事业的执着，深深影响着每一个人，坚定了我们强农兴农的信心和决心。”通过这些旱作农业大平台创建和大项目凝练，锻炼了队伍、厚积了学术、干出了一批优秀成果。

近年来，团队聚焦山西转型发展，围绕黄土高原特色和优势，瞄准康养市场，积极推动功能农业发展，拓展研究藜麦、荞麦、燕麦等功能农产品，招收功能农业方向本科生，为未来农旅康一体化多功能农业发展战略储备人才，聚焦“十年九旱”的省情农情在有机旱作领域不懈探索。

（三）全国模范教师张淑娟：执着于农业工程学科的“工程制图”育人事业

张淑娟，山西农业大学二级教授，博士生导师。工作35年来，她忠诚党和人民的教育事业，模范履行岗位职责，谱写了人民教师致力于农业工程学科大学生的教学、科研和社会服务的华彩篇章。卓越的工作成绩，为她赢得全国模范教师、全国优秀教师、全国十佳农机教师、山西省“三晋英才”、山西省模范教师、山西省学术技术带头人、山西省教学名师、山西省教育系统优秀党员、山西省1331工程好老师、山西省委联系的高级专家、山西省教学成果特等奖等荣誉称号。

1. 爱岗敬业35载①，不断推高工程制图教学育人新境界

大学教学35年来，张淑娟教授努力践行着习近平总书记强调的做“四有”好老师的标准，即要有理想信念，要有道德情操，要有扎实学识，要有仁爱之心。

她深知“要给学生一碗水，自己要有一池水”的道理，坚持边工作边学习，努力提高自己的综合素质。1994年开始在太原理工大学机械学院读硕士研究生，在当时缺少课程教师的情况下，每周五晚返回，周六、周日为本科生讲课，辛苦劳累可想而知；2000年开始在浙江大学农业机械化工程专业读博士研究生，课题研究之余，常与浙江大学国家工程制图教学团队的老师交流自己主讲的机械制图课程的建设，学习先进的教学理念，结合农业工程人才培养重视工程应用的要求，创新教学内容，改革教学方法和手段；2017年，她到美国访学一年。

35年来始终坚守在大学本科基础课教学一线，她是新生在大学课堂见到的第一位专业基础课老师，她深知每一个学生都是独一无二的，她热爱她的学生，关注每一个学生的健康成长，她不仅是学生们专业知识的领路人，也是学生大学生活的热心导师。她把所有联系方式告诉学生，方便随时帮助学生答疑解惑；她认真对待每一堂课，认真对待每个学生、每次作业、每个习题，学生们感动地说：“没想到大学老师还这么认真改作业”；她关心每

---

① 《“全国模范教师”张淑娟先进事迹》，2019年10月28日，见http://news.sxau.edu.cn/info/1065/36190.html。

个学生的学习，尤其关注知识掌握不好的学生，及时找到原因，及时辅导答疑；她年年超额完成教学工作量，而且高质量地完成教学工作任务。

她就是这样一个有着坚定的理想信念，不知疲倦，一步一个脚印，攀登着专业知识的一个又一个高峰，不断开启着农业工程学科工程制图课程建设的新旅程，执着于农业工程学科的教书育人事业，受到师生好评，被中央电视台、山西日报、中国农机化报等媒体广泛报道。

张淑娟教授主讲农业工程学科本科生“机械制图与计算机绘图”课程。她带领课程团队，不断开拓创新，用先进的理念和高度的责任心，全方位建设山西农业大学的“机械制图与计算机绘图”课程，主讲课程早已融入她的生命，课程建设也结下了累累硕果。2008 年荣获山西省精品课程，2010 年荣获国家级精品课程，2013 年荣获山西省精品资源共享课，2016 年荣获国家精品资源共享课程；2019 年课程 MOOC 在中国大学慕课平台运行；2020 年获批山西省精品共享课程（线上）。多年带领课程教学团队边研究边建设，荣获山西省教学成果特等奖等奖项，从“十五”到“十三五”共主编农业工程制图课程系列教材 8 本，其中 1 部评为“十一五”国家规划教材，并荣获教育部精品教材奖，2 部荣获农业部中华农业科教基金优秀教材奖。

致力于团队青年教师的传帮带，是她现在的工作重心之一。和青年教师共享课程建设资源和教学经验，一起编写教材，一起对外交流和学习，一起申报教学和科研项目，让他（她）们尽快成长，已形成由 3 名教授（2 名博导、博士，1 名硕士）、4 名副教授（2 名博士、2 名硕士）、3 名讲师（2 名博士、1 名硕士）、2 名实验师组成的充满改革活力、潜心服务学生的教师教学团队，团队共承担着全校农业机械、机械设计制造、车辆工程、电气工程、食品工程、环境工程等专业制图课程的教学任务，还积极推进从校内实验室到校外专业机械设计教学实践基地建设，从计算机绘图实验室到 3D 打印实验室实验基地建设，形成了课程实践教学的新体系。

连续多年指导大学生参加全国和省级大赛，学生屡获佳绩：2013 —

2018年学生参加全国信息技术应用水平大赛、全国大学生机械创新大赛山西赛区，荣获山西省一等奖2项，二等奖2项和三等奖2项；2016—2020年在“高教杯”全国大学生先进成图技术创新大赛上，学生们获得一等奖4项，二等奖22项的好成绩。

张淑娟教授主讲的“机械制图与计算机绘图”课程的建设成果和经验在全国农业工程本科教学质量工程和学科建设会议上以主题报告形式在大会交流，得到与会的全国农业工程学科院士、领导和专家的高度评价。还有，随着制图课程的网站建设，尤其是国家精品资源共享课程在“爱课程”网运行，以及课程MOOC在中国大学慕课平台运行，课程支持在校大学生和社会学习者学习。

2. 勠力奋斗耕耘不辍，不断攀升农业工程科研育人新高度

她努力进取，探索创新，致力于农业机械新技术与装备的研究，主持和参加国家、教育部和山西省等科技规划项目16项，批准专利5项。在国内外学术期刊和国际会议发表学术论文100余篇，其中第一作者或通讯作者被SCI、EI收录38篇（SCI 12篇），其中1篇荣获“中国农业机械50年百篇优秀论文”奖。

她兼任中国农业机械学会理事，山西省工业技术图学会副理事长和中国图学学会第七届图学教育专业委员会委员，国家自然科学基金、科技部科技创新基金、教育部长江学者评审专家，国家、教育部科技奖成果评审专家，多省市自然基金和科技奖评审专家，《农业机械学报》、《农业工程学报》、*Journal of Food Engineering* 等国内外专业杂志评审人等。她就是这样一个每天都过得非常充实，永远不知疲倦的模范教师。

从教35年间，张淑娟教授坚持科研与教学相结合，指导本科毕业论文设计，一方面向学生传授相关专业知识，使学生了解本学科的发展方向；另一方面注重对学生动手能力和创新意识的培养：学习查阅文献，设计实验方案，独立进行实验，撰写实验报告和毕业论文，并注重引导学生们解决实验中遇到的难题，重点培养学生的创造意识以及从事科研工作的能力。她指导

的本科生中，赵艳茹等多位同学的本科毕业设计论文被评为“山西农业大学本科毕业设计优秀论文”。成为研究生导师的20多年间，她善于把握学科前沿，注重培养研究生独立科研的能力，她要求研究生大量阅读文献，及时关注学科发展的最新发展动态，并定期向她汇报。她把创新作为科学研究的生命线，鼓励研究生多进行创新性实验，支持学生申报省研究生创新基金，通过完成这些基金项目来培养学生独立科研能力和创新意识。她指导的研究生中有4人获得省研究生创新基金资助。为拓宽学生的科研视野，她和国外团队合作开展科学研究。在研究生培养过程中，根据每位研究生的具体情况制定不同的研究方向，让他们的研究富有最大的兴趣。她对学生的论文要求非常严格，不厌其烦，反复修改，直到满意为止，她指导的3篇研究生论文被评为省优秀硕士、博士学位论文。最近五年，毕业研究生中有9人次荣获国家奖学金，有6人到浙江大学和中国农业大学攻读博士。

除此之外，她利用课余时间和节假日，积极投身农业一线的开展科技服务和培训，推广农业机械新技术与装备，传达国家关于农业机械化的新政策，随时通过网络圈群等方式答疑解惑，以科技力量为脱贫攻坚献计献策。

张淑娟教授常说：成绩只代表过去，未来仍需努力！相信她一定会继续在高等教育这块热土上不懈耕耘，谱写出新的更加辉煌的篇章。

（四）渗水地膜专家姚建民①：科技创新助力脱贫攻坚写华章

2021年2月25日，在全国脱贫攻坚总结表彰大会上，我校农业经济管理学院的姚建民研究员被授予“全国脱贫攻坚先进个人”荣誉称号，成为山西获此殊荣的55名个人的其中一员。

“山西省脱贫攻坚创新奖”“全国脱贫攻坚创新奖”“全国创新争先奖”“发明创业奖·科技助力扶贫专项奖”“全国脱贫攻坚先进个人”……一份

---

① 王海滨：《姚建民：“渗水地膜”在旱地奏响丰收曲》，《科技日报》2021年3月3日；段晓敏：《姚建民：在科技扶贫路上铿锵前行》，2021年3月4日，见 http：//news. sxau. edu. cn/info/1065/39071. html。

份沉甸甸的荣誉，是对他近四十年来不忘初心、服务“三农”的执着与坚持的最好诠释。

1. 潜心科技兴农，闯出扶贫新路子

“我生于农家长于农家。1974 年高中毕业后，我回乡成为地地道道的农民，全身心务农 4 年，干过各类农活，亲身经历过农民生活和生产中的各种艰辛。”姚建民说，“旱作农业研究已经深深地根植于我的血液之中”。从 1982 年参加工作以来，姚建民一直在旱作农业方面深耕和探索，取得了丰硕成果，并将其推广应用到贫困地区，闯出了一条科技扶贫之路。

在长期的调研中，姚建民发现半干旱地区小雨量降水发生频率高达 72%以上，遂将分散的小雨量无效降雨汇集成局部有效大雨作为技术攻关的突破口，开展了从覆盖材料到耕作机械再到农艺技术的全方位研究。他不断突破技术难关和瓶颈，先后独立研制出可以使雨水入渗又能够锁住水分的渗水地膜新产品，与有关农机厂合作研制出适于山地梯田的 2MB－1/4、2MB-1/3、2MB-1/2 可转弯系列铺膜播种机，实现了开沟探墒、铺膜压膜、定量覆土、精播镇压、波浪微地形集雨等多道工序的一次性作业。

多年来，他坚持研究不断线，先后获得渗水地膜和铺膜播种机方面的国家发明专利 5 项，制定了 4 项地方标准、3 项企业标准，为转化企业的标准化量产和农户的标准化作业提供了科学依据，更为在贫困地区大幅度提高农作物产量建立了可推广的渗水地膜覆盖机械化旱作高产技术新模式新路径。

2018 年起，他又与中科院长春应化所合作开展“PPC 树脂合成示范生产与生物降解渗水地膜产品研发”，攻克了生物降解地膜直角撕裂强度小的共性难题，生产出薄型全生物降解渗水地膜，亩用量和亩投资成本比市场上降解地膜分别降低了 40%和 50%，实现了节本、增效、环保，为解决农田白色污染提供了新路径。

2. 扎根田间地头，传授农民真本领

农业科研成果只有在田间地头“开花结果”，才能助力群众增收致富。多年来，姚建民一直在做着一件事，就是立足贫困地区实际，全力打通农业科技成果转化的“最后一公里”。

渗水地膜旱作高产技术是一项多学科、高集成的创新成果，在技术推广过程中需要专业的指导，但在实际推广示范过程中遇到的困难却不少。有的边远贫困山地丘陵区缺乏推广成套技术的规模支撑，有的地区缺乏配套农业机械，有些农民需要亲眼看到效果才肯使用，各地的耕地大小、坡度情况又各有差异。所以，这项技术从理论上的描述最终转变为农民能熟练运用的技能，离不开他多年来的坚持和数万公里的田间奔波。

寒来暑往，他带领着团队成员数十年如一日地奋战在长城沿线的吕梁山、燕山—太行山、六盘山三大贫困片区，服务于50多个贫困县的村村寨寨，从冬季的课堂技术培训、春季的田间实战到苗期和中后期的管理，都少不了他和团队的身影。特别是在每年的3月份到6月份，从西到东，从南到北，常常通宵达旦奔波到多个县多个村的田间地头，甚至放弃了节假日的休息时间，给贫困区的农民进行一组一组田间培训，面对面手把手教学。在他的亲手帮扶下，500多个种植示范户（村）建立了起来，贫困区农民也凭借着这项创新技术获得了实实在在的好处。

3. 秉持为农之心，交出扶贫好成绩

作为一名农业科技工作者，姚建民把为农服务的责任担当书写在了脱贫攻坚的主战场，交出了一份亮眼的扶贫“成绩单”。

近年来，他在三大贫困片区累计推广500多万亩，使谷子等杂粮平均亩增产超100公斤，增产幅度超过30%，在山西省山阴县、武乡县、石楼县、神池县等建立起50多个高产示范县，及时将技术成果对接转化为农民脱贫致富的真本领，切实带领贫困县摘帽，帮助农民增收致富。

姚建民的“渗水地膜杂粮旱作高产技术”还走出山西，推广应用到陕西、宁夏等省份。

2017年，在陕西佳县方塌镇杨塌村建立起旱地谷子亩产超千斤示范基地，产量翻番，得到了当地农户和政府的认可，随后在榆林市大面积推广。

六盘山贫困片区位列全国11个贫困片区之首，2018年被科技部聘为

“东西部合作科技支宁专家”的姚建民在当地的海原县王塘村建立了千亩“渗水地膜机穴播谷子”示范基地，创造了旱地谷子亩产 1292 斤的高产纪录，得到了宁夏回族自治区主要领导的高度重视，并多次亲临视察。

“2020 年是宁夏西海固地区旱情比较严重的一年，这项技术在核心示范区单产再创历史新高，老百姓看到以后奔走相告，已经成为宁夏脱贫产业一道靓丽的风景线。”宁夏科技厅厅长郭秉晨在国新办科技扶贫助力打赢脱贫攻坚战发布会上这样介绍。

科技部副部长徐南平也曾给予高度的评价：“开展东西部合作，像渗水地膜，是山西姚建民老师的成果，我非常敬佩。他工作做得非常漂亮，在全国各地推广了很多。农民就靠这一项技术，收入更高，这就是科技发挥的力量。”

如今，渗水地膜旱作高产技术已经成为助力产业脱贫的重要技术支撑。对于退休不退岗的姚建民来说，也将继续发挥余热，奋战乡村振兴新征程。“我将继续弘扬脱贫攻坚精神，巩固和拓展脱贫成果，在精准扶贫和科技创新促进产业扶贫方面，充分发挥生物降解渗水地膜旱作增产技术研发推广的专业优势，向着实现第二个百年奋斗目标砥砺前行、奋勇前进，为乡村振兴作出更大更实质的贡献。”他坚定地说。

（五）养猪专家李步高[①]：登攀晋猪育种的“珠穆朗玛”

李步高，二级教授，山西农业大学副校长，兼任中国畜牧兽医学会养猪学分会常务理事，山西省晋猪产业技术创新战略联盟理事长，山西省畜牧兽医学会常务理事，山西省猪育种协作组组长，山西省生猪种业工程研究中心主任，“猪种质资源发掘与创新利用”山西省科技创新重点团队带头人，2020 年入选国家百千万人才工程，获有突出贡献中青年专家称号。

---

① 金建强：《李步高：登攀晋猪育种的“珠穆朗玛”》，《山西农民报》2014 年 10 月 29 日。

2014年3月5日，是山西生猪发展史上注定要载入史册的一天。这一天，农业部发出公告：由山西农业大学等单位联合培育的“晋汾白猪”正式通过国家畜禽遗传资源委员会组织的审定，并以“农01新品种证字第24号”获得《畜禽新品种证书》。这个重磅消息，标志着山西自主培育的第一个国家级猪新品种获得成功，山西猪种从此有了“国字号”，同时也标志着李步高，这位年轻的猪育种专家的崇高信念和执著精神，让平凡的生命闪烁出非凡的光华。

1. 山西猪遗传育种的传承人

1970年，李步高出生于革命老区——武乡县，老区人民特有的质朴、踏实、勤劳，赋予了他天生“干一行钻一行、钻一行爱一行”的禀性。

1989年，李步高考入山西农业大学畜牧系，潜心学习畜牧专业知识，并先后攻读山西农业大学动物遗传育种和繁殖学专业硕士及博士学位。

毕业后留校任教的李步高，一边从事《动物育种学》《动物遗传资源学》等课程的教学，一边悉心整理和研究山西猪遗传育种的相关资料。山西农业大学在猪遗传育种研究领域有着悠久的历史，始终代表着山西生猪品种研究和选育的最高水平，在全国猪的遗传育种领域也有较大影响。20世纪70年代初，该校被誉为“中国养猪事业的奠基人”的张龙志教授，收集整理马身猪种质，并对其特性进行研究，牵头培育出了“山西黑猪”新品种；90年代初，周忠孝和郭传甲二位教授秉承传统，再接再厉，一举培育出了“太原花猪新品系”“新山西黑猪”“新太原花猪”等一系列专门化品系。

在这样一个良好的猪遗传育种研究环境中熏陶，李步高总是被吸引着、感动着、激励着，并暗暗将自己的理想和信念“许身”山西猪遗传育种事业。1993年，接过山西农业大学猪遗传育种“接力棒”的李步高，踏上了除教学之外，人生和事业另一条长长的跑道。

“猪遗传育种事业的接力棒传到我们这一代手上，绝不能搞砸，即使发展不了，也一定要传承好……”即便今天，回忆起当初的勇挑重担，李步高强调最多的仍旧是“责任”。

磨刀不误砍柴工。近年来，李步高和他的课题组在猪种遗传种质创新和保护开发利用等研究领域取得丰硕成果，先后主持和承担了“山西马身猪种质资源保护与开发”“山西白猪优质猪肉与体系的构建与示范”“山西SD-II系猪及其高效杂优猪的生产示范”“山西瘦肉型猪SD-III遗传优化及配套应用技术开发”“山西白猪产仔母系及其杂优猪的生产与推广”等16个国家和省部级重大项目。

在摸清品种主要经济性状遗传特征的基础上，他们砥砺奋进，科学利用，形成了适应山西发展的“黑”“白”两个优质猪肉产业化生产体系，同时使山西猪的种质资源跃居全国前列，其中山西白猪高产仔母系、晋汾白猪一举成为输往全国各地的地标性品牌。

2. 生猪产业化升级的推动者

科技成果最终的目的是必须要转化成生产力。作为山西生猪育种阵营的领军人物，李步高在开展科研创新的同时，积极示范和推广科研成果，为推动山西生猪产业化升级发挥了极其重要的作用。

通过对全省生猪及猪肉市场的调研，他发现山西尚没有一家真正意义上的生猪产业化企业，尤其是优质猪肉的生产还是空白，生猪产品结构还不完善，猪肉质量安全体系还没有建立起来……

对症下药，他争取资金，开展成果熟化和技术组装，通过示范推广，积极引导我省猪肉生产由数量型向质量型转变。通过立项，争取到国家农业科技成果转化项目，将新山西黑猪成果进行了熟化推广，并成功解决了产业化生产的一系列技术难题。近两年来，由他一手开发的“晋香黑”牌和“憨香”牌系列优质猪肉产品得到社会各界的广泛好评，目前已进入产业化生产阶段，填补了山西优质猪肉市场的一项空白。由于新山西黑猪成果转化项目做得特别出色，国家科技部特将其列为向国务院领导汇报的典型项目。

在山西农业大学组织参与的“山西省农业技术推广示范行动项目”和“山西省构建新型农业社会化服务体系项目”中，李步高与他的课题组通过实施“优质商品猪生产与配套技术推广”和“高繁优质商品猪配套养殖技术示范”两个子项目，立足构建优质安全猪肉产业化生产和现代生猪产业社会化服务两大体系，大力推广了新山西黑猪和山西白猪、晋汾白猪高效繁殖技术、优质风味商品猪配套杂交技术、优质健康猪肉营养及环境调控技术等多项现代养猪新技术，同时实地指导和培训养殖户 90 余次，开辟了一条高校组织牵头，整合政府部门和社会团体的力量，服务示范基地和终端生产者的现实路径。

此外，作为山西猪业协会副会长及培训讲师，近年来，他还先后在全省各地开展生猪产业技术升级培训 40 余次，培训养殖户 20000 余人次；积极参与了泽州县、太谷县、襄汾县、武乡县、清徐县、高平市等地生猪产业发展规划和科技服务，为推动当地生猪业良种化、规模化、标准化、品牌化的快速发展作出突出贡献。

3. 登攀猪高峰的擎旗手

在李步高的心里，猪的哼叫声就是最美妙的音乐。在他看来，猪育种是一门科学，也是一门艺术，更是一种坚守。他对事业的这份执著和丹心，以“晋汾白猪”的成功选育最具说服力。

长期以来，山西一直没有一个具有自身特色和自主知识产权的国家级瘦肉型猪新品种。为了实现这一梦想，一批又一批猪遗传育种专家在仰视之中，前仆后继为之努力而奋斗，但均未最后修成正果。为了改写这一历史，李步高坚持真诚、豁达、奉献的做人原则，以身作则、以人为本，凝心聚力打造了一支积极向上的“猪种质资源发掘与创新利用团队”。他们抱定“没有比人更高的山”的信念，矢志不渝，拉开了一条长长的科技攻关战线。

自 1993 年以来，他们与省畜禽繁育工作站、大同市种猪场、运城市盐湖区新龙丰畜牧有限公司精诚合作，共同组建项目组，以马身猪、二花脸猪和长白猪为亲本，经杂交和横交建群后，又经 6 个世代的连续选育，于 2006 年成功培育出了山西白猪高产仔母系（Ⅰ系）。之后，项目组以育成的山西白猪高产仔母系为母本、大白猪为父本，通过横交固定和组建基础群，采用群体继代选育法，经7年6个世代的选育，最终于2012年培育出了“晋汾白猪”，并于2013年11月16日在运城市通过现场审定，2014年3月5日正式通过国家畜禽遗传资源委员会组织的审定。

“晋汾白猪”优势突出，极具推广潜力，其体型外貌基本一致，全身白色被毛，体质紧凑结实，遗传性能稳定；较好地聚合了本土猪种与引进猪种的优良基因优势，具有产仔多、生长快、肉质好、抗病力强、杂交优势明显的显著特点，尤其是育成率高达97.08%，利用该品种与杜洛克猪杂交生产的商品猪，饲料报酬高，特别适合集约化生产。

在“晋汾白猪”的选育过程中，身为山西省科技创新重点团队带头人及项目第一负责人的李步高，自掏腰包贴进去近50万元，仅申报的材料就准备了2米多高，最长时间有一个多月没有回过家。围绕“原种选育+种猪扩繁+商品生产+品牌销售”的产业链建设，他和他的团队在全省建立核心选育场3个、公猪站2个、扩繁场26个、自繁场51个，存栏母猪超过10000头，一个“晋汾白猪”的三级繁育推广体系也已具雏形。

“晋汾白猪”的成功选育，开创了山西生猪种质资源利用的新伟业，堪称山西猪育种史上一项最重要的突破，同时也代表了这一领域国内最前沿的水平。

20多年，能够专注于一项钟情的事业，乐在其中，对李步高个人来说，无疑是一件幸事；而20多年遨游于猪遗传育种世界，上善若水、执著研究、步步登高，对山西猪业发展来说又何尝不是一件幸事。

（六）心灵导师温娟①：引领新时代“特色育人”新风尚

温娟，副教授，国家二级心理咨询师、高级职业指导师、国家认证生涯规划师、高校创业指导师。2010年3月起从事辅导员工作，任山西农业大

① 《“全国优秀教育工作者”温娟先进事迹》，2019年10月28日，见http：//news.sxau.edu.cn/info/1065/36189.html。

学生命科学学院专职辅导员、学生党支部书记、分团委书记；先后担任28个班级，共计1267名学生的辅导员。她主讲《形势与政策》《大学生职业生涯规划》《大学生就业指导》等课程；主持省级课题1项，主持省级辅导员工作精品项目1项；参与省级教改、思政研究课题6项；2015年10月，创建学生工作个人微信公众号——“温心语录”；出版30余万字个人专著《青春的模样——位高校辅导员的微心语》；先后发表思想政治教育方面工作相关论文10余篇。2019年5月获教育部思政司第三届全国高校网络教育优秀作品一等奖；2019年6月获教育部第十一届全国高校辅导员年度人物提名奖，2019年还荣获全国优秀教育工作者。

1. 坚持“以文修身、以文化人、以文育人”立德树人抓根本

参加工作以来，她始终秉持一颗对教师神圣职业的敬畏之心，“不忘初心、牢记使命”，扎实落实立德树人根本任务。工作中坚持以文修身，注重提升自身政治理论素养和职业能力。通过学习，先后获得了国家二级心理咨询师、高级职业指导师、国家认证生涯规划师、高校创业指导师等职业证书。坚持以文化人，注重思想引领，教育引导思想感化学生。她于2015年创建了学生工作个人微信公众号——“温心语录”，推送近300篇文章，累计55余万字，出版专著《青春的模样——一位高校辅导员的微心语》，用文字向青年学生传递着温暖、信念和力量，潜移默化地教育引导青年学生树立正确的世界观、人生观、价值观，自觉践行社会主义核心价值观。坚持以文育人，注重身体力行，用身边的人、身边的事做榜样示范。她先后实施了“微信平台思政教育、读书引领思想铸魂、身体力行榜样示范、青春仪式教育引导、帮扶互助助力成长”五大工程，选树了典型，影响带动了一批批学生，也成就了榜样力量的传递和延续。

2. 坚持“面对面、心与心、线连线”服务学生不懈怠

习近平总书记强调，“扶贫开发贵在精准，重在精准，成败之举在于精准”。她在服务学生成长中，坚持“面对面”——交流真情实感。与学生面对面，消除了距离感、陌生感，增进了对学生的了解，拉近了“心与心”

的距离，也让她更直接、更真实、更全面的了解学生思想动态，了解学生各方面的情况。坚持“线连线”——架起沟通桥梁。这里的“线”指的是“无线”“网络”。她创建的“温心语录”辅导员网络工作室，经过近四年的实践、探索，形成了“围绕一条主线，依托两个平台，打造四个专栏，实施六个模块运作模式，实现一个目标”的“12461”微信平台育人新模式。该工作案例获得2019年教育部“第三届全国高校网络教育优秀作品一等奖”。坚持“点对点”——精准服务学生实际。她点对点、针对性地帮助他们解决困难、难题。学生工作无小事，学生的各项工作哪怕是一件小事，都不能延误在她的案头。

3. 坚持“因事、因时、因势”全程育人不放松

她坚持“因事而化”——将生涯规划贯穿大学全程。她主讲《形势与政策》《大学生就业指导》《大学生职业生涯规划》等课程，将价值塑造、能力培养、知识传授融入课程育人目标，构建了“一档两课三请四到”联动式学生职业生涯培育模式。她坚持“因时而进”——将真情温情投入大学全程。在每一个特殊的教育时间节点上，她总会恰如其分地将真情温情投入大学全程。如毕业季，她会根据所带两届共计600余名毕业生不同性格特点，结合他们四年在大学的经历、成长的点滴，写出内容各异却真情祝福的信或者私人定制的明信片，亲手递到学生手里。她坚持“因势而新”——将创新精神融入大学生日常思想政治教育中。帮助大学生树立创新创业意识和培养创新思维，促进大学生全面综合发展，助力学生成才。她担任学生党支部书记期间，探索新模式、新方法，为建设一流的党支部而努力奋斗。2018年她还获得了校“优秀党务工作者”荣誉称号。

温娟在近十年的工作中，实施了“五大工程”，构建了“一档两课三请四出”联动式学生职业生涯培育模式，形成了“12461”微信平台育人新模式。她所在的学院学生获得“2017年中国大学生自强之星”；一名在校生被选入中国人民解放军三军仪仗队；她指导的学生社团——棋艺社团获得2017年第二届全国学生社团最具影响力体育社团；她所指导学生获得山西

省大学生“信仰的力量”演讲大赛三等奖；所带学生获得“兴晋挑战杯”大学生课外学生科技作品一等奖，“兴晋挑战杯”大学生创业计划大赛铜奖，山西省“互联网+”大学生创新创业大赛优秀奖等。

辅导员三个字符分别代表了“辅之以情，导之以理，圆之以梦”，未来，她将一如既往地以立德树人为根本任务，以培育和践行社会主义核心价值观为引领，为实现引领学生思想、精准帮扶学生、全程培育学生，助力学生成长、成才，成就梦想而不懈努力。

（七）农业科教发展战略科研团队：在科教协同上做文章

1. 开放课堂：让学习活起来，让学生动起来

“注重知识系统传授，讲求课堂教学规范，这是传统教学的优势。但这却很难满足创新时代对人才能力与素质的需求，人才培养的社会适应性差。”作为山西农业大学公共事业管理专业教学团队的教授，何云峰一针见血切中当下高校文科教学症结所在。

历时十多年改革探索，团队老师在课程教学中大胆实践总结出融课内知识、课外活动、社会实践紧密结合的“三个课堂”教学法，将课堂由教室移到校园，由校园走向社会，相应地学生的学习方式由“被动接受”变为“研究式的学习、服务式的学习、移动式的学习”，构建了“三个课堂”融通联动的特色教学模式，极大地增强了学生所学知识的针对性与实用性，提高了人才培养的社会适应性。何云峰成功实践了“全程案例教学”法、“做学合一，理论实践协同教学”法、“大班课—现场即时互动，博客异步讨论教学法”、“项目策划方案教考一体化”教学法；张丽老师成功实践“理论+实践”双导师协同教学法；赵志红成功实践“阅读+辩论+书评+影评”四位一体的协同教学模式。

相应地，考试不再是“一纸试卷定乾坤”，而是转变为“注重对学的过程、学的方法、学的态度的‘发展性评价’的新模式”。在课程研究与实施过程中，老师们把这样的课程称之为“创生课程”，意在体现课程建设的开

放性、交互性及动态生成性，而对学生的要求则增加了做生涯规划实践、小论文、案例分析、规划方案、调研报告、创新课题、辩论、演讲、书评、影评、创办社团等“项目”，着眼弥补“重知识灌输、轻能力素质培养”的缺陷，以培养学生职业胜任力为基础，强化人才可持续发展的社会适应力的培养。

以该专业“研究性课题训练”为例，自2006年开始连续10多届，超过700多名同学参加科研训练，研究范围涉及教育管理20多个研究领域，完成200多篇调研报告，有的还被学校教育管理部门予以重点关注与推荐，许多学生还参与了教师课题，成为教师的得力科研助手，还有学生在核心期刊发表论文，在教材编写与课程开发上也充分发挥学生的能动性，实现师生的共同成长，同学们亲切称其为“师生成长共同体”。何云峰教授也因此连续5次获校“大学生创新创业优秀指导教师”。公管毕业生、在华东师范大学读博士的刘信阳回忆道，“许多同学在考研面试时因为有项目，能发文章，还获过创新奖，备受录取院校青睐”。

“共同体”组织形式是农大公共事业管理专业的一大特色。在该专业，有学生“学习共同体”，也有教师“学术共同体”。“学术共同体”以学术沙龙为载体，营造了交互共享的良好氛围，帮助老师们突破了个体化发展的困境与桎梏。“每次参与学术共同体的沙龙，抛出自己的困惑与问题，老师们共享新想法、新点子，每次都有所斩获。”张丽副教授说，自己已在“学术共同体”的帮助下完成了数篇好文章。“学习共同体”有多种形式。“研学共同体”是主要组织形式，学生的各种项目课题都在该共同体里完成。“社团共同体”为学生们提高综合素质与能力提供帮助，涌现出很多优秀学生，如时任校学生会主席陈占强，曾于2009年参加国家大学生骨干培训并随国是访问团赴韩访问；时任校心理协会会长钱颖，曾担任2012年全国第七届社团联合会年会会务部长等。

“何老师采用‘沙龙式’指导，每隔一段时间集体见面，同学们可以自由讨论或对发言同学指出问题、提出建议，三四次见面后，毕业论文便有了眉目。记得毕业论文沙龙每次总会耗掉2至4个小时，真的是一场脑力和体力的较量。”已毕业上研的孙志莉回忆说。参与科研创新训练的许多同学都考取了一流学科以上层次的高校，李永刚已经成长为天津大学骨干教师，蔡丽蓉、侯景瑞、郑欣等同学已从基层村官成长为市、县、镇优秀干部，刘鹏飞、丁海奎等已成为民办高校的校级领导干部。

2. 专注智库：科研下“田野”，成果为决策

农业科教管理团队依托“科教管理与创新”学科方向，坚持开放式发展之路，坚持专兼职结合、跨学科融合，聚焦农业科教管理与创新研究，主动对接智库建设任务，积极承揽省科技厅、教育厅、省政协农村委、共青团山西省委、教育科学研究院、山西农业大学及太谷区等相关科教部门智库研究任务，完成了《山西省高等教育“1331工程”发展报告》（2017）、《山西农业大学迎接国家教学水平评估报告》（2018）、《山西省农产品品牌建设专题调研报告》（2019）、《山西农谷建设全面优化创新环境的调研报告》（2020）、《关于高等学校落实科研政策及创新激励政策情况的调研报告》（2015）、《山西省与京津冀、长三角和粤港澳大湾区教育深度合作发展研究报告—高等教育分报告》（2020）、《科技助力脱贫攻坚的创新实践—基于山西省科技扶贫行动的考察》（2018）、《青年返乡创业及其扶贫带动效应叙事研究》（2018）等10余个智库报告；团队教师受邀担任省委组织干部选学课、全省教育扶贫干部培训、全省教育科学规划研究项目培训、高校教学改革与成果培育培训主讲教授20多次。

团队教师主持教育部思想政治教育培建项目——思政文库项目（2020）20多项，在《光明日报》《中国高教研究》《中国高等教育》《中国高校科技》《中国大学教学》《科技日报》等刊物发表论文150多篇，出版专著教材20余部，合作申报获得国家教学成果奖（2018）1项；团队教师主持获得省级教学、科研奖20多项，其中2011年、2013年、2018年三次获得山西省教学成果一等奖，指导本科生主持国家和省级大学生创新创业项目20多项、发表科创论文100多篇、获得挑战杯赛奖10余项，还培养硕士研究

生40多人，其中5人获国家奖学金，2人考取一流学科高校博士研究生。

何云峰也因多年来突出的智库服务工作被聘为山西省教育咨询委员会委员、政协山西省委员智库专家、共青团山西省委员青年智库专家等数个学术职务。

（八）专家组团助力乡村振兴示范，打开增收致富门

百年老校山西农业大学，秉承社会服务优良传统，积极实施“5+X”乡村振兴示范村建设行动计划，学校计划通过两个5年的努力，建成5个各具特色、具有示范带动作用的乡村振兴示范村，带动一批乡村振兴示范村，探索形成适合乡村振兴可复制、可推广的不同类型的乡村振兴路径。5个乡村振兴示范村分别是：朔州市应县杏寨乡望岩村、忻州市定襄县季庄乡横山村、晋中市太谷县北洸乡北洸村、晋城市陵川县附城镇丈河村、运城市万荣县高村乡阎景村，先期探索，先行先试，成效凸显。

1. 农民丰收节举办地闫景村[①]：专家驻村助力，汇聚形成“网红效应”

蓝天白云映衬新粉刷的院墙，一条条笔直的柏油马路伸向远方。整洁宽敞的道路两旁，农户们的叫卖声与游人的欢笑声、空气里的锣鼓声，汇聚起丰收的喜悦。

2020年国庆假期，作为第三届中国农民丰收节主会场的山西省运城市万荣县闫景村，成了游客的网红打卡地，展示着实施乡村振兴战略后的农村发展新图景。

闫景村地处黄河畔，土地肥沃，自古以来就是河东大地上农耕文明的重要传承区域。近几十年的农业发展中，闫景村和周边大多数农村一样，把苹果产业作为农业的主导产业，村里7200亩土地中4400亩种了苹果。但经过多年的快速发展后，闫景村苹果产业也面临着树木老化、品种单一、销量下滑等问题。

---

① 李建斌：《专家驻村，打开增收致富门》，《光明日报》2020年10月7日。

如何解决好保障果农持续、稳定增收的问题？山西农业大学派出专家团队蹲点驻村，在充分调研的基础上，为闫景村量身定制出“果园全面提升”计划，提出用3年时间，通过优系品种筛选及品种调整优化、培肥沃土改良土壤、节水灌溉等技术提升果品品质，同时林下种草缀花提升景观效应，让果园变成既能高产丰产，又有景观效果的新型果园。

果农宁志彪看到山西农大专家详细的改造计划和可观的预期前景后，主动申请加入。在专家团队指导下，宁志彪的果园2020年5月完成新品种平接换优改造，预计2021年就能实现部分挂果。现在，宁志彪每天最重要的工作就是到果园里，按专家要求严格管护。他相信，有了科技做后盾，果园一定能焕发生机，让好日子一直过下去。

闫景村是山西农大“乡村振兴示范”项目的一个示范村。“闫景村项目依托运城市出口水果示范基地实施农业‘特’‘优’战略，紧密结合万荣县域经济社会发展总目标，提出了将闫景村建设成为农林文旅康居融合发展的示范区先行区，打造成为代表山西省乡村振兴的运城样板。”该项目负责人、山西农业大学食品学院党委书记程刚对闫景村的发展前景信心满满。

闫景村有发展乡村旅游的先天资源，是“中国历史文化名村”，也是4A级旅游景区李家大院所在地。近年来，闫景村依托李家大院的资源优势，逐步走上了“景村融合”的乡村旅游发展之路，为农民又打开了一扇增收致富之门。今年8月黄河农耕文明博览园正式在闫景村落地，进一步丰富了乡村旅游的内涵。

乡村振兴是一道复杂的“综合题”，为了解答好这道题，山西农大专门组建了可以综合施治的“专家医疗队”。程刚介绍，描绘发展蓝图的规划专家王广斌、苹果产业产前产后技术管理专家郝燕燕和王愈、人居环境改善专家武小钢、康养景观与花海产业设计专家杨秀云、乡风文明建设与乡村治理体系专家王宇雄和王文昌，分别带领7支团队组成“专家医疗队”。他们经过两年时间的努力工作，已经为闫景村搭建起了乡村振兴美好图景的“四梁八柱”。

目前，闫景村已经初步形成了生产生活生态“三生同步”、一二三产业“三产融合”、农业文化旅游“三位一体”的建设态势。2020年8月建成并开始运营的“花好悦圆”花海产业基地，吸引了一拨又一拨游客前来观赏留影。8月底完工的示范民宿——闫景九号院，每天前来打卡的游客几乎挤满了小院，大家对这个文艺民宿充满了好奇。国庆期间，示范民宿还带动了村里30多家民宿发展，各家小院游人如织。“在这里不仅能享受回归大自然的情趣，还有方便的交通、住宿、饮食，给了我意想不到的惊喜。”游客郝景绣离开运城老家已近30年，这次在闫景村，她找回了儿时的记忆与憧憬。

2. “国家森林乡村”丈河村①：村校合作探索农林文旅康产业融合新路

山西省晋城市陵川县附城镇丈河村作为“乡村振兴示范村建设行动”项目实施村之一。经过一年来森林康养和康养农业科技示范，探索出了农林文旅康产业融合发展的乡村振兴路径，丈河森林康养小镇正在逐渐建成，乡村振兴取得显著成效。

（1）建强科技服务团队是关键

确定实施森林康养和康养农业科技示范后，作为项目牵头学院——山西农业大学林学院，围绕森林康养和康养农业，协调多方力量，成立领导小组、顾问组、专家组，组建科技支撑服务团队。其中，科技支撑团队由山西农业大学、中国农业技术推广协会园艺产业促进分会、清华大学绿色疗法与康养景观研究中心、中国农业大学、山西省森林公园管理中心、山西省林业科学研究院等专家组成。

科技支撑团队主要以山西农业大学专家团队为主，涉及林学、园艺、农学、动科、资环、信科、公管、经管等多个学院，涵盖了农学、林学、园

① 林学院：《我校乡村振兴示范村（丈河村）建设成效显著》，2020年11月4日，见http：//news. sxau. edu. cn/info/1019/38631. htm。

艺、土壤、生态、景观规划、动物科学、旅游、医学、社会科学等 16 个学科方向，为丈河示范村的建设提供了坚实的科技支撑。

2020 年，林学院先后组织专家团队赴丈河村开展社会服务 60 余次，参与人员 250 余人次。坚强有力的科技服务团队，也是项目取得显著成效的关键所在。

（2）选好科技支撑项目是重点

结合丈河村自然、生态、农业、乡村文化，以森林康养与康养农业科技示范为中心，围绕“森林康养产业、康养农业—产业兴旺，美丽乡村、乡村民宿、康养度假—生态宜居，村民精神风貌—乡风文明，自治、法治、德治相结合—治理有效，打造森林康养特色小镇，可持续发展—生活富裕”等目标任务展开，先后实施森林康养资源调查与利用、森林康养环境监测与改善、野生中药材资源利用、生态种植与养殖、生态环境质量监测与生态环境治理示范推广、农业废弃物资源化利用技术推广、康养农林产品研发、加工和品牌打造、乡村治理与乡村文化建设、数字乡村与智慧乡村平台搭建等系列项目，强化农业科技支撑，引领支撑农业转型升级和提质增效。

项目实施一年来，开展了森林康养资源调查，打造了南崖宫养心园，建立了药用植物百草园，示范建设了康养果园，示范种植了有机蔬菜，帮扶发展了养殖业，建设了数字乡村平台，统一规划制作了康养民居标牌，乡村容貌焕然一新，组织开展了果园管理、核桃修剪、作物种植、有害生物综合防控、养蜂培训、养鸡养猪技术、乡村美化指导等 500 余人次。

（3）强化校地协同共建是保障

近年来，山西省晋城市大力推进农林文旅康产业融合发展，其中，丈河村被列为农林文旅康产业融合发展试点先行区。我校选择乡村振兴示范村建设项目，也围绕森林康养和康养农业实施。这样的背景下，在以“山西省农业科技成果转化和推广示范项目”为支撑予以实施的同时，晋城市农业农村局、陵川县人民政府先后投入资金 240 万元。校地双方建设目标一致，形成强大合力。项目实施过程中，晋城市委书记张志川、副市长冯志亮，晋城市农业农村局、陵川县委县政府先后赴丈河村调研和指导乡村振兴项目工作。林学院在2020年以来，院领导牵头主动加强与晋城市农业农村局、陵川县政府、县农业农村局、县林业局附城镇党委政府、丈河村党支部和村委会等部门的沟通联系，先后召开项目推进会议9次，在丈河村召开大型工作推进论证会议1次。山西农业大学乡村振兴示范村建设行动现场会还于2020年4月在丈河村召开。

示范村建设进展迅速，与学院坚持以群众为中心的思想有着密切关系。项目实施过程中，直接服务种植专业合作社3个，养殖专业合作社2个。对丈河村的老核桃树进行整形修剪和嫁接改造，23户核桃种植户直接受益。指导养蜂农户35户，为其提供蜂箱240套。开展了果树“倒春寒”冻害预防及灾后管理技术指导工作。一年来，帮助解决了康养苗木种植养护、生猪养殖、蜜蜂放养及蜂蜜生产、芦花鸡散养、康养果园管理、果园生物防控、农业种植等方面的技术问题。这些都让群众切实感受到科技的力量，坚定支持推进示范村建设。

2019年，丈河村被评为“山西省AAA级乡村旅游示范村”“国家森林乡村”；2020年，被评为“省级森林康养人家”“第二批全国乡村旅游重点村”，打造森林康养小镇的目标正在稳步实现。我校乡村振兴示范村（丈河村）建设行动先后得到《中国文化报》、《山西日报》、《山西卫视晚间新闻》、《山西晚报》等媒体的宣传报道。

3. 大美望岩村：专家支招，振兴之路越走越宽①

“我们村产业兴、村庄美、群众富，村民人心思进、人心思富，现在山西农业大学又积极帮扶我村成为全省乡村振兴示范村，我们乡村振兴的路子越走越宽广，一定会建成‘大美望岩’，建成美丽富裕幸福的新农村。”2月15日，应县杏寨乡望岩村村民刘桂英喜笑颜开地对记者说。

① 马占富等：《望岩村：乡村振兴之路越走越宽》，《山西日报》2020年2月17日。

(1) 产业兴旺，鼓起农民“钱袋子”

产业兴则农民富。近年来，望岩村加快发展产业，推动乡村振兴。村党支部书记贺楼厚介绍：“通过合作社引领，全村现存栏奶牛650头、肉牛90多头、羊970只、鸡5600多只。同时，还大力发展牧草种植，进一步拓宽了增收渠道。”现在全村每年种植玉米饲草3000亩。2017年，农业部还在该村召开了粮改饲现场会，牧草产业得到了与会领导和专家的一致好评。

望远花卉苗木专业合作社是种植特色苗木的合作社，该社以特色占领市场，种植了卫矛、国槐、金叶白蜡、暴马丁香等20多个新特树种和苗木新品种600亩，2019年还引进了“一黄两大”（即黄桃、大接李、大接杏）特色果品，去年该社又增加了“锦绣黄桃”和桃树下种植甜瓜新项目，大力发展林果经济，助推乡村振兴，引领农户增收，为发展农业观光旅游夯实了基础。除发展大产业、特色农业外，全村还种植玉米、蔬菜增加农民收入，每年种植玉米1.4万亩，蔬菜1000亩，促进了农民增收。

望岩村在乡村振兴上出实招，在产业上大做文章，真正让农民富了起来，农业强了起来，全村粮食产量逐年递增，2020年粮食产量突破了历史最高水平，达到了1500万斤，全村经济总收入4374.8万元，人均纯收入10300元。

(2) 环境优美，全村村民“乐开花”

顺着望岩村东往里走，一条宽阔的水泥路笔直地向远处延伸，记者见到路两侧栽植了小白杨。村庄里街道干净、房屋整齐、白墙青瓦，“不忘初心、牢记使命”八个醒目的大字映入眼帘，一派生机勃勃。陪同记者的村民贺波说：“每到春季，一进村街道两旁景观树木郁郁葱葱，还有鲜花簇簇、芳草青青，花香沁人心脾。”

“走在我们村的大街小巷，现在垃圾入桶了，污水没有了，家家户户自觉保持环境干净整洁。真没有想到，我们村发生了翻天覆地的变化，村容村貌焕然一新。”村民贺养通高兴地对记者说。在村里街上，记者见到了在外工作回到家乡的贺伟和贺磊，两位青年议论着村里的变化，“我们村的变化确实很大，如今街巷干净，油路平坦，文化墙展示直观大方，每天有专职环卫工清扫，环境优美，真的和城市一样干净，生活在这样的环境中，村民安居又乐业”。

近几年来，在县、乡两级政府的带领下，该村环境综合治理工作全面推进，提档升级，开展了香化、彩化、财化、硬化、绿化“五化”工作，村里整修道路 1590 米，贯通排水工程 1436 米，村北十字路口改造 1100 平方米，西大道等四路铺柏油 7200 平方米。街道全面绿化，栽植了金叶榆、松树、丁香等景观树种 2000 多株。

在村委会东侧的墙上，还粉刷了“孝贤”文化、星级文明户标准、党员的先锋模范作用、助人为乐事迹等，全村还改造厕所 430 户，家家户户用上了和城市里一样干净卫生的厕所，村容村貌焕然一新，一个崭新的新农村展现在人们眼前。

优美的环境带来了良好的村风，村民奔小康的干劲更足，人心思进、人心思富。有村民编了顺口溜说：“一出门柏油路，自来水进了户，太阳能路灯明又亮，我们的生活奔小康。”这是现在望岩村真实的写照。

（3）乘着东风，乡村振兴“歌飞扬”

“我们要举全村之力，在‘十四五’开局之年，在党的十九届五中全会精神指引下和中央农村工作会议精神的感召之下，全力以赴推进乡村振兴示范村建设，争取各项工作再创新高。”村党支部书记贺楼厚说。

走在村中心，记者见到几位老汉一边抽着旱烟一边聊着天，“薛四真是越来越富了，看人家那光景，一天比一天强。”

人们所说的薛四，昔日十分贫穷。一家人从兴县搬到望岩村，房无一间，地无一垄，靠着租来的几亩地种庄稼维持生计，日子过得紧巴巴。在村“两委”的号召下，他建起羊圈，购买了 10 多只羊羔，当起了“羊倌”。三年时间，薛四养殖场羊存栏量达 200 多只，年创收达 13 万多元，走上了发“羊”财的致富路。发家致富了，他还盖起了 4 间宽敞明亮的大瓦房，添置了好几件大家电。

幸福是奋斗出来的。像薛四一样由贫到富的村民在该村很多，他们养牛、养羊、卖草，到邻近企业打工，现在都富了起来。望岩村发展农村经济走在了全县前列，成为远近闻名的富裕村、明星村。

2019 年 5 月，望岩村被确定为五个乡村振兴示范村之一，山西农大在该村举行了乡村振兴示范村建设启动仪式。在山西农大的大力帮扶下，村里又引进优种公羊 14 只，开展了测土配方施肥、蔬菜病虫害防治、盐碱地改良，动科院、农学院等院的专家教授数次进村指导农作物种植和蔬菜病虫害防治，传授养殖技术，耐心指导，传经送宝，为农民“充电”长智。在山西农业大学的帮扶下，村民都学会了科学种田，玉米裕丰 303 号、青椒皇冠 3 号蔬菜新品种在村里得到了大力推广，有力地提高了亩产，减少了病虫害。同时，全村还改良盐碱地 300 亩。农大经管院还帮村里制定了发展苜蓿规划，苜蓿带动养殖，打造精品肉类，创建“望岩”品牌。

望岩村共有耕地 1.85 万亩，为了发展高产高效农田，2020 年冬季，全村又建设高标准农田 8400 亩，共占总耕地面积近 50%，新打机井 23 眼，铺埋了 PE 管道 53 公里，现在全村机井总数达到了 110 眼，耕地全部变成了水浇地。

第三节　平凡中孕育不凡：案例深描与启迪

如果说前两节内容是对山西农业大学学农、为农、兴农杰出师生团队或代表的群像展示，本节内容则是基于创新创业案例故事的深度理论分析，以期获得对创新创业工作改进提供有益启迪。

一、一个创业团队的案例分析

（一）“微美曲辰”创业团队成长过程分析

“微美曲辰”创业团队是一个典型的农科高校大学生创业团队，专注于特色果蔬的产供销及技术推广，崇尚“健康农业，健康你我”的团队理念。团队组建于2014年4月，始创成员为6人，拥有一个1.1亩温室大棚，随后发展为5个温室大棚；2016年7月内部成员各自离开，团队负责人A重新组建团队，并于2017年1月注册成立公司，现核心成员为5人，创业团队发展稳定。根据该创业团队特殊的发展历程，将其成长过程划为酝酿、创立、分裂与稳定四个阶段。①

1. 酝酿阶段

2011年下半年到2013年底是“微美曲辰”创业团队的酝酿阶段。此时，创业团队的雏形已经出现，创业想法也已萌生。A说：“前期，我和一位同学在学校农作站种植0.3亩西瓜，后来又有同学陆续加入。那时，小打小闹，但我是认真对待的。”这表明创业团队酝酿期分为两个过程：一是个人种地，人员参与少；二是组团种地，人员不断加入。两者主要是种植主体的不同，即个体向集体的转变；该阶段成员在种植上随意性强，对销售环节缺乏足够重视，再加上病害蔓延，因而很难或无法获取利润，A说：“第一年投入500元种了小西红柿和圣女果，但是病害蔓延，没有获得任何利润。”

2. 创立阶段

2014年上半年，学校成立了大学生创业园，无疑是该群体实施创业想法、组建团队的有利机遇。创立阶段是一个团队成长过程中的重要时期，团队情况极为纷杂，A说：“一个温室大棚1万多元，我拿不出这么多资金，于是我和5位共同劳作的同学一起筹资，这才把团队创立起来。”这反映出了该创业团队创立时期团队成员的加入方式与组成情况，即创业成员是由大学室友、同学构成，6位团队始创成员基于劳作经验、日常交往、资金筹集与创业想法凝聚在一起，是一个典型的网状创业型团队；同时表明个人创业

① 叶长胜、陈晶晶：《农科高校大学生创业团队成长的叙事研究》，《中国农业教育》2019年第6期。

资金的缺乏是促使成员聚合的重要因素。此外，该阶段团队始创资金的筹集较为不易，A 说：“我和室友投资了 4000 块钱，又向分团委老师借了 3000 块钱，一共 7000 块钱。租金交了 2000 元；当时校党委书记把巨鑫创业园的温室大棚价格给谈到了一半并且可以缓交。”从 A 对创立初期资金投入的描述中可知，始创资金为 7000 元，主要通过同学舍友的平均投资、院系老师的资金资助、创业园公司的降价满足三种渠道得以完成。确定成员与筹集资金后，该团队在大学生创业园区购置一个温室大棚，完成了农作站的群体种地向园区正规创业的转变，标志着“微美曲辰”创业团队创建成功。安排就绪后，团队始创成员着手购置所需劳作工具和肥料种子、进行成员分工、设定团队发展目标（近、中、远期）等。在创业数月后，团队的第一批种植成果已有收获，所得利润用来偿还创建初期债务和下一批生产资料的投入。

作为一个盈利性团队，农产品的供销方式尤为重要，该创业团队初期主要有批发、采摘和零售三种销售方式。A 强调：“那时，团队刚刚起步，没有正规销售渠道。主要采取直销批发方式售卖蔬果，团队成员也将部分果蔬运到菜市场零售；老师和学生们也去创业园采摘购买。”这三种销售方式是创业团队在成长中慢慢摸索出来的，是一个逐渐形成的过程，即：批发→批发+采摘→批发+采摘+零售的过程。并且，这一阶段团队的重点工作在于种植技术，A 说：“重点还是技术！搞农业，技术是第一，没有技术就什么也没有，什么也不要谈。”农科高校大学生创业团队尤其是从事农作物种植团队，掌握种植技术是重中之重，主要包括病虫害治理技术、植物栽培技术、温室调试技术等。总而言之，“微美曲辰”团队的创立阶段取得了不错的成绩——创业团队成员稳定、凝聚力不断增强、团队发展目标日趋明确、技术学习不断深入、销售方式不断优化以及产品市场有所保证。

3. 分裂阶段

创立两年之久的“微美曲辰”团队本应日益壮大，却不幸陷入了“合久必分”的恶性循环。2016 年下半年，团队核心成员各有想法、意见不一，创业团队面临分裂。A说：“当时正好六个大棚，每人一个棚，就把大棚分了。第一批创建团队的核心成员基本上走了，只剩我一个。”本次团队分裂予以“微美曲辰”团队重创，致使生产资料、投入资金以及创业队伍分散，始创成员各自分了温室大棚进行独自创业。对于这个发展良好的创业团队，为什么在四年后以迅雷不及掩耳之势彻底分裂？A解释说：“毕业是最重要的原因，2015年毕业时还没挣到钱，大家各有想法，另谋出路；另一个原因是团队内部矛盾，主要是成员工作分配不当、收入分配不公。”团队分裂无法抑制，但及时进行原因分析有利于团队发展。大学生创业团队与其他类型的团队有着相似的内外双重矛盾，重点在于内部矛盾的激发。“微美曲辰”创业团队分裂的内部原因有以下5点：第一，资金筹集促使始创成员加入；第二，大学生毕业危机，成员追求其他谋生出路；第三，团队目标分化，成员想法不一；第四，工作分配不合理，收入分配不公；第五，团队农产品收益不高，难以满足始创成员的需求。

4. 稳定阶段

原始团队核心成员的分裂没有导致“微美曲辰”团队解体，负责人A重新吸纳4名新成员组建团队。2017年1月，该团队以“微美曲辰”为名注册公司，标志着团队走入正轨。从一个专注于种植的团队发展成为一个专注于健康农业的公司，这一转变给创业团队带来诸多优势，A说：“注册公司后，成员增强了集体自豪感，做事更有底气；再者，很多形式可以法律化，有了更多保障；也有利于团队做品牌、进行宣传，这样消费者更加信任我们。”这使创业者们的归属感提升，团队合法性得到认可、凝聚力增强、产品得到消费者信赖，并补充说“我们把销售区域、服务区域定位在太谷县和太原市区，等发展模式完善后，打算在全省甚至外省进行推广”。这个阶段，公司的发展目标很明确：基本目标是生产有机绿色无公害的农产品，中期目标是将公司的销售与服务区域辐射在太谷县及太原市区，远期目标是形成独有的创业与生产模式，在全省范围内进行有效推广，提升蔬果种植行业的水平。此外，公司成立后，团队内部的重要决策依然由A决定，形成了以A为中心的“集聚型”团队。这使该团队能够做到决策统一，目标一致；在分工合作上也逐步正规化，A说：“办公室负责公司管理；财务部门主要与银行进行对接商洽；技术部门主要在学校实验研究；销售部门还在筹划组建中。”办公室、财务部门、技术部门的设置，销售部门的筹建都体现着团队正走向规范化发展道路。在销售上，“微美曲辰”团队一改“批发+采摘+零售”的旧模式，采取微信订单、亲子体验活动、认养（共享）模式等多元化渠道来拓展市场。同时，新团队也在不断优化农产品结构，增加茄子、盆景韭菜、黄瓜等品种。至此，该团队经过重组调整后，形成了以蔬果种植、配送服务及技术推广为一体的大学生创业团队。

（二）“卓越农人”创业团队的成长过程分析

“卓越农人”创业团队在2014年下半年组建成立，并入驻山西农业大学大学生创业园区。鉴于创业团队发展的需要，于2015年底注册成立公司。运行半年后，团队原始负责人E离开公司，由B负责团队工作。现在该创业团队成绩斐然，运作有序。根据该团队实际情况将其成长过程划为萌芽期、成长期及完善期三个阶段。

1. 萌芽期

创业团队成员在老师要求下到山西农业大学农作站进行种植实践，熟悉了农作物种植的过程，也在课程与实践中掌握了相关知识与技术。成员们在实践中萌发了创业的想法，在老师的鼓励下坚定了创业的信心，在团队负责人的带动下形成了内部小团体（创业团队的雏形）。当这个小团体成员逐步稳定后，团队负责人E（E为该团队创业原始负责人，在2015年离开团队，现任负责人为B）便召集他们组队创业，团队“元老”C说：“大一，我与2个室友及B同学在学校农作站种0.3—0.5亩地，就这样在创业路上慢慢坚持下来了。”2014年，4人的团队在农作站中组建成立，正式开始了创业之路。团队的成员比较固定，流动性小，并且该阶段诸多事宜都由E决定，是一个“领头羊型团队”，即集聚型团队。该阶段，成员的加入具有随机性，主观能动性不强。

2. 成长期

在农作站经历了漫长的孕育期，创业团队已然形成。2014 年“卓越农人”在大学生创业园买下温室大棚进行正规创业，意味着该团队进入了成长期。该阶段，团队注重农作物种植技术的积累、销售渠道的拓展，但在团队发展方向上有了分歧，B 说：“2015 年，团队成员在重视种植技术还是重视销售服务的发展方向上产生了分歧，这导致负责人 E 离开团队。”负责人 E 偏重于技术攻克，而团队成员偏重于销售市场的拓展，在协商无果下，团队原始负责人 E 脱离团队。随后，团队成员达成一致意见，同意 B 担任团队负责人，带领团队成员进行创业。在团队负责人更换之后，创业成员之间的向心力不断增强，团队发展方向较为一致，主要进行销售市场的拓展。在团队成员共同努力下，该团队创新了销售方式，以“订单式农业”与“最后一公里”保姆式服务替代创业初期零售批发销售方式，使销售利润得以增加。此外，该团队在老师指导下，在太原某高档小区打开了农产品的消费市场，C 说：“2016 年，在老师的帮助下，我们在太原一个高档小区开辟了蔬果市场。于是种植的思路就围着小区进行，采用订单模式满足顾客需求，这也是团队的有力尝试。”这使团队赢得了 30 多户较为固定的客源，每周供应两次蔬果；并且在太原小店区建立了山西农业大学农产品直营店，打破了传统零售模式，推进了“新零售”概念的实践。

3. 完善期

为了适应团队发展，“卓越农人”团队在 2016 年注册公司，使创业团队进入正轨。该阶段，团队成员既着眼于种植技术的研究，也注重公司结构设置、团队分工安排等方面的完善。该团队着手完善内部工作是团队工作重心的转变，专注于公司内部机制的完善是保持团队各项工作运转、获取利润的基础。成立公司后，团队不再是一个随意群体，而是一个具有法人地位的营利组织。完善期的创业团队是处于团队内外兼管的阶段，不断推动团队走向正轨，但在此期间还存在机构不完善、长期发展目标不明等急需解决的问题，这是一个漫长的完善过程。

（三）农科高校大学生创业团队成长的影响因素

1. 创业成员与创业团队因素

（1）创业成员的创业意向与动机

创业意向。大学生创业者的创业意向是大学生创业团队的源泉，是影响创业团队成长的重要因素。“微美曲辰”负责人 A 说：“在高中时，我就有创业意向。因为那时受 CCTV-7 农业频道影响，我特别向往惬意的田园生活。这样，就在心里埋下了创业的种子。”创业意向是创业者基于自身兴趣、生活环境、爱好等而逐渐培养起来的，对创业者创业行为的产生和创业团队的形成具有重要作用。祝军和尹晓婧①认为对于大学生而言，创业意向如同一颗埋在心底的种子，只要在合适的环境中才能发芽成长，进而推动大学生开展创业实践。一般而言，学生的意愿越强，那么进行创业的可能性就越大，相反大学生的意向越低则开展创业活动的可能性就越低。在诸多学者的研究中表明，创业意向通常有强弱的区别，具有强创业意向的个体更有可能开展创业；具有弱创业意向的个体很少从事创业和组建创业团队。笔者在与两个团队的负责人 A、B 和创业成员 C、D 的交谈中得知他们具有较强的创业意向（愿），认为创业成员强烈的创业意向是两个团队成功组建的源头。

创业动机。大学生创业团队与其他创业团队相似，都是基于创业者的创业动机而建立的。大学生的创业动机是推动大学生创业团队形成的内涵式因素，它促使大学生以独特的优势整合周边资源，组建集聚优势的团队一起去创业，在创业中迎接风险。康铭认为大学生的创业动机可以以心理需要、现实追求、家庭关系和环境影响四种类型加以呈现。在了解两个创业团队负责

---

① 祝军、尹晓婧：《应届大学毕业生创业意愿和心理资本水平调查》，《中国青年社会科学》2017 年第 6 期。

人进行团队创业的动机时，A 和 B 均表明发挥自身能力、实现自身价值、获得创新创业活动荣誉等是促使他们进行创业的重要动机。无论基于以上何种类型的动机，创业团队成员动机都要明确一致。“大家参加团队动机不一，有人真心种地，有人体验生活。毕业时，团队也就因此分裂了”。这是“微美曲辰”负责人 A 对创业动机重要性的切身体会。总而言之，没有明确一致的创业动机即使创业团队能够成立也不能得到良好发展，甚至走向分裂和解散。

（2）创业成员的“软实力”

创业者的“软实力”是创业团队成立与发展过程中重要影响因素，包括创业精神和心理资本以及创新意识。创业“软实力”强则创业团队能够有效竞争，获取利润与认可；反之，则不能立足。

创业精神。创业精神是创业者在实现创业目标过程中所表现出来的，是创业者“软实力”的重要体现，是大学生创业团队形成与发展之“魂”。在对“卓越农人”和“微美曲辰”创业团队的探索过程中发现创业者的创业精神有“领军人物”和“普通成员”精神两种类型。其一，“领军人物”精神即“领头羊”精神，包括很强的担当意识、责任感以及无畏的勇气；能够急团队之所需，顾团队之所得。“卓越农人”负责人 B 表示“一个团队的领头羊，就是去担当，去负责。比如一个任务团队成员不愿干，我就得挑起来，扛住了。”此外，“微美曲辰”负责人 A 说：“虽然手里只有 2000 块钱学费，但是最后决定干一干，失败了也就赔点钱。”这两个团队负责人所展现的这种无畏勇气往往是创业团队成立之初的“燎原之火”。总之，“领头羊”精神不是每一个创业者都具备的，它是团队负责人影响团队发展的集中体现。其二，“普通成员”精神即创业团队成员所必须具备的创业精神，包括脚踏实地、不怕苦累、甘于奉献等。每种精神都是推动创业团队成功建立与运行的“一砖一瓦”。“我每天早上五点去摘菜，六点去卖菜。”“三年之中，我没回家过春节，六年里没回家过中秋节。”“队友特别能干，我又不能落后，就追在后面干。最后脚上、手上都是泡。”这是两个创业团队成员所说的只言片语。然而，却是创业者吃苦耐劳、不甘落后以及乐于奉献精神的真实写照，也正是因为这些，两个团队才能在众多团队中脱颖而出。无论是包含担当意识、责任感、勇气的“领军人物”精神还是以吃苦耐劳、不甘落后、乐于奉献、脚踏实地为主的“普通成员”精神都在深深影响着创业团队的成长与发展。

创新意识。创新意识是创业者首先需要具备的，是创业团队渐进发展的核心竞争力，它从种植技术、病虫害技术、销售渠道等各方面影响着农科类大学生创业团队的成长。创业意识在“微美曲辰”团队的体现是种植技术和病虫害技术的创新应用。根据负责人A介绍，他们注重种植技术与病虫害技术的科研创新工作，重视团队核心成员树立创新意识。正由于具备技术上的创新意识，A的团队被大学生创业园区创业者们所称赞。就“卓越农人”团队而言，创业意识主要体现在销售方式与销售渠道上，团队成员突破零售与贩卖的传统销售渠道，以独特的创新意识探索出“订单式销售”“最后一公里”“高级小区靶向销售”等先进的销售模式和途径，并把“新零售”创新意识在实践中加以利用，从而使团队在销售方面拥有自己的独特优势。两个团队在不同方面强调创新意识，并在实践中探索，这对创业团队的茁壮成长和长久发展有着重要影响。

心理资本。心理资本是针对创业者个体而言的，它是指个体在成长和发展过程中表现出的一种积极心理状态，主要包括信心、乐观、希望、韧性四个方面。创业者的心理资本是基于创业者本身来对创业团队发挥影响作用的，它是大学生创业团队不可忽视的影响因素，这里主要从创业者的坚持与韧性两方面进行阐述。第一，创业者的坚持是影响个体前进的必要因素，坚持不懈的创业者总能在紧要关头为创业团队“撑好船，掌好舵”。“微美曲辰”团队曾经历一个分裂阶段，在这个阶段中，“微美曲辰”创业团队核心成员都各奔东西。作为核心成员之一的A在面临团队即将解散时说道：“当时真的没有办法了，这个时候不顶住，几年的努力就没有了”。在紧要关头，A选择以坚持来扛起团队，使之渡过危难、平稳发展。第二，韧性是创业者在创业过程中必须具备的心理要素，在农业类创业团队的成长过程起着至关重要的作用。“韧性”与“较真”有着诸多共同之处，都指个体在面临困难时具有锲而不舍的心理倾向。A 说：“尽管农业是普遍的，但我认为该较真时得较真，并且还要找这种敢于较真的同学加入团队，去搞清楚问题，搞好技术。”“较真”是 A 在面临病虫害难题时反复强调的创业能力，只有在困难中喜欢较真与探索的创业者才能掌握解决困难的技巧。A 注重“较真”能力的培养是对“技术型”创业团队成长的合理定位与要求。

（3）创业团队目标与理念

创业目标。创业团队目标是一个创业团队努力的方向，是团队成员做什么、怎么做的导向，影响着创业团队的进一步发展。团队目标首先需要一致，只有目标一致的团队才能达到理想状态，进而更好地实现目标。“微美曲辰”负责人 A 说：“团队最忌讳的是不同目的人走在了一起。在选人上，我们会做更多要求，聘选真正适合团队的人。”经历过团队分裂的 A 对团队目标的一致程度更加重视，他认为组建团队、选人用人必须要保持创业目标一致，并且服从团队目标；其次，创业团队目标必须明确，明确的创业团队目标才能起到指导作用，才能给团队成员带来希望，进而有效促进团队成长。“微美曲辰”创业团队在重新组建后，逐渐明确了团队目标，这说明创业目标确实影响着团队的发展。成员 D 指出：“在团队规模上，我们目前定位在太谷县和太原市区，将来打算在全省推广；在技术和应用上，要将温室种植技术推广到农村去，让农民掌握，从而真正提高该行业的效益。”从中可以了解创业团队在规模层面与技术层面上的双重目标，这为团队的发展定了调子，定了方向。总而言之，一致明确的创业团队目标毋庸置疑地影响着创业团队的形成与完善。

创业理念。创业团队常常强调“凝魂聚气”，“魂”为创业精神，“气”则为“创业理念”。创业理念是创业团队文化与信念的集中凝练，体现着一个创业团队的内涵与生命力。“卓越农人”团队在创立初期就确定了“用心创造优质生活”的创业理念，B 解释：“团队从我开始，一直在贯彻这个理念，最终目的都是面向顾客，无论对顾客还是对自己都用心创造优越的饮食条件，这是一种双赢。这个创业理念在团队中已经深入人心，大家一直秉持它去做好产品”，秉持双赢的创业理念为卓越农人团队发展创造了良好的发展机遇。此外，“微美曲辰”团队也将“健康农业，健康你我”的创业理念贯穿在农作物种植与农产品销售过程中，A 说：“我们想发展健康农业，做好绿色农业，不仅能能够生产出健康食物，还能让消费者能够吃到健康食物。”综上，创业理念不仅是大企业一以贯之的，更是微型创业团队所确定与坚守的，由此可见，具有高度与活力的创业理念是创业团队形成与发展所必需的。

（4）创业团队结构与管理

创业团队结构。任红婕认为在大学生创业团队的前期阶段，组织规范化、制度化的程度不高。[①] 从“微美曲辰”和“卓越农人”两个创业团队成长过程看，在创业初期，两个团队的结构都偏向松散无序，这不利于团队的进步，也不利于经济利润的创造、技术的提高。在团队成长过程中，两个团队的结构与管理更加完善，日趋制度化、规范化。从创业团队对比看，“微美曲辰”团队在五年的发展中其管理结构更加制度化、规范化，A 说：“创业之始，我比较注重团队结构的设置，喜欢用硬性规定来推动创业活动，鼓励成员工作”，这能有效解决大学生管理经验以及知识匮乏等问题。然而，“卓越农人”团队由于其民主的管理方式，致使团队结构松散无序，没有明确的公司章程与制度条款，B 说：“目前，我们团队还没有明确的规章制度，管理结构没有进行调整，这将会是是今后对内工作的重点”，这就制约了团队活动的有力开展。王年军曾总结道，团队结构的合理性和内外部协调性有利于大学生创业团队形成完善的运行结构，从而更好地推动创业活动。[②]

创业团队管理。团队管理主要以民主式与专制式两种管理方式来影响着

---

① 任红婕：《大学生创业团队形成过程及教育反思研究》，硕士学位论文，四川师范大学 2016 年。

② 王年军：《大学生创业团队的理论与实证研究》，硕士学位论文，武汉理工大学 2012 年。

大学生创业团队。民主式与专制式管理并非割裂的，而是在团队发展过程中逐渐转化，都对大学生创业团队产生重要影响。“微美曲辰”团队从初期的网状模式转换成为星状模式，这不仅是创业类型的变化，也伴随着管理方式的转化，即从民主式管理转化为专制式管理。这是根据创业团队实际情况抉择的，它们都在不同的阶段影响着团队的形成。A说：“成立公司以后，我在带领，最大股东也是我，所以事情就是我来安排。”这也表明专制式的管理并不排斥团队成员参与决策。而“卓越农人”团队始终以民主式管理为主，以成员协商的方式进行团队决策，这使创业团队成员保持良好的关系，具有较强的凝聚力，进而有力地促进了创业团队的发展。B强调：“大家在充分讨论的过程中寻找恰当的方法去管理公司，不能一人专断。”总之，民主管理与专制管理在创业团队的问题解决、创业决策、统一意见中发挥着各自不同的作用，相互影响，共同推进团队创业活动。

团队精神与成员关系。团队精神是创业团队以及团队成员之间所必须具备的，良好的创业团队精神能使创业活动达到事半功倍的效果，对创业团队的成长具有深远影响。古语有云：“千人同心，则得千人之力；万人异心，则无一人之用。”“一个人创业是极其孤独的，能力也是有限的。当一个人面对一件无助的事时，看到兄弟的身影，心里就燃起了希望，就有了力量。”A认为团队精神是创业活动的力量，是解决“孤掌难鸣，独步难行”困境的重要精神支柱；B也强调“只有抱成团，才能做得大。一个合作的时代，不可能单打独斗。一个人走得快，但一群人才能走得远。”在B看来，团队精神就是互助精神、合作精神，不仅是推动创业团队成长的需要，也是时代的要求。此外，团队成员关系的紧密程度也是团队精神的重要体现。它直接影响团队合作与互助程度，从而影响团队的成长。紧密的成员关系对团队发展起着积极推动作用，反之，则会羁绊团队的成长。在诸多调查中表明，大学生创业团队成员之间一般为同学、朋友、室友、亲戚等关系。在对“卓越农人”和“微美曲辰”团队的访谈中了解到团队成员之间都是朋友、同学及室友关系，这样亲切紧密的团队关系对两个创业团队的创业活动和进程的影响是十分深远的。

创业学习。创业学习是创业成员为了提升创业能力、获取资源、吸收外部成员等而进行的学习。作为从事农业工作的大学生创业团队，提高科学（种植）技术能力、总结种植经验与技巧、加强成员交流与实践是极为必要的，也是推动农业创新创业的关键因素。所访谈的两个创业团队不仅重视创业学习，还不断践行创业学习，这既包括专业理论知识学习，也包括实践学习、技术操作学习。A 指出：“一方面通过实践学习和书籍学习，你会发现种植的知识很多；另一方面继续培养现有成员，让他们学习更多农业知识，有利于团队的日后发展。”卓越农人 B 也指出：“首先大家性格不同，处事方法各异，团队成员之间需要相互学习，共同成长。其次搞科学的人不仅要积累经验，还要打破常态，研究新东西。”团队的持续成长与更新离不开创业学习，它为创业活动提供源源不竭的动力。陈莉在调查大学生创业团队后强调“当你的知识不能支撑你强大的野心的时候，你就需要学习。学习不仅是个体成员的主动行为，也是成员之间、团队与环境之间互动的主要行为，此外学习行为还是影响团队结构等方面的关键因素。”① 并且农科类创业团队偏重于技术学习，只有拥有过硬的种植技术、温室技术、病虫害预防与治理技术才能保证创业团队及公司的操作运转。一向重视技术研究的 A 就曾强调：“重点还是技术！搞农业，技术是第一，没有技术就什么也没有，什么也不要谈。”由此可见，技术学习决定着农业创业团队的成功与否，忽视团队的技术研究往往会剑走偏锋，本末倒置，不利于创业团队解决实质问题，走出困境。

2. 学校因素

（1）物质支持

任何创业行为都离不开相应的物质基础，大学生创业团队的创业行为也

---

① 陈莉：《大学生创业教育的核心是“创业学习”——对本科生创办传媒公司的个案研究》，《高校教育管理》2017 年第 2 期。

不能脱离物质支撑，其物质资源主要来源于学校、教师。学校给予大学生创业团队的物质支持主要包括前期的资金、创业设备、创业场域、技术研究室等，这是对大学生创业团队最有价值的帮助。团队成员B曾说：“学校给予温室大棚租金补贴，重新翻修温室大棚，建设园区宿舍、厨房、厕所等基础设施。”此外，A也说道：“团委老师给我们初始资金支持，校团委老师也争取资金帮助我们，这既是给我们资金支持也是莫大鼓舞。”由此可知，学校的资金帮助及补贴、基础设施建设、创业设备提供与养护都在极力影响着创业团队的成长，也进一步说明物质支持具有多样性、途径多元化。

（2）创业组织

创业组织是组织、指导创业团队有效开展创业活动的载体，能够为大学生创业团队的成长助力。山西农业大学高度重视创业组织的设置，A说：“近年来，学校重视创业组织的建设，2014年创立了创业学院，也对学校的创业组织进行过整合。现在形成了以创业学院为主，以团委系统中创业组织为辅的创业组织。这给大学生创业带来了很多便利。”由此可知，山西农业大学形成了院校两级联动的创业组织。学校的官网中有创业学院的网络界面，并且创业学院主要设置了四个子机构，包括办公室、教学科、项目管理科和创业精英班，院团委主要有“创业之路（农学院）”等类似机构，其部门完善，层级分明，具有良好的运行操作机制。以上创业组织的设置整合了学校的创业政策、师资、硬件设施等资源从而影响着大学生创业团队的发展。

（3）创业课程

创业课程是当下创业教育研究的一个热点，同时也是影响大学生创业团队的重要因素。房欲飞认为“大学生创业教育就是通过高校课程体系、教学内容等不断增强大学生的创业意识，并将其内化成大学生自身的素质，进而培养具有创新性的创业人才”①。创业课程作为创业教育的重要组成部分，

① 房欲飞：《大学生实施创业教育的内涵及意义》，《理工高教研究》2004年第8期。

深刻影响着大学生创业活动的开展和大学生创业者实力的培养。D说：“我校的创业课程设计比较合理，既有理论，又有实践，具有较强的针对性。”山西农业大学创业课程主要由理论与实践课程构成，理论方面的课程主要有《创业基础》《企业财务管理》《创业活动操作实务》《创业项目专业课》等；实践课程包括《企业创办》、《企业实践》和讲座（报告），一共576个学时，36个学分，以上课程一方面对参与成员的创业知识、学习能力、职业素养等方面产生有利作用，另一方面也能通过对创业成员能力的提升而间接推动创业团队的成长。因此，创业者成长以及创业团队发展这两个方面成为诸多创业课程设置的重要影响因素。

（4）创业指导

创业指导实质上是拥有丰富知识与经验的人对团队现存问题、发展方向、目标设定等方面予以有效的指点，从而保证团队创业的效用。“微美曲辰”和“卓越农人”团队在创建发展的过程中非常重视创业指导，主要包括学校的教授和老师。B说：“在创业初期，时任书记经常让资深的教授、老师给予我们技术指导，解决我们在种植技术上遇到的困难；农学专业的老师也经常和我们探讨现代农业如何发展，怎么走的问题，在团队的发展方向上予以正确的指导，使我们受益良多”。由此可知，学校给予创业团队的指导主要是团队发展方向与种植技术指导两方面，方向的指导使团队发展更加科学化，技术的指导使团队更具竞争力与创新力，也体现出创业团队“建起来—扶起来—强起来”的成长主线。

（5）创业实践

创业实践是大学生创业团队创建初期的“敲门砖”，它为大学生团队创业提供了平台，推动了其形成，为创业团队打开了“方便之门”。创业实践通常以学校为主，包括创业交流会、创新创业大赛以及相关的讲座等形式。在“卓越农人”团队初创期，团队成员以获得创业实践（创业竞赛）的荣誉为主要目的，即“荣誉期”阶段。创业成员不仅能获取荣誉，而且能对创业流程有所熟悉，对创业项目书的写作、创业成果的预判与分析等能力进行锻炼。这个阶段，创业实践为大学生创业团队提供了展示的平台和动力，是创业个体或团队形成、发展、转折的重要影响因素，也是创业个体向创业团队转变、创业萌芽期向创业发展期过渡的桥梁。

3. 社会因素

（1）创业政策

创业政策是影响创业团队成长的重要外部因素，它为大学生创业提供政策层面的激励、保障以及创业导向，能够为大学生创业营造良好的创业环境。史蒂文森等认为：“创业政策是为激励一国或地区经济主体的创业精神并提高其创业活动水平而采取的政策措施。”基于创业政策的多重作用，我国针对大学生创新创业也提供了诸多政策，如《国务院关于大力推进大众创业万众创新若干政策措施的意见》《山西省人民政府办公厅关于扶持高校毕业生创业的意见》等，这使大学生敢于并乐于创业，直接促动大学生创业团队的形成。“卓越农人”与“微美曲辰”团队在组建、注册过程中都曾受到创业政策的影响，B 说：“我们很少向政府申请优惠政策，都是学校主动给申请的。”因而，国家层面的创业政策往往不会使创业团队直接受益，只有经过学校、市县合理安排与规划，有效配置政策资源才能对大学生创业团队的创业行为产生影响。

（2）社会力量

社会力量是区别于学校、政府对大学生创业团队影响的第三种因素，也在大学生创业团队成长过程中起着不可估量的作用。对“卓越农人”和“微美曲辰”创业团队有重要影响的社会力量主要有 S 企业和媒体机构。第一，S 企业给予创业团队的支持主要包括减少温室大棚租赁费用、种植育苗购置费缓交、团队管理指导、种植技术指导与教授等。两个团队负责人一致强调 S 企业给予团队成长很多技术支持，A 表示：“重点是技术上，我们种植草莓、西红柿经常向企业的技术人员学习、请教问题。”B 也补充道：“当然，企业对公司管理、种苗培育也会给我们帮助。在创业初期会有技术员给我们提供指导。”从中可以看出企业对农科类创业团队的影响主要体现在技术指导上，这是创业团队得以安身立命的关键。第二，媒体机构对大学生创业团队的影响主要体现在宣传作用上，这是扩大创业团队产品知名度、招徕合作者与顾客的重要因素。在对“卓越农人”和“微美曲辰”团队资料收集过程中发现，广泛的媒体宣传是创业团队得以传播与认可的重要途径。山西日报等媒体就两个创业团队事迹竞相报道，在社会及政府中产生了广泛关注，这使两个创业团队赢来了不可多得的发展机遇，提高了团队的知名度与信誉度。总之，不论是企业的支持还是媒体的宣传，都会对大学生创业团队产生潜在的、多方面影响的不可忽视的社会因素。

二、一对青年夫妇创业扶贫实践案例解析

（一）青年夫妇返乡创业的故事①

王国峰出身于农民家庭，2011 年从山西农业大学毕业后，就职于山西省农业遥感中心。出身于农家，就学农业，使王国峰有天然的农村情结。之后他喜欢上读研的农村女孩陈佳琪。陈佳琪父母都是蜂农，日常闲聊时会听他们讲关于蜜蜂的事，渐渐地，王国峰对蜜蜂产生了兴趣。

1. 辞职下海，探索自主创业发展的“甜蜜”事业

2014 年，在农业厅工作三年后，王国峰毅然辞去工作，开启创业之路。他说：“积极响应政府号召，返乡创业，我想在另一个平台上突破自己。”2015 年，刚刚新婚的他们在“大众创业、万众创新”感召下，开始了他们的“甜蜜”事业。

蜂产业的投入产出比同其他种植业、畜牧业相比高很多，投资少、见效快、收益好，是“短、平、快”的甜蜜致富产业。创业之初，王国峰

① 王艺璇、何云峰：《一对青年夫妻返乡创业及其扶贫带动效应的叙事研究》，《安徽农业科学》2019 年第 20 期。

对祁县的蜂业进行了调查。祁县有120余户养蜂户，大多是分散经营，生产的蜂蜜在周边销售，渠道单一，销量较低。王国峰说：“我们要转型，就不能走小农经济、各自为营的道路，要把蜂农拧成一股绳，一起做蜂产业。”

为了做好山西蜜蜂产业，王国峰和爱人奔赴全国各地了解全国蜜蜂产业发展现状，寻找山西蜜蜂产业做大做强的突破口。经过调研，他们撰写的论文《我国养蜂业转型升级刻不容缓》的观点受到中国养蜂学会副会长的认可，这给他们的创业吃了定心丸。

2. 研制标准，探索蜂业规模化品牌化发展之路

为推进山西蜂业标准化发展，王国峰夫妇经过考察研究，探索出一套蜜蜂养殖、蜂蜜采收、疾病防治等多维一体的标准流程，并长期深入农户进行现场教学、跟踪指导，手把手传授养蜂技术及防病技术等。为将养蜂技术推广到贫困山区，他们深入山西革命老区、贫困山区，对当地蜂农免费开展新技术、新理念培训。每到一地，他们都开展特色蜂产品“三统一”的推广，即统一饲养标准、统一采收标准、统一包装形象。为探索养蜂新思路、拓宽新领域，他们先后承办两届“山西省成熟蜜与巢蜜产业发展推进会”，邀请省内外专家向山西省300多名蜂农传授成熟蜜与巢蜜生产技术和最新蜂病防治办法。截至2018年底，他们已累计培训1800余人次。标准化的养蜂，不仅提高了蜂农的经济收入，提高了蜂农的积极性，带领了贫困户脱贫致富，还提升了山西蜂业的抵御市场风险的能力。

由于养蜂技术落后，高端产品较少，品牌带动效应弱，制约了山西的品牌化发展之路。王国峰团队以“成熟蜜，巢蜜生产”为抓手，在全省率先实验生产巢蜜。养生巢蜜在第四（山西）届中国特色农产品交易博览会获消费者青睐，荣获山西省第五届科普惠农特色优质农产品展销会“最具特色农产品”奖。王国峰强调，推动山西蜂业品牌化建设，就要以高品质的优质产品来赢得广大消费者的信任，重新塑造山西蜂业的声誉，提升蜂品牌价值。

3. 拓宽思路，探索蜂产业多元化全链化发展之路

“不能满足于简单的养蜂收蜜，技术授粉、产品加工等技术都必须跟得上”。王国峰夫妇，在他们的甜蜜之路上，不断拓宽思路。他们从单一地坐等收蜜，到把蜜蜂作为一种产品，努力打造农业的三产融合的新业态。借助祁县酥梨之乡的优势，大力推广蜜蜂授粉技术，让蜜蜂代替人工授粉，不仅节约了果农的生产成本，提高了有机作物产量，还拓宽了蜂农的经济来源，提高经济效益。截至 2018 年底，已培训果农蜂农 700 余人次。蜜蜂授粉技术的推广，是合作社带给农户最大的福利。2017 年王国峰承接山西省农业科技成果转化项目“梨树蜜蜂授粉配套技术应用”，建立“梨树蜜蜂授粉与病虫害绿色防控示范基地”。

“科技含量较低、产业链较短、产品结构单一”，这是制约山西蜂业发展的瓶颈问题。王国峰团队，先后与全国多所农业高校和科研院所合作，把蜂产业与特色果蔬相结合，研发附加值高的蜂蜜果酒、蜂蜜果蔬饮等功能新产品。2017 年 2 月，他们与江苏省农业科学院农产品加工研究所合作，共同研发生产具有保健功能的酥梨、蓝莓、桑葚蜜酒和乳酸菌发酵饮料，有效带动山西蜂产品与特色果蔬的产业化发展，助力山西蜂业转型升级。除此之外，他利用发酵技术消化祁县每年至少有 30%—40%损耗有损伤、品相稍差的酥梨，加工成果酒，提升附加价值。蜜蜂与果蔬的结合，使所有的资源都被有效利用，实现了绿色可持续的发展，彰显了“小蜜蜂，大产业”。

4. 辐射带动，探索技术扶贫的共生化共赢化之路

创业之初的调研使王国峰发现，设施落后、规模较小的家庭散养无法适应现代经济的发展。他认为，要想推动蜂产业的发展，就要改变过去单打独斗生产模式，要带动蜂农由分散经营到专业化经营、机械化生产、信息化管理、规模化养殖发展。意识到问题的根本后，他就立刻付诸行动，2015 年，成立了祁县永刚养蜂专业合作社，2016 年 9 月成立祁县蜂业协会。在以后的三年中，他们从家庭养蜂作坊入手，将分散的养蜂户整合起来，构建起了“协会+公司+合作社+蜂农”的产业链。截至 2019 年初，合作社已经吸纳了

344户蜂农。从分散经营到自愿参加组织集体创业，不断发展壮大，推动祁县乃至山西蜂业发展新的希望。2016年他们与山西农业大学公共管理学院承担的山西高校人文社科基地项目“山西特色农业产业科技帮扶力量整合研究”达成意向，合作探索科技帮扶力量整合模式。在2018年7月，合作社承接了一万人次的全民职业技能提升工程，带领了更多人投入到养蜂大军中。2018年，共青团山西省委与省扶贫办实施山西青年“甜蜜丝路”工程。陈佳琪和王国峰参与了这一工程，并先后深入具有养蜂基础的10个革命老区、贫困山区推广养蜂，为当地蜂农免费开展新技术、新理念培训，累计实现538人次脱贫。

5. 打通出口，探索信息化网络化的销售营销之路

在电子商务迅速兴起大环境下，王国峰团队抓住机遇，借助电子商务平台，拓宽蜂产品的销售渠道，在淘宝、京东、天猫等多个销售平台建立了网上营销站点，实现线上线下相结合的销售模式，实现了销量的稳步提升。并通过推广“线上销售+线下体验”的互联网销售新模式，将质优价廉的蜂机等信息通过微信群、“蜂业科技”公众平台等分享给蜂农，减少中间环节，让蜂农花最少的钱买到更好的蜂机具，提高蜂农经济效益。同时，通过互联网、手机、电视等各种渠道，宣传蜂蜜和蜂产品的功效，提高公众对蜂产品的认知与认同，拓宽蜂产业的销售市场，为蜂业的发展营造良好的舆论导向与市场环境。

（二）对青年夫妇返乡创业之困的反思

王国峰夫妇创业之路并不是一帆风顺的，他在创业及扶贫过程中，也是遇到了不少困难。

1. 留城就业与返乡创业的矛盾抉择

在城乡二元社会结构下，农村人才的可得性远比城市困难得多，留城就业还是返乡创业是多数人的艰难选择。山西农业厅遥感中心是份令人羡慕的工作，稳定有保障，同其他高强度高压的私企相比，王国峰的工作强度不

高。除生活稳定之外，他还得到亲朋师友的认可。但工作三年后，稳定安逸的工作让他感觉乏味。具有挑战性的创业，对他产生吸引力。为更好实现自己的人生理想与社会价值，经过再三抉择，王国峰下定决心，放弃省城稳定工作，扎根农村、立足农业，开启了艰辛的创业之路。

返乡创业，并不是王国峰的冲动之举，是他深思熟之后的理性抉择。他认为，他的返乡创业存在“天时、地利、人和”的良好机遇。国家大力号召“大众创业、万众创新”，这为王国峰返乡创业提供了良好的政策环境；山西蜜粉源丰富，素有“华北蜜库”之称，这为其发展蜂业提供了得天独厚的环境条件；同时爱人陈佳琪父母都是蜂农，家人支持他的决定，这又为他创业提供了后勤保障。但是即使如此，创业之初，王国峰仍受到很多人质疑与反对，但他克服了外在、内在压力，坚持了下来，创业之路也逐步走上正轨，并初显成效。

2. 传统蜂农经验与规范化技术优劣的博弈之困

初与蜂农交往，王国峰团队的新理念新技术与传统老观念之间的矛盾是比较突出的。由于对生产经营的未知风险惧怕，使得蜂农的风险防范意识和保守意识加重。即使在乡亲眼中的养蜂“权威”小陈的爷爷、父亲也一时转不过弯来。他们认为，刚毕业的大学生头脑中都是架空的书本知识，缺乏锻炼，实地经验少，不靠谱，对王国峰团队的最新养蜂技术与经营模式都持怀疑态度，仍然采用老一辈土专家的土技术、土办法。不仅在养蜂技术传播上，在蜜蜂授粉和蜂产品的开发研制以及网上销售方面，蜂户都处在一定的观望状态。直至目睹王国峰夫妇带领的示范户实现了产量提升及收益增加，由观望到愿意接受年轻的创业带头人带来的新知识与新技术。

3. 融资困难与农业天灾风险的双重困境之累

在蜂业业务拓展中，资金短缺是制约企业发展的一道难题。虽然，政府有下达的各项关于做好金融服务工作的文件，但涉农小微型企业由于自身实力限制，金融机构为避免收款风险，对小企业的贷款出款制定各种门槛和各种限制，增加了小微型企业融资难的问题。农业的不确定性与不稳定性也导致许多投资企业很少把目光放在农业投资上。由于没有充足的资金保障，老陈家蜂业曾多次错失与高校农业研院所合作机会。合作研发前期需要一定的资金投入，而融资困难则成为制约其深度合作的难题，这几乎是所有中小微涉农企业都面临的困境。

另外，农业天灾风险，比如春季如果遭遇倒春寒时，当季的花儿就会遭遇严重冻灾，这些都是不可预料的，都是影响蜂业发展的致命因素。目前，农业保险险种单一，难以弥补蜂业经营者的农业天灾损失，制约着农业创业的健康发展。

4. 企业取得经济效益之难与脱贫攻坚任务之重的矛盾不好协调

虽然，国家鼓励大学生返乡创业，并给予一些引导性政策和资金，也鼓励建立企业与农户的利益连接机制，但在实际操作中，企业经营与政府需求价值诉求、目标不一致，产生诸多难以协调的矛盾。比如，王国峰带领团队自县、市至省，为山区农户脱贫攻坚做了很多事，将很大精力放在扶贫攻坚上，但政府对企业的支持政策不一定能完全落实到位，虽然也给予了很多荣誉性鼓励，但企业终究要靠效益而活。据王国峰介绍，投身一年的脱贫攻坚，他所经营的老陈家蜂业有限公司扶贫的长期效益无法及时回馈到企业发展上，虽没亏本，但无过多收益，出现了资金链难以为继的问题，给刚刚起步的企业带来不小冲击。他们意识到，必须在保证企业持续健康发展的前提下，要将企业发展与扶贫工作有机结合起来，要树立市场眼光和市场战略，还是要走研发质量兴农之路，带领贫困户生产走市场化发展之路。

5. 企业规模较小与未来长远发展之困

较小规模不利于企业的长远发展。老陈家蜂业有限公司基础薄弱，团队与公司规模较小，这对企业的发展产生了一定的制约。在人才吸引方面，由于传统观念的偏见，大多数人认为农业是低端产业。农企本身的吸引力就较差，加之老陈家蜂业规模较小，农业科技人才都选择资源充足，晋升空间大的大中型农企就业，对老陈家蜂业漠然置之。在资金吸引方面，吸引力较弱。小规模企业都存在经营风险大、抗风险能力弱、效益不稳定等情况，这都难以形成对投资信贷的吸引力。为了避免风险，投资企业大多会把老陈家蜂业拒之门外。在企业合作上，研究院或其他企业都会选择与占据资源优势的大型农企合作。由于规模较小，老陈家蜂业有限公司也多次失去与其他企业和研究院的合作机会。人才少、资金缺、项目少导致企业难以扩大再生产；规模小又难以吸引人才、资金和项目合作，如此循环往复，导致老陈家蜂业有限公司陷入小规模发展死循环，难以推动企业向前发展。

（三）青年返乡创业发展的扶持建议

观照本案例中王国峰夫妇返乡创业的初步成效，反思他们创业发展中的难题，以期为更多返乡创业青年创业及辐射带动提供有益借鉴。

1. 挖掘特色资源，找准企业创业发展方向

王国峰夫妇经营的老陈家蜂业快速发展得益于山西特色地理环境条件，丰富的蜜源植物为特色产业——蜂业发展提供了优质物质基础保障。由此可见，青年返乡创业首要的是做好特色产业的选择，认真分析自身资源优势和人文环境，做好企业的发展规划，积极探索新的产业发展模式，推动一、二、三产业的深度融合，充分发挥企业的技术示范辐射带动作用，为农民提供田间技术培训、派遣农业技术人员定点驻守帮扶，以及免费发放农业技术资料、电话咨询、微信交流等多样化技术帮扶，使贫困户由普通农民向知识农民、技术农民转变，为企业培养储备可用的劳动力。从王国峰带领538户贫困户脱贫致富过程来看，创业帮扶必须要由“输血式”转变为“造血式”帮扶，这既是企业发展的内在要求，也是企业承担社会责任的外在要求。

2. 整合资源力量，优化企业创业扶持方式

政府要积极出台配套的优惠扶持政策，通过外引内联方式吸引项目资金向乡村特色产业项目倾斜，注重农业技术引进，注重各类人才和项目的集聚；加大对青年返乡创业的财政扶持力度，为青年返乡给予资金扶持与倾斜；引导社会资金、金融资金对特色农业产业投入，形成多元化的投入机制；督促金融机构落实国家关于创业企业的金融服务；充分发挥好企业帮扶

带动作用，吸引农民家门口就业创业，推动贫困地区资源有序的共享流动，构建完善的乡村电子商务和物流服务网络。通过上述配套措施，实现资源力量有效整合，形成对返乡创业企业和创业主体更好的创业政策支撑，并形成脱贫攻坚和乡村振兴的辐射带动作用。

3. 增强创新意识，走标准化品牌化发展之路

在创业案例中可以看出，王国峰夫妇初尝特色果蔬、蜂业与生物深加工技术结合，就实现了蜂农与果农互利共赢的不错开局。因此，要想实现创业企业更好更快地发展，必须借助科技力量，加强同高校、科研院所协同合作，增加农产品科技含量，加强优质产品技术的推广力度，打造优质产品的供应链，解决农业低端产品过剩，高端产品不足的问题，实现特色农产品有效供给，增加企业效益与贫困户收入。同时，以高端、优质、绿色无污染的特色农产品品牌建设为着力点，不断推动农产品供给的标准化和品牌化；还要抓住电商发展机遇，建立电子商务交易平台，加大对特色农产品宣传力度，不断扩大网络交流平台对名、优、特产品推广辐射的影响力；还要善于利用大数据进行市场预测分析，把市场信息及时反馈给企业并传递给农民，避免因盲目生产而造成的不必要损失，降低农民参与市场的风险。

4. 提高责任意识，构建良性利益联动机制

农业是风险较大、周期较长的产业，创业扶贫工作任重道远。因此，在创业前期，返乡创业主体应正确认识创业扶贫的艰难，做好充分准备。创业企业要在求生存发展的基础上，正确处理与政府、与市场、与贫困户的关系，创新探索企业扶贫模式，建立贫困户与企业良性互动和利益联结机制，强化企业与贫困户的产销对接统合机制，发挥对贫困地区的传、帮、带作用，实现企业经济效益与社会责任的有机结合，更好地承担起脱贫攻坚和乡村振兴的更大社会责任。

“先富带后富，能人创业众人收益”的返乡创业正在形成气候，通过“产业牵引、创业驱动、就业带动”的“三连产业”帮扶模式，不仅实现了返乡创业者的自我价值，更带动边远山区民众与市场对接，带动乡村构建起

长久经营的产业，使得脱贫攻坚和乡村振兴有了坚实的基础与基本保障。以青年返乡创业为出发点，加大各级政府对返乡创业的政策扶持力度，推动返乡创业企业的发展壮大，推动贫困农民的脱贫致富，实现政府、企业、农户的通力合作、共生共赢，共同推进农村产业发展，为实现乡村全面振兴奠定坚实基础。

三、一个文科生的创业成长自我叙事研究①

创业是创业者去识别、把握与挖掘创业机会，并转化为实际行动的过程。创业叙事研究理论上指以创业者的创业故事和创业过程为研究对象，经过分析和总结，将新的研究理论与方法贡献于创业研究。

以一个文科生在校期间的创业故事为例，采用叙事研究法，回顾创业者创业成长过程，分析各成长阶段的关键事件、剖析创业成长的心路历程，以期探究在校文科生创业实践的现状、创业面临的困境，总结经验，反思问题，以期把握在校文科生创业发展规律，并据此提出相应创业建议。

（一）文科生创业成长自我叙事

1. 创业萌动阶段

（1）一个突如其来的想法

创业是我预期之外的事情，我也没想到一个突如其来的想法，竟然改变了自己的人生轨迹。为摘掉“三本生”的帽子，通过努力，我顺利地考上思想政治教育专业的硕士研究生，甚至畅想和规划了职业生涯，我开始思考自己的人生，在纸上写下了自己最想要达成的若干个目标，然后圈出自己认为最重要的几个，我知道要想达到这几个目标，就必须对剩下目标做选择性

① 本案例选自何云峰教授指导的山西农业大学杨雅斯的 2019 年硕士论文《高校文科生创业成长的反思研究：基于自我叙事的视角》。

的放弃。经过思考，我结合自己性格与优势，发现自己不适合静心研究学术，自己也不甘心做稳定舒适的工作，那么创业是不是可以成为我的一个选择呢？想到创业可以有自由支配的时间，还可以在事业上独立自主做决定，也能有足够发挥空间，于是，我便萌生了创业想法。

（2）满足基本的生存需要

可能由于家庭环境原因，我比较喜欢舒适宽松的生活，这就必须要有物质保障。选择创业，还有一个最大动力，自己曾有梦想：希望自己能在30岁之前能实现财务自由，让自己和家人都能过上富足快乐的生活。曾读过一篇文章说，现代社会女性工作后，在事业上往往会遭遇到“玻璃天花板”效应，许多人因此选择放弃原有工作自主创业。我的家庭虽不是什么富贵家庭，但父母在年轻时就敢为人先创业，办采石工厂，为我们兄弟姐妹的几个提供了相对较优越的生活等等，父亲意外去世虽已离开我们好多年了，乡亲们都记得父亲在创业期间为家乡修路等好事，父亲也是我崇拜的偶像，也成为创业的榜样与启蒙老师。我不仅想让自己生活得好，也想让家人们过上富足快乐的生活，这是我选择在校创业实践重要原因。

（3）追求自己的人生理想

受过高等教育，内心除了满足生存需求外，我也有追求实现自己人生理想与价值的美好愿望——创办属于自己的英语培训学校。

我本科期间有在新东方、盖伦、福布斯等培训机构兼职的经历。在盖伦工作时，我负责招生业务，一个暑假就招了40多个学生，教学中学生也喜欢我、家长也认可我，但我获得感并不强。在此过程中，我脑海中闪现过一个念头：我是不是也可以以我自己的理念办一所英语培训学校呢？想到了，就行动起来了，于是我博采众家之长，汲取已有培训机构经验，借鉴“蒙氏教学法”，让学生玩中学、学中会，坚持“用妈妈的心做教育”，借鉴哲学家王阳明“敏于知，健于行，知行合一”的理念①，我的“知行教育”

---

① 杨国荣：《王阳明与知行之辩》，《学习与探索》1997年第2期。

培训学校就这么开张了。

创业之初，我遭到周围很多人反对。他们最大顾虑是：经验不足，创业有较大风险，认为我的想法是一些不切实际的幻想，都希望我以学业为重。但我知道，我的人生是我自己的。况且，每一个创业故事都是一段不可复制的经历，但创业者都有共通点：永远充满热情，无惧艰难险阻，创新的理念，勇敢的行动……这是创业者铸就非凡业绩的基点。我也渴望，我的生命历程也应能不断地超越自我，不断朝着实现我人生价值的方向迈进。

2. 独立自主创业阶段

（1）选址引发的矛盾

在创业之前，我认为创业很简单，有好的理念、招聘一些优秀教师来运作就可以了。培训学校真正运行起来，远比想象的要复杂得多。初次创业，千头万绪、凡事必躬亲，需要去考虑培训机构选址，又要考虑地理位置优劣、还得考虑租金高低，也得考虑与知名品牌培训机构错位竞争等。经过市场调研和反复权衡，最终选址定在以前工作过的一家培训机构附近，相隔200米，这个位置正好在三所小学附近，交通便利、招生方便、房租合理，但可能与同类机构存在着竞争。虽然秉承着“公平竞争，和气生财”的原则，开张不久，就遭到同行的上门威胁，并带人来把我刚创办的“知行教育”培训机构门窗玻璃砸破、桌椅破坏等等。初尝创业，出师不利，没有退却，反而激发了我一定要做好的决心，而且还要比对方做得更成功。我反复告诫自己，人生中难免会遇到对手，对手的存在于我而言也未必不是一笔财富，让自己更清醒、更努力！做好充分心理准备，要能直面困难挫折，尽力避免创业的盲目性。

（2）招生遇到的困难

选址搞定，房租交了，办培训学校最重要的事情就是招生了。我首先选择了在小学周边发传单、粘贴小广告等传统方式进行首轮招生宣传。自己一厢情愿地以为，付出必有回报。然而，现实和想象相差甚远，我们不是被学校保安气冲冲地驱逐，就是不断地遭遇城管的严厉警告，更不用说还有同行竞争者的威胁，还有就是如何取信于家长，都是在招生中必须面临的问题。但我本着创业者必须有“拓荒牛”的勇气和决心。为此，我采取了三方面措施破解问题：一是与自己之前曾教过的学生和家长保持沟通，传递信息，邀约见面；二是想办法疏通与三所小学相关教职人员关系，加大学生选班的信任与可能性；三是开展一些免费服务活动，如坚持每星期五搞一些免费游戏活动，让孩子玩游戏中学知识、得奖品等；周一到周五与家长们建立联系与沟通；晚上还增加一些免费微信辅导群等。就这样，坚持了三个月，才慢慢地做起来，渐入佳境。这也让我深切体会到，人脉资源是创业顺利开展的关键制约因素之一。

（3）创业与学业间的矛盾

初次创业，千头万绪，总觉得每天 24 小时都不够用，创业必然影响到了硕士学业，如何处理好创业与学业之间的关系，这是在校创业者必须解决的问题。创业初期，像营销招生、财务这些人员都没有，都必须自己亲自打理和运营，从创业伊始到走上正轨，自己可以说是身兼数职。然而，随着培训班规模越来越大，学员越来越多，又招了 3 名老师，即使如此，我必须要投入大量时间精力，以确保培训班越办越好，能快点盈利。自己作为一名在读文科研究生，自己学业上的各种事情没能完成好，会受到包括导师在内得诸多不解，自己却又无法一一解释清楚。未能恰当地处理好学业与创业之间的矛盾，搞得自己压力很大。从自己和同龄的创业者经历看，我深切地认识到，创业不是靠“单打独斗”就能完成了的，需要团队力量，这样作为负责人可以腾出时间来协调解决创业和学业之间的矛盾。显然，选择创业就必然要考虑耽误学业的风险。

（4）创业者心态的调整

创业不仅要耗费时间精力，还要承受来自各方面的精神压力。创业过程中，我内心在不停地经历着高潮或低谷，有时干劲十足、有时却又悲观失望，我会扪心自问，我的机构是不是发展太慢了？我们的课程学生会喜欢吗？下一期招不到学生怎么办？教师突然离职了怎么办？没有人能告诉你该怎么办，只能“摸着石头过河”，硬着头皮负重前行。创业伊始，常常处于焦虑状态。我相信，这是大多数草根创业者的必然经历，焦虑根源来自创业风险的不可完全掌控，这种安全感需在创业过程中逐步建构起来。实际上，我也逐步意识到，这个世界唯一不变的就是变化，市场在变化、教育形势在变化。因此，对创业者来说，就必须能适应动态的变化，要能应对好创业中的例外问题，学会调整心态，就成为初次创业者的必修课。

3. 转型合作创业阶段

（1）面临转型问题

作为众多在校生创业者中的一员，初次创业，做培训 2 年净利润赚 13 万元，我算是幸运者，整体而言还算满意。但外在环境的巨大变化，让我不得不做出新的改变。其一，政策变化。2017 年，教育部办公厅等四部门下发《关于切实减轻中小学生课外负担开展校外培训机构专项治理行动》通知，要对校外培训机构清理整顿，而自己所办的培训机构只是简单取得营业执照，但并未及时取得办学许可证，《通知》责令不得再举办培训，如果继续办，就得办齐各种手续，这个对我来说又是一个很大的难题。其二，校址变更，学生流失。这一年正逢太原城中村拆迁，附近三所小学也要拆迁，学生分流到其他学校，生源流失率增高。当然，我可以选择新店面重新开始，但两年经历告诉我：没有资金、没有品牌、没有团队的新兴机构，如果真要做大做强实则不易，培训市场上“大鱼吃小鱼”“强强联合”已成新常态，办学期间就有很多人过来和我谈入股整合事宜。其三，主观判断。我看到培训班发展前景不容乐观，自己更愿意投入时间、精力和耐心在一些有发展前景的新生事物上，这些领域往往市场还未饱和，还有巨大发展潜力。因为，我深知真正的企业家不仅要有胆识魄力，更要有远见格局，还要有对市场精准分析的眼光与判断能力。

（2）选择二次创业

选择在深圳创业，而非北上广这样的一线城市，是因为深圳是一个新兴城市，这里成千上万的草根创业者、淘金者。这种文化之下，使得深圳成就了许多关于创业者白手起家的动人故事。相较于我的第一次创业来说，促成我选择二次创业，这是意外的机缘，也是令我心动神往的事业。

二次创业是姐姐、堂哥等一大家人集体商讨过的，最终选择一起做以“云+物+大数据”技术模式的生态环保行业，瞄准了这个新兴行业。与上一次创业不同的是，这一次是一家人在一起的分工与合作，遇到问题共同探讨，在这个抱团取暖的社会，已经不是过去的个人英雄主义就能干成事的，更需要能优势互补、取长补短的能战斗的团队。走出来才发现，一个企业只有合作共赢、资源共享、优势互补，才能成就更大的事业。初次创业中，由于环境变化，培训班没办法如预期顺利延续下去，选择通过转向其他项目，继续自己的创业梦想，从一开始“单打独斗”的自主性创业转为抱团取暖的合作性创业，拥有家族团队且规模更大，这样不仅能使创业者的创业热情更加持久，而且也加大了创业的抗风险能力。

（二）在校文科生创业的制约因素分析

王宪玲认为，高校大学生的创业能力会受到众多因素的影响，我们需要通过对这些制约因素进行深刻理解和剖析，从而提高文科大学生的创业能力，解决当下文科大学生就业难的困境。① 吕延勤，杨培强在谈论制约文科生创业的因素以及对策时，认为当下的人才培养策略、社会环境等各方面的原因制约了文科生的创业成长。② 结合相关文献研究和文科生创业成长实践，尝试概括文科生创业成长制约因素。

1. 环境因素

从社会大环境来看，改革开放以来，实现计划生育政策，多数孩子都是在父母和家人悉心呵护下成长起来的，习惯于遵从父母心愿、追求安逸工作生活，文科生多把考公务员、事业单位作为职业生涯的首选目标，少部分倾

① 王宪玲：《大学生创业能力的主要制约因素剖析》，《美术教育研究》2012 年第 23 期。

② 吕延勤、杨培强：《制约高校大学生创业的因素与对策》，《中国高教研究》2009 年第 4 期。

向于创业的文科生，其所学专业并不像理科生那样具有较强的技术性、实践性，虽有较强的创业意愿，但受父母、家人、亲戚的阻碍，往往最终选择放弃。就我而言，之所以能在攻读研究生期间选择创业，首先得益于家庭为我成长发展提供的教育支持，以及潜移默化的家族创业的影响，使我具备了创业见识和创业的心理和社会资本；其次开放民主的家庭环境氛围，是造就孩子独立思考、独立判断、独立行事的能力的关键因素之一，注定我不会为一份工作委曲求全，选择自主创业也就是自然而然地选择了。另外，在"大众创业、万众创新"的时代下，文科生也具有理科生所不具有的专业宽广度的优势，具有思维发散、善于沟通协调的优势，具有较强的组织管理与协调能力等等，都是与文科生的专业优势密切相关的，文科生一定立足这一优势，关注政策走势，走团队协同的创业发展之路，避免头脑发热和盲目跟风。

2. 政策因素

反思自己的初次创业，由于诸多原因而不得不按下"暂停键"、并做出转行二次创业抉择。从自己的创业经历及相关领域的创业案例可知，各行各业在最初起步的时候，国家政策相对宽松，待到行业逐步壮大，必然加强对行业规范管理，这往往也是诸多创业者率先起步发展的关键期。如学科培训行业刚刚兴起时，市场上各种校外培训机构风起云涌，大型的小型的，知名的不知名的，乃至很多小作坊式、家庭式的培训班多如牛毛。初次创业正是抱着这个想法开始的，没想太多就去做了，更没有太细究关于教育培训的相关政策措施，培训班也只是简单地租好了场地，简单办了工商营业执照，其实相应要具备的资质并不完全清楚，而当国家开展校外培训机构专项治理政策出台的时候，才发现自己创业办的培训班不能正常经营，必须符合国家的政策和要求，再加上城中村改造等系列城市治理等相关政策变化也必然影响到培训选址的变动、进而造成生源流失等，包括与家人商议决定转入生态环保产业，选择二次创业，显然政策因素是影响创业抉择的重要因素。

纵观目前的创业支持政策，大多是支持技术密集型的创业项目的，显然是有利于拥有较强专业技术背景的理科生的，虽然对文科生自主创业帮助相对较小，但文科生可以选择加入理科专业背景的创业团队，走协同共生的创业发展路子；再者，针对大学生创业支持政策体系中针对文科生的支持政策还有很多空白地带，还有税费减免、融资优惠政策部分支持政策在不同地区落实也还存在不到位情况，这些都是阻碍大学生创业的难题。就文科生而言，缺少启动资金是他们的共性难题。

3. 专业因素

首次创业做小学的英语学科培训，利用的是大学所读英语本科专业所学英语专业知识，二次创业则与硕士专业所学思想政治教育知识相去甚远，没有任何专业知识背景和行业从业经验。正如许多高校文科生一样，考虑到所学专业相较于理科生技术性、实践性不强，缺乏核心竞争力，于是许多文科生选择进入服务行业，文科生创业项目无法为企业带来看得见的直接效益，缺乏竞争优势，加入理科生的创业团队也是处于附属地位。另外，结合文科生创业经历和相关研究发现，高校文科生的创业教育存在诸多缺失与不足，如缺少支持文科生的创业实践训练体系，缺乏专门针对文科生的创业课程，针对文科生创业平台载体不健全，专业的创业师资匮乏、创业教育水平不高等，都是文科生成功创业的基础性制约因素。

4. 个性因素

从我的创业经历来看，之所以选择创业，最大的诱因可能是自己不愿受条条框框限制的个性使然，自己就想闯一闯，相信自己一定行。从身边的不少文科生创业案例可看出，文科生创业往往从感性冲动出发，刚开始创业时往往对所处创业环境盲目乐观，对创业过程中可能遇到的困难考虑不充分，一旦遇到个人力所不能的难题时，就会懊恼后悔，大多选择了放弃；再者，创业中缺少对相关行业深入了解，社会阅历浅薄，难能把握住复杂多变的市场环境，在项目选择时往往只能看到眼前，而不能很好地握更长远的将来，虽然依据英语专业优势选择了英语培训行业，也收获了自己的“第一桶金”，但依然很难预料行业的巨大变数；第三，经营管理和市场营销知识缺乏，往往会简单化地把理想的心理预期等同于实际的市场预期，以“摸着石头过河”“走一步说一步”的心态创业，显然难能准确分析和把握未来市场走向，就更别说采取应对市场变化的有效举措；第四，创业与学业难以兼顾。许多文科生选择创业，是出于对学术研究缺乏兴趣，或不甘于走“考事业编”“考公务员”的按部就班的发展老路，创业似乎成了权宜之策。纵观国内外创业成功者的经历，成功的创业对创业者的综合素质要求是非常高的，许多抱着错误认知的文科大学生为此耽误了学业，创业大多半途而废。

（三）对文科生创业成长的支持建议

1. 细化完善支持政策，构建有利于文科生参与创业的社会环境

各级政府部门要因地制宜地构建适宜文科生的创业实践机会与平台，针对文科大学生出台创业扶持项目计划，并为之提供多样化的创业服务；引导和培育适合文科大学生的创业项目，为孵化大学生的创业成果提供支持与帮助；要健全完善的创业扶持政策，建立健全创业资金扶持保障体系；要优化创业融资体系，政府贴息扶持力度；要营造有利于文科生创业的公平公正、竞争有序的市场环境。

2. 优化高校创业教育，营造有利于支持文科生创业的良好氛围

在专业知识传授的基础上，高校要适应社会和市场需求，不断开展细化、优化、常态化的创业教育，通过举办创业讲座、开展创业比赛等方式，强化对文科生创业意识、创业思维、创业素质和创业能力的系统培养，通过现场参观考察、多样化的创业模拟训练，使学生了解真实的创业过程，树立创业信心，为提高创业成功率奠定基础。同时，学校还要有组织地培养大学生关注创业政策的意识，巧用政策杠杆、巧抓政策机遇，逐渐形成系统的完善的有利于文科生的创新创业实践训练体系。

3. 强化自身创业意识，培养大学生投身自主创业的坚定信念

文科学生要立足专业基础与专业优势，积极参加各种社会实践活动，发掘文科生敏锐的洞察力、丰富的想象力、善于沟通的能力等优势，充分利用

政策环境、创业教育的外在力量，化外因为内因。塑造形成大学生的能动的创业意识，养成独立自主、坚持不懈、永不服输的企业家精神，增强创业成功的信念；明确创业的方向与目标，努力拓宽创业所需的公关交际学、心理学、演讲学、经营管理学以及财务管理等多方面的创业知识面；一定要明确自身创业的优势与劣势，明确创业的方向与目标，组建优势互补的创业团队；要培养能打持久战的创业耐心与耐力，要学习吃苦耐劳的“老黄牛精神”、追求卓越的“工匠精神”，养成积极健康的心态、开阔的创业格局。

余　论

2021 年 9 月，习近平总书记在中央人才工作会议上发表重要讲话，指出在百年奋斗历程中，我们党始终重视培养人才、团结人才、引领人才、成就人才，团结和支持各方面人才为党和人民事业建功立业。[①] 培养什么样的人、怎样培养人的问题一直是当今中国教育改革所要解决的根本问题。习近平总书记围绕“培养社会主义建设者和接班人”作出一系列重要论述，深刻回答了“培养什么人、怎样培养人、为谁培养人”这一根本性问题。[②] 我们党正是立足世情、国情、高等教育、高等学校的新变化，从促进学生综合能力提升、实现顺利就业的现实性出发，提出了实践育人理念，而这一理念凸显了教育的实践属性，有助于改变理论与实践、学校与社会非此即彼的二元对立思维误区，对于推进新形势下的教育改革具有深远的现实意义和时代价值。[③]

2020 年 3 月 20 日，中共中央、国务院颁布的《关于全面加强新时代大中小学劳动教育的意见》（以下简称《意见》）指出，劳动教育是国民教育体系的重要内容，是学生成长的必要途径，具有树德、增智、强体、育美的

---

① 《习近平在中央人才工作会议上强调，深入实施新时代人才强国战略，加快建设世界重要人才中心和创新高地》，《人民日报》2021 年 9 月 29 日。

② 中共中国人民大学委员会：《培养什么人 怎样培养人 为谁培养人》，《求是》2020 年第 9 期。

③ 吴亚玲：《实践育人理念的哲学分析》，《现代大学教育》2010 年第 1 期。

综合育人价值。实施劳动教育重点是在系统的文化知识学习之外，有目的、有计划地组织学生参加日常生活劳动、生产劳动和服务性劳动，让学生动手实践、出力流汗，接受锻炼、磨炼意志，培养学生正确劳动价值观和良好劳动品质。[①] 新时代的劳动教育承载着新的使命与诉求，最大限度地彰显劳动教育的综合育人价值，才能使其成为构建德智体美劳全面发展教育的有力助推器。2021 年 5 月 26 日，中央教育工作领导小组印发《关于深入学习宣传贯彻党的教育方针的通知》指出，党的十八大以来，以习近平同志为核心的党中央高度重视教育工作，决定把劳动教育纳入社会主义建设者和接班人的要求之中，提出“德智体美劳”的总体要求。而且，第十三届全国人大常委会第二十八次会议审议，《中华人民共和国教育法》第五条修改为“教育必须为社会主义现代化建设服务、为人民服务，必须与生产劳动和社会实践相结合，培养德智体美劳全面发展的社会主义建设者和接班人”[②]，将党的教育方针落实为国家法律规范，也正是新时代“实践育人”的价值指向与理念旨归。

从社会对高校人才培养的现实需求来看，“实践育人”理念正在成为越来越多的高校人才培养的战略理念选择，科教融合、产教融合、理实融合成为人才培养改革三个有机联系、不可或缺的重要战略抓手。[③] 纵观山西农业大学百年办学之路，是一代代农大师生走出的一条富有地方农科院校特色的“实践育人”之路，既有上世纪铭贤学校时期的“乡村办学与乡村服务”的先期实践，又有新中国成立后“开门办学”的艰苦实践，还有改革开放进程中的“科教兴农”的火热实践，更有新世纪以来聚焦脱贫攻坚、乡村振

---

① 《中共中央国务院关于全面加强新时代大中小学劳动教育的意见》，《人民日报》2020 年 3 月 27 日。

② 中央教育工作领导小组：《关于深入学习宣传贯彻党的教育方针的通知》，2021 年 5 月 26 日，见 http://www.moe.gov.cn/jyb_xwfb/s6052/moe_838/202105/t20210526_533735.html。

③ 张大良：《提高人才培养质量 做实科教融合、产教融合、理实融合》，2019 年 12 月 16 日，见 http://edu.people.com.cn/n1/2019/1216/c367001-31508340.html。

兴等国家战略的创新实践，这一系列探索实践，提升了师生们爱农、为农、强农、兴农的责任和情怀，铸就了“崇学事农、艰苦兴校”的办学精神，积淀了“甘于奉献、敬业乐教”的教风，培育了“勤奋学习、注重实践”的学风，锤炼了“追梦、实干、吃苦、钻研、坚韧”的大学生创业实践精神，着力培养造就具有“高尚品德、自信气质、务实精神、专业本领”的农大风格、农大气派的高素质专门人才。

在总结提炼特色化实践育人经验的同时，我们也应清醒地反思“实践育人”所面临的现实困境与瓶颈问题。要进一步强化“实践育人”的重要战略意义，切实把“教育与生产劳动和社会实践相结合”的方针作为教育事业改革发展的重要战略原则，要以党和国家教育方针统领和统筹整合各方面教育资源力量，逐步形成高等学校主导、社会各界积极参与的重视实践性教育改革的共识与氛围。在具体的人才培养执行层面，要切实改变“重理论轻实践、重知识传授轻能力”的传统观念，以实践育人方法的创新为基础，倡导学思结合，注重知行统一，系统推进实践育人教学体系的优化，细化实践教学标准，深入推动科教融合、产教融合、理实融合，逐步构建成面向社会和市场需求的人才培养新模式，而且要不断加大实践育人经费投入力度，积极推进实践育人平台建设、实习实践基地建设，促进高校与科研院所、行业企业间的优势互补、资源共享、人员互动，聚力形成多维、融合、开放、流动的实践育人长效机制，不断开创高校实践育人工作新局面。

站在新时代的新起点上，对于农科院校来说，要以习近平总书记给全国涉农高校书记校长和专家代表回信精神为指引，系统总结农科院校办学实践经验，遵循农科院校实践育人规律，坚持“五维结合”，不断走好农科院校实践育人的特色化之路。

第一，要把特色“实践育人”探索，与打造“一懂两爱”三农工作队伍结合。

农科院校重要任务之一，就是面向农林产业构建特色高等农林教育人才培养体系，培养懂农业、爱农村、爱农民的卓越农林人才，为乡村振兴发展和生态文明建设提供强有力的人才支撑。尤其，面向农业农村现代化建设，面向乡村振兴的主战场，要以家国情怀与社会责任的培养为牵引，坚持专业教育与素质教育有机结合，坚持职业素养教育与思想政治教育相结合，把在校的研学与终身教育相结合，根据新时代“三农”工作队伍对卓越农林人才的多样化需求，贯通考虑、统筹设计农林人才培养的全过程和各环节，鼓励大学生走进农村、走近农民、走向农业；强化大学生的社会实践，引导大学生学农、爱农、知农、为农，引导师生把论文写在祖国大地上，不断增强大学生投身农业农村现代化和乡村振兴事业的使命感与责任感。

第二，要把特色“实践育人”改革，与农科教协同育人机制统筹设计。

当前，农村地区产业发展正在呈现出一、二、三产业融合发展的新趋势，面向新农业、新乡村、新农民、新生态成为农业发展的新态势，农业产业经营的主体也在呈现多元化。这一系列新变化、新情况，无疑给农科院校专业办学和特色实践育人提出新的更高的要求。因此，积极探索大农业多部门的协同育人机制，统筹推进校地、校所、校企育人要素和创新资源共享、互动，积极探索农林高校与农科院所的战略合作，深化产教融合、深入推动农科教结合，实现行业优质资源转化为育人资源、行业特色转化为专业特色，将合作成果落实到推动产业发展中，辐射到培养卓越农林人才上。目前，深入推动一省一所农林高校与本省农林科学院所战略合作，推动“引企入教”，深化产教融合，支持高等农林院校与农林企业建立战略联盟，建设农林产教融合示范基地，建设农科教合作人才培养基地，创建新兴产业学院、产业研究院等新的办学载体，正在成为深化高等农林教育改革、高等农林院校深入推动“实践育人”的战略选择与新时代走向。

第三，要把特色“实践育人”创新，与教育信息化智能化有机结合。

中共中央、国务院2020年发布的《关于抓好“三农”领域重点工作，确保如期实现全面小康的意见》中明确指出，随着大数据、人工智能、区块链、物联网、第五代移动通信网络和智慧气象、云计算和人工智能等信息化技术的深度融合和应用，现代农业将以全新的方式推动传统农业转型与升级。[①]“一号文件”明确提出，2020年我国农业建设要将大数据作为基础，使现代信息技术为农业服务，为我国农业的未来发展指明新方向，促进传统农业向现代化农业和智慧农业转变，提高农业生产力。对农科院校来说，大力推进信息技术与农林教育教学科研深度融合，推动“互联网+农林教育”，积极推动信息网络技术、工程技术改造提升现有涉农专业，设置智慧农业等新兴学科专业，要充分利用信息化智能化技术，不断提升和改造实验实践条件，强化校企结合、深化产教融合，推动信息科学、智能科学与农业科学的深度融合，构建高水平仿真实验室、设立特色化仿真实验设计项目、开发仿真软件、开展仿真实验教学，以智能化和信息化手段推动实践教学的新的革命，不断满足农业现代化发展对综合化卓越农林人才培养的新需求。

第四，要把特色“实践育人”探索，与高等农林教育智库建设[②]结合。

适应农村一、二、三产业融合发展对现代农业科教发展的综合需求，树立大农业科学思维，逐渐成为学界的基本共识。全国人大代表、西北农林科技大学校长吴普特教授提出建议，在交叉学科门类下设立乡村学一级学科建议。他进一步解释道，之所以把乡村学设立为一级学科，主要是因为乡村振兴涉及产业振兴、生态振兴、乡村治理和文化传承等多方面的复杂问题，传统单一农学学科知识体系和科研体系，难以解决好多学科交叉融合的复杂问题。[③] 面对这样一个复杂的研究对象，必须调动跨农学、工学、管理学、社会学、经济学等多学科的资源力量来构建一个新学科体系，毫无疑问这是解决乡村振兴复杂科学问题和适应复合型专业人才培养的大胆设想。

十多年来，笔者所在的山西农业大学积极推进新农村发展研究院、农科

---

① 潘向东：《加快数字乡村建设 推动传统农业转型》，《中国证券报》2020年2月10日。

② 瞿振元：《中国特色新型高校智库的使命与担当：高校智库建设要出思想、出人才，还要育人》，《光明日报》2015年7月7日。

③ 孙竞：《全国人大代表吴普特：加强涉农高校复合应用型人才培养，推进乡村振兴》，2020年5月27日，见http：//edu. people. com. cn/n1/2020/0527/c367001-31725876. html。

教合作人才培养基地、协同创新中心、人文社科重点研究基地、思政实践协同育人中心、乡村振兴研究院、乡村调查研究院、农业科教发展战略研究中心等为代表的新型高校智库建设，在战略研究、咨政启民、人才培养、舆论引导、人文交流机制等方面发挥出着越来越显著的作用，活跃着一批有影响力的专家学者。这些专家往往对于某些政策问题有更深入、更技术性的理解与把握，还能协助政府权威部门提出更合理的决策方案，有的还兼任政府人大代表、政协委员或智库专家，他们往往都以强烈的使命感与责任感构建了富有活力的师生团队，兼具跨学科研究与培养复合型人才的优势，既能推出优秀科研成果，同时也以这些成果为基础提出引领行业发展的政策建议。许多学子也在此过程中掌握了调查研究方法、提升了综合实践能力、严谨了治学态度、开阔了视野、懂得了责任与担当。实践证明，可以把特色“实践育人”探索与高等农林教育智库建设有机结合，这也是完成好乡村振兴这一新课题大课题的时代要求。

第五，要把特色“实践育人”探索，与国家重大战略实施有机结合。

习近平总书记始终强调，战略问题是一个政党、一个国家的根本性问题。党的十九大提出，全面建设社会主义现代化国家、全面深化改革、全面依法治国、全面从严治党的“四个全面”战略布局为统领，各区域、领域、行业性国家战略为补充的国家战略总体设计。可以说，党的十九大对实现第二个百年奋斗目标作出了明确的战略安排部署，从九个方面勾勒出一幅到2035年基本实现社会主义现代化的美好画卷。当前，正是全面布局、深入推动实施乡村振兴战略、创新驱动战略、生态文明战略、区域性发展战略等行业或区域战略的关键时期，党的十九届五中全会审议通过的《中共中央关于制定国民经济和社会发展第十四个五年规划和二〇三五年远景目标的建议》① 以“新发展阶段、新发展理念、新发展格局”作为当前及今后一段

① 《中共中央关于制定国民经济和社会发展第十四个五年规划和二〇三五年远景目标的建议》，人民出版社2020年版。

时期的发展主线。习近平总书记指出，坚持党管人才，坚持面向世界科技前沿，面向经济主战场、面向国家重大需求、面向人民生命健康，深入实施新时代人才强国战略。① 这些新的重大战略部署，无疑给新时代农科院校特色办学提出了新的更高的要求。

对农科院校来说，培养“懂农业、爱农村、爱农民”的卓越农林人才，显然是面向科教兴国战略、人才强国战略、创新驱动发展战略、乡村振兴战略、区域协调发展战略、可持续发展战略、军民融合发展战略等战略的首当其冲的战略任务。当前，深入推进产学研结合、推动农科教有机融合，积极创办产业学院、产教融合学院、产业研究院等新型实践育人载体和新兴协同创新载体，着力推进农科院校特色实践育人工作和科研创新工作，既是培养“一懂两爱”卓越农林人才的重要战略抓手，也是落实党和国家重大行业和区域发展战略的基本要求，也是高等农林教育领域对“四个全面”战略布局和“新发展阶段、新发展理念、新发展格局”总体要求的具体办学实践。

新时代对高等农林教育改革提出新的重要的课题任务，同时也给农林院校教育改革和人才培养改革提供了前所未有的机遇。正如《安吉宣言》指出的，打赢脱贫攻坚战，高等农林教育责无旁贷；实施乡村振兴战略，高等农林教育重任在肩；推进生态文明建设，高等农林教育义不容辞；打造美丽幸福中国，高等农林教育大有作为。对农科院校而言，只有扎实走好多维协同发展之路，积极推进产学研合作办学、合作育人、合作就业、合作发展，持续探索实践育人新模式，不断探索实践育人的新经验，不断取得实践育人的新成果，积极推进人才培养链与产业链的对接融合，积极推进教育资源与科研资源的紧密整合，才能汇聚起新时代的新农业、新乡村、新农民、新生态发展的磅礴力量。

---

① 《习近平在中央人才工作会议上强调，深入实施新时代人才强和，加快建设世界重要人才中心和创新高地》，《人民日报》2021 年 9 月 29 日。

参考文献

1. 习近平：《决胜全面建成小康社会，夺取新时代中国特色社会主义伟大胜利——在中国共产党第十九次全国代表大会上的报告》，人民出版社 2017 年版。
2. 习近平：《在全国脱贫攻坚总结表彰大会上的讲话》，人民出版社 2021 年版。
3. 习近平：《在庆祝中国共产党成立 100 周年大会上的讲话》，人民出版社 2021 年版。
4.《中共中央关于制定国民经济和社会发展第十四个五年规划和二〇三五年远景目标的建议》，人民出版社 2020 年版。
5.《山西农业大学百年集揽》编写组：《山西农业大学百年集揽》，中国文史出版社 2015 年版。
6. 本书编写组：《习近平总书记教育重要论述讲义》，高等教育出版社 2020 年版。
7. 车文博：《心理咨询大百科全书》，浙江科学技术出版社 2001 年版。
8. 陈琦等主编：《当代教育心理学》，北京师范大学出版社 2007 年版。
9. 顾明远：《教育大辞典》，上海教育出版社 1998 年版。
10. 郭传甲：《中国养猪学界的伟人——山西农业大学教授张龙志先生》，《养猪三十年记——纪念中国改革开放养猪 30 年文集（1978—2007）》，中国农业大学出版社 2010 年版。
11. 何云峰、郭晓丽、陈晶晶等：《能力本位教育：地方农业院校的探索与实践》，中国农业出版社 2016 年版。
12. 教育部课题组：《深入学习习近平关于教育的重要论述》，人民出版社 2019 年版。
13. 李朝霞：《心理学》，中国地质大学出版社 2013 年版。
14. 李卫朝：《春诵夏弦 上下求索——思想史视阈下的山西铭贤学校研究》，山西人民出版社 2017 年版。
15. 马瑞燕等：《农科创新创业人才培养："三维互动"教学模式研究与实践》，中国农业出版社 2017 年版。
16. 齐利平：《实践育人论坛（2018）》，经济管理出版社 2020 年版。
17. 邱化民：《大学生主体性发展》，知识产权出版社 2017 年版。
18. 山西农业大学：《冀一伦教授的无悔人生》，中国农业出版社 2007 年版。
19. 山西农业大学：《山西农业大学第二届实践育人论坛交流材料汇编》，山西农业大学第二届实践育人论坛，2019 年 10 月。
20. 山西农业大学：《山西农业大学首届实践育人论坛交流材料汇编》，山西农业大学首届实践育人论坛，2018 年 10 月。
21. 十二所重点师范大学联合编写：《教育学基础》，教育科学出版社 2008 年版。
22. 唐明钊：《教育资源系统研究》，西南交通大学出版社 2014 年版。
23. 信德俭等：《学以事人，真知力行——山西铭贤学校办学评述》，中国社会出版社 2010 年版。
24. 中共中央宣传部宣传教育局：《植根沃土十载情——全国文化科技卫生“三下乡”活动十周年座谈会材料汇编》，学习出版社 2006 年版。
25. 杜威：《民主主义与教育》，王承绪译，人民教育出版社 1990 年版。
26. 杜威：《学校与社会·明日之学校》，赵祥麟等译，人民教育出版社 1994 年版。
27. 马克思、恩格斯：《马克思恩格斯文集》第 1 卷，人民出版社 2009 年版。
28.《安吉共识——中国新农科建设宣言》，《中国农业教育》2019 年第 3 期。
29. 鲍方印、窦鹏、武杰、徐静、夏春晓、余珍珍、程佳燕：《校企合作协同育人机制探究》，《蚌埠学院学报》2019 年第 1 期。
30. 曹雪梅、夏林中、谭晓玲等：《高职院校校企合作现状与建议》，《教育教学论坛》2018 年第 9 期。
31. 曾宝成：《地方性知识的教育价值及其开发》，《湖南农业大学学报（社会科学版）》2011 年第 6 期。
32. 陈光：《地方农业院校“三层次、三结合、五平台”实践教学体系的探索与实践——以吉林农业大学为例》，《高等农业教育》2018 年第 1 期。
33. 陈骅、饶芸：《以就业为导向的大学生职业能力提升培养研究》，《黑龙江教育（理论与实践）》2018 年第 4 期。
34. 陈俭等：《卓越农林人才培养计划下的创新创业实践教学探索》，《中国高等教育》2017 年第 21 期。
35. 陈晶晶、何云峰：《创业教育如何与专业教育深度融合》，《中国高等教育》2015 年第 8 期。

36. 陈晶晶、何云峰：《服务性学习：理念阐释、价值重估及机制建构》，《中国成人教育》2015 年第 15 期。
37. 陈晶晶、何云峰：《服务性学习视阈下农科高校实践育人长效机制建构》，《山西高等学校社会科学学报》2015 年第 4 期。
38. 陈晶晶、何云峰：《农科高校大学生创新创业能力培养的实践与反思》，《中国成人教育》2014 年第 9 期。
39. 陈晶晶、马瑞燕、何云峰：《地方高校创生取向课程实施的叙事研究》，《河北农业大学学报（农林教育版）》2015 年第 1 期。
40. 陈利根：《地方农林院校创业教育的实践与探索——以山西农业大学为例》，《中国农业教育》2016 年第 3 期。
41. 陈利根：《高等农业教育特色发展的实践探索与路径思考——山西农业大学建校 110 周年的历史回顾与经验总结》，《中国农业教育》2017 年第 4 期。
42. 陈利根：《立德树人：大学生思想政治教育的实践与探索——以山西农业大学为例》，《中国农业教育》2016 年第 5 期。
43. 陈少雄：《“创业教育—创业实践—后续扶持”三位一体的农科专业大学生创业教育体系研究》，《教育与职业》2016 年第 18 期。
44. 陈曙光：《论“每个人自由全面发展”》，《北京大学学报（哲学社会科学版）》2019 年第 2 期。
45. 陈文平：《浅谈学校教育资源的开发利用》，《科教文汇（下旬刊）》2010 年第 1 期。
46. 陈向阳：《基于多学科视角的产学合作教育分析》，《教育与职业》2009 年第 32 期。
47. 陈玉林：《高等农林院校与企业合作范式、实质与意义》，《沈阳农业大学学报（社会科学版）》2014 年第 3 期。
48. 成宏峰：《协同育人视角下大学生红色研学旅行实现途径研究——以山西省为例》，《晋城职业技术学院学报》2019 年第 3 期。
49. 成尚荣：《地方性知识视域中的地方课程开发》，《课程 · 教材 · 教法》2007 年第 9 期。
50. 程华东等：《“大学+政府+企业”：大学生西部农村支教志愿服务新模式探究》，《华中农业大学学报（社会科学版）》2015 年第 4 期。
51. 程永强、张惠元：《大学生自主实践活动开展研究》，《教育理论与实践》2014 年第 36 期。

52. 程煜等:《初探“以赛促学、以学强赛、学赛共进”实践育人模式——以山西农业大学软件学院为例》,《中国多媒体与网络教学学报（上旬刊）》2019 年第 4 期。
53. 崔随庆:《美国服务性学习：特征、原则及操作流程》,《外国教育研究》2008 年第 10 期。
54. 丰雪、张阚、陈忠维:《农科大学生数学实践能力培养体系研究》,《中国农业教育》2015 年第 5 期。
55. 高惠娟:《大学生社会实践的实效性和发展路径研究》,《徐州师范大学学报（哲学社会科学版）》2010 年第 6 期。
56. 高文苗:《高校实践育人的若干问题探析》,《吉林省教育学院学报》2014 年第 11 期。
57. 弓俊红等:《畜牧兽医人才培养“企业班”模式研究》,《山西农业大学学报（社会科学版）》2011 年第 10 期。
58. 管秀雪等:《社会主义核心价值观融入大学生社会实践教育的思考》,《科教文汇》2016 年第 25 期。
59. 郭晓丽等:《能力本位：地方高校公共事业管理专业实践教学的目标导向》,《教育理论与实践》2012 第 27 期。
60. 韩菡等:《“三维一体”全程化实践育人新模式的构建与实践——以山东农业大学农学院为例》,《文教资料》2018 年第 3 期。
61. 何云峰、陈晶晶、赵水民:《农林院校创业教育的发展困境及改革路径》,《河北农业大学学报（农林教育版）》2015 年第 5 期。
62. 何云峰、冯敏星、郭晓丽:《基于能力本位的公共事业管理专业教改路径选择》,《高等理科教育》2012 年第 4 期。
63. 何云峰、高志强、王卓:《地方农业院校“咨政实践育人”模式构建研究》,《中国高等教育》2020 年第 Z2 期。
64. 何云峰、郭小兰:《S 高校公共事业管理专业课程实施的叙事与反思》,《教育理论与实践》2015 年第 21 期。
65. 何云峰、郭晓丽、赵志红、王秀丽:《公共事业管理专业人才培养理念及特色化改革研究——以山西农业大学公共事业管理专业为例》,《教育理论与实践》2012 年第 21 期。
66. 何云峰、马瑞燕、陈晶晶:《农科高校“三维互动”开放式教学模式初探》,《中国大学教学》2012 年第 8 期。

67. 何云峰、毛宁、王荟：《多学科视角下“实践育人”的观照与释读》，《教学与管理》2018年第3期。
68. 何云峰等：《实践育人视阈下创业课程资源开发探微》，《山西农业大学学报》2017年第1期。
69. 侯宁等：《基于人力资本理论的高等职业教育研究》，《教育与职业》2013年第5期。
70. 胡金平：《国家意志与我国乡土教育的三次勃兴》，《南京师大学报（社会科学版）》2014年第2期。
71. 胡铁、李荣香：《基于“校企合作”实践的创新创业人才培养模式研究》，《中国成人教育》2013年第11期。
72. 霍大然：《北京高校实践育人机制的现状及对策研究》，《中国职工教育》2013年第24期。
73. 贾迅等：《积极心理学视域下高校实践育人研究》，《教育与职业》2016年第12期。
74. 蒋培：《国内外地方性知识研究的比较与启示》，《青海民族研究》2015年第4期。
75. 金晶：《文旅结合背景下博物馆研学项目的设计开发》，《兰台内外》2019年第34期。
76. 居继清、张华：《实践育人视阈下地方高校应用型人才培养路径探究》，《社科纵横》2013年第8期。
77. 乐进军：《研学旅行的困境与出路》，《教学与管理》2019年第34期。
78. 李崇光等：《“三早”+“三田”实践育人模式的构建与实践》，《中国大学教学》2012年第7期。
79. 李国生、华鹤良、张军、陈后庆：《利用农忙实践培养特色农科人才》，《教育教学论坛》2014年第2期。
80. 李鹏等：《高校社会实践助力脱贫攻坚的精准服务模式探究》，《高等农业教育》2019年第2期。
81. 李鹏等：《脱贫攻坚融入大学生思想政治教育的路径探析》，《河北农业大学学报（农林教育版）》2018年第2期。
82. 李鹏等：《脱贫攻坚视阈下高校社会实践的育人功能探究——基于山西农业大学脱贫攻坚社会实践育人机制的分析》，《沈阳大学学报（社会科学版）》2019年第1期。

83. 李鹏飞：《对深化高校实践育人的思考》，《教育与职业》2014 年第 29 期。
84. 李子峰：《文旅融合时代公共图书馆研学旅行服务思考》，《图书馆工作与研究》2019 年第 10 期。
85. 练勤等：《依托专业背景的暑期社会实践育人成效探究——以地方农林院校农科类专业为例》，《高教管理》2015 年第 4 期。
86. 梁丽等：《“三维互动”教学模式：基于农科高校的实践探索》，《高等农业教育》2013 年第 6 期。
87. 刘成：《大学生社会实践运行机制存在的问题及对策》，《湖北工业职业技术学院学报》2014 年第 3 期。
88. 刘宏达、许亨洪：《我国高校实践育人共同体建设的内涵、问题及对策研究》，《华中师范大学学报（人文社会科学版）》2016 年第 5 期。
89. 刘教民：《深化高校实践育人——构建高校社会实践育人新模式的实践与思考》，《中国高等教育》2014 年第 19 期。
90. 刘杰、李永平、姜永超：《高等农林院校“三足鼎立”式实践育人模式研究——以青岛农业大学为例》，《兰州教育学院学报》2015 年第 7 期。
91. 刘小云：《为了大地的丰收——访著名小麦栽培专家苗果园教授》，《农业发展与金融》1998 年第 1 期。
92. 刘长海：《论服务性学习对大学生社会实践的启示》，《高教探索》2005 年第 3 期。
93. 罗进德：《农科大学生“科技服务”为主体的社会实践活动探索与实践》，《实验技术与管理》2013 年第 8 期。
94. 吕效吾：《宁华堂山区牧羊经验简介》，《中国农业科学》1965 年第 3 期。
95. 吕延勤、杨培强：《制约高校大学生创业的因素与对策》，《中国高教研究》2009 年第 4 期。
96. 马明：《从采写“羊工和教授”所想到的》，《新闻战线》1959 年第 10 期。
97. 马瑞燕等：《群体研讨式教学法的实践与理论探讨》，《山西农业大学学报（社会科学版）》2004 年第 3 期。
98. 么加利：《“地方性知识”析——地方课程开发中知识选择的思考》，《教育学报》2012 年第 4 期。
99. 梅伟惠等：《中国高校创新创业教育：政府、高校和社会的角色定位与行动策略》，《高等教育研究》2016 年第 8 期。
100. 梅贻琦：《大学一解》，《清华大学学报（自然科学版）》1941 年第 1 期。

101. 梅元媛：《高校思想政治教育实践育人的途径探索》，《学校党建与思想教育（普教版）》2013 年第 3 期。
102. 孟国忠等：《基于“卓越农林人才培养”的校外实践教学基地建设》，《实验技术与管理》2017 第 34 期。
103. 莫蕾钰：《高等院校中网络技术对传统教育方式的渗透和替代研究》，《华中农业大学学报（社会科学版）》2008 年第 2 期。
104. 潘发勤：《人力资本理论与高等教育发展》，《山东理工大学学报（社会科学版）》2004 年第 11 期。
105. 戚先锋：《库伯的经验学习理论——研究中小学教师继续教育的新视角》，《继续教育研究》2006 年第 2 期。
106. 亓玉慧、段胜峰：《基于无缝学习的研学旅行模式探究》，《现代大学教育》2020 年第 5 期。
107. 丘少美：《校企合作视域下春运志愿服务实践育人平台的探析——以广州铁路职业技术学院春运志愿服务为例》，《南方职业教育学刊》2016 年第 4 期。
108. 申纪云：《高校实践育人的深度思考》，《中国高等教育》2012 年第 Z2 期。
109. 盛晓明：《地方性知识的构造》，《哲学研究》2000 年第 12 期。
110. 石贵舟：《高校实践育人机制创新研究》，《教育与职业》2016 年第 4 期。
111. 时伟：《论大学实践教学体系》，《高等教育研究》2013 年第 7 期。
112. 宋珺：《论实践育人理念在高等教育中的实施》，《思想教育研究》2012 年第 7 期。
113. 苏贺：《校企合作模式下的教师能力提升促进大学生就业创业实践创新》，《中小企业管理与科技（下旬刊）》2019 年第 12 期。
114. 孙彩霞：《实践育人理念的理论架构》，《学校党建与思想教育》2012 年第 6 期。
115. 索绍新：《转型背景下地方高校实践育人存在的问题及路径选择》，《教育与职业》2017 年第 13 期。
116. 唐克军：《英美学校推进服务性学习的策略》，《外国中小学教育》2008 年第 9 期。
117. 陶思敏、尹薇颖：《研学实践教育基地的建设——以绍兴科技馆为例》，《科学教育与博物馆》2020 年第 6 期。
118. 王策三：《教育主体哲学刍议》，《北京师范大学学报》1994 年第 4 期。
119. 王川等：《浅论经济学理论对职业教育发展的启示》，《教育与职业》2008 年第 8 期。

120. 王鉴等：《知识的普适性与境域性：课程的视角》，《教育研究》2007 年第 8 期。
121. 王捷：《研究性学习的社会教育资源开发》，《上海教育科研》2001 年第 5 期。
122. 王克磊等：《当前大学生社会实践活动的育人效能探究》，《中文信息》2013 年第 10 期。
123. 王鹏等：《脱贫攻坚融入大学生思想政治教育的路径探析》，《河北农业大学学报（农林教育版）》2018 年第 2 期。
124. 王显芳、李旭琬、雪莲：《高校实践育人的动力机制研究》，《思想教育研究》2016 年第 12 期。
125. 王宪玲：《大学生创业能力的主要制约因素剖析》，《美术教育研究》2012 年第 23 期。
126. 王艺璇、何云峰：《一对青年夫妻返乡创业及其扶贫带动效应的叙事研究》，《安徽农业科学》2019 年第 20 期。
127. 王玉升等：《交往实践活动与思想政治教育本质探讨》，《思想教育研究》2013 年第 6 期。
128. 卫芯宇、荣康丽、孙诸婷、赵欣宇：《江苏大学生研学旅行产品开发研究》，《品牌研究》2020 年第 4 期。
129. 吴刚：《美国高校实践育人概述及启示》，《学校党建与思想教育》2017 年第 2 期。
130. 吴刚平：《解析课程资源》，《现代教学》2006 年第 Z1 期。
131. 吴强：《王绶的中国农业研究及其开创意义》，《山东农业大学学报（社会科学版）》2018 年第 3 期。
132. 吴亚玲：《论构建实践育人的长效机制》，《广东工业大学学报（社会科学版）》2011 年第 5 期。
133. 吴亚玲：《实践育人理念的哲学分析》，《现代大学教育》2010 年第 1 期。
134. 吴振华、袁书琪、牛志宁：《地理实践力在地理研学旅行课程中的培育和应用》，《课程·教材·教法》2019 年第 3 期。
135. 吴支奎、杨洁：《研学旅行：培育学生核心素养的重要路径》，《课程·教材·教法》2018 年第 4 期。
136. 吴自明、黄继超、徐晓飞、吴自红、李辉婕：《新农科视域下农林大学生创新实践能力培养体系探索》，《科教文汇（中旬刊）》2020 年第 11 期。
137. 徐瑾：《高校实践育人共同体：内涵、特征与模式》，《兰州教育学院学报》2017 年第 8 期。

138. 徐黎明：《基于利益驱动机制校企合作平台建设的研究》，《中国职业技术教育》2014 年第 9 期。
139. 徐小洲等：《大学生创业困境与制度创新》，《中国高教研究》2015 年第 1 期。
140. 严瑾：《高校新农村服务基地培养复合应用型农业人才的探索与思考——以南京农业大学为例》，《中国农业教育》2018 年第 5 期。
141. 杨国荣：《王阳明与知行之辩》，《学习与探索》1997 年第 2 期。
142. 杨苏：《思想政治理论课实践教学规范化建设探索》，《思想理论教育》2013 年第 3 期。
143. 杨庭硕：《论地方性知识的生态价值》，《吉首大学学报（社会科学版）》2004 年第 3 期。
144. 叶长胜、陈晶晶：《农科高校大学生创业团队成长的叙事研究》，《中国农业教育》2019 年第 6 期。
145. 殷世东、汤碧枝：《研学旅行与学生发展核心素养的提升》，《东北师范大学学报（哲学社会科学版）》2019 年第 2 期。
146. 殷世东、张旭亚：《新时代中小学研学旅行：内涵与审思》，《教育研究与实验》2020 年第 3 期。
147. 于晓萍等：《大学生社会实践育人实效性与发展路径研究》，《内蒙古师范大学学报（教育科学版）》2013 年第 3 期。
148. 于兴业等：《社会实践对提升农科高校人才培养质量的作用研究—以东北农业大学育人模式为例》，《中外企业家》2012 年第 10 期。
149. 张秉福：《论道德教育的主体性原则与自我教育法》，《学科教育》2002 年第 6 期。
150. 张春利等：《课程资源开发的困境与对策》，《东北师范大学学报（哲学社会科学版）》2014 年第 5 期。
151. 张岱楠、罗瑞琦、马志鹏：《大学生研学旅行市场需求研究——以重庆市为例》，《经济研究导刊》2017 年第 1 期。
152. 张华：《论“服务学习”》，《教育发展研究》2007 年第 9 期。
153. 张丽等：《地方高校教师专业发展中教学与科研的关系》，《高等农业教育》2014 年第 8 期。
154. 张玲、吴风亮：《农科类大学生“三下乡”社会实践活动实效性现状分析与对策》，《黑龙江畜牧兽医》2014 年第 22 期。
155. 张素芬、刘启定、南勇、刘涛：《农科类大学生暑期“校企对接”社会实践活动探讨》，《新西部（理论版）》2013 年第 9 期。
156. 张文显：《弘扬实践育人理念 构建实践育人格局》，《中国高等教育》2005 年 Z1 期。
157. 张务农等：《乡村教育振兴的地方性知识逻辑》，《当代职业教育》2018 年第 4 期。
158. 张亚卿、李强华、秦学武：《依托旅游资源提升当代大学生的核心素养研究》，《现代农村科技》2020 年第 4 期。
159. 张玉红：《高校学生社团与大学生创业教育的实践探索》，《教育与职业》2011 年第 12 期。
160. 赵春明：《地方农业院校围绕产业链部署创新链的实践与探索——以山西农业大学为例》，《中国农业教育》2017 年第 1 期。
161. 赵春明等：《关于深化高校创业教育的思考》，《山西农业大学学报（社会科学版）》2017 年第 3 期。
162. 赵国平：《论实践教学与理论教学的关系》，《中国成人教育》2010 年第 17 期。
163. 郑纪午：《高校农科专业实践育人理念的阐释》，《教育教学论坛》2014 年第 52 期。
164. 中共中国人民大学委员会：《培养什么人 怎样培养人 为谁培养人》，《求是》2020 年第 9 期。
165. 周志强、袁泉：《全程累进式创新实践育人模式的理念与设计》，《高校辅导员》2013 年第 2 期。
166. 祝军、尹晓婧：《应届大学毕业生创业意愿和心理资本水平调查》，《中国青年社会科学》2017 年第 6 期。
167. 郭杨：《小学研学旅行实施的现状研究》，硕士学位论文，贵州师范大学 2018 年。
168. 刘晓敏：《地方本科院校实践育人能力提升策略研究》，硕士学位论文，河北大学 2017 年。
169. 毛倩：《当代大学生主体意识影响因素及培育研究》，硕士学位论文，西安理工大学 2020 年。
170.《习近平回信寄语全国涉农高校广大师生，以立德树人为根本，以强农兴农为己任》，《人民日报》2019 年 9 月 7 日。
171.《中共中央国务院关于全面加强新时代大中小学劳动教育的意见》，《人民日报》2020 年 3 月 27 日。

172. 胡光辉：《扶贫先扶志 扶贫必扶智——谈谈如何深入推进脱贫攻坚工作》，《人民日报》2017年1月23日。
173. 金建强：《李步高：登攀晋猪育种的“珠穆朗玛”》，《山西农民报》2014年10月29日。
174. 李建斌：《专家驻村，打开增收致富门》，《光明日报》2020年10月7日。
175. 李林霞：《勇立潮头　引领创新　知识分子风采录　李步高矢志二十载培育新品猪》，《山西日报》2017年6月4日。
176. 李全宏、何云峰：《爱岗敬业：为“三农”育桃李——记山西农大农学院院长高志强》，《山西日报》2019年11月15日。
177. 刘杰：《到田间选题，送科技下乡—山西农大服务三晋创佳绩》，《人民日报》2001年7月24日。
178. 刘延东：《在全国高校学生“我爱我的祖国”主题暑期社会实践活动启动仪式上的讲话》，《中国教育报》2009年7月5日。
179. 马占富等，《望岩村：乡村振兴之路越走越宽》，《山西日报》2020年2月17日。
180. 潘向东：《加快数字乡村建设 推动传统农业转型》，《中国证券报》2020年2月10日。
181. 齐利平：《从农村中来 到农村中去——农林高校实践育人的思考》，《光明日报》2018年12月19日。
182. 瞿振元：《中国特色新型高校智库的使命与担当：高校智库建设要出思想、出人才，还要育人》，《光明日报》2015年7月7日。
183. 田凤凤：《山西农业大学农业工程学院“植保无人机精准施药系统的发明与研究”志愿服务项目——80余万亩农田喷洒农药用上无人机》，《山西青年报》2020年11月5日。
184. 王海滨：《姚建民：“渗水地膜”在旱地奏响丰收曲》，《科技日报》2021年3月3日。
185. 吴晋斌：《接了地气，成了大气——山西农业大学大学生创业园探访》，《农民日报》2018年7月3日。
186. 杨珏：《盛开的“蘑菇花”》，《光明日报》2020年12月3日。
187. 郁静娴、付明丽：《山西农大食品科学与工程学院教授常明昌——送技术上门带村民致富》，《人民日报》2020年4月15日。
188. 翟博：《新时代教育工作的根本方针》，《中国教育报》2019年9月16日。

189. 段晓敏：《姚建民：在科技扶贫路上铿锵前行》，2021 年 3 月 4 日，见 http：//news. sxau. edu. cn/info/1065/39071. html。

190. 教育部、农业农村部、国家林业和草原局：《关于加强农科教结合实施卓越农林人才教育培养计划 1.0 的意见》，教高〔2018〕5 号，2018 年 10 月 17 日，见 http：//www. moe. gov. cn/srcsite/A08/moe _ 740/s7949/201810/t20181017 _ 351891. html。

191. 廖青桂：《践行社会主义核心价值观——文理学院大学生支教协会事迹》，2018 年 7 月 29 日，见 http：//news. sxau. edu. cn/info/1068/32031. htm。

192. 孟令飞：《学生志愿公益团队事迹——“冰激凌”微公益志愿活动》，2018 年 10 月 10 日，见 https：//spxy. sxau. edu. cn/info/1069/3501. html。

193. 孟小平、孟晓梅、孙孝和：《忻州师范学院扶贫顶岗实习支教坚持传承爱心》，2017 年 6 月 9 日，见 https：//www. sohu. com/a/147356181_ 117600。

194. 孙竞：《全国人大代表吴普特：加强涉农高校复合应用型人才培养，推进乡村振兴》，2020 年 5 月 27 日，见 http：//edu. people. com. cn/n1/2020/0527/c367001-31725871. html。

195. 山西农业大学教务部：《我校本科教育工作实现新跨越》，2020 年 11 月 23 日，见 http：//news. sxau. edu. cn/info/1019/38711. htm。

196. 山西农业大学林学院：《我校乡村振兴示范村（丈河村）建设成效显著》，2020 年 11 月 4 日，见 http：//news. sxau. edu. cn。

197. 张大良：《提高人才培养质量 做实科教融合、产教融合、理实融合》，2019 年 12 月 16 日，http：//edu. people. com. cn/n1/2019/1216/c367001-31508340。

198. 中共教育部党组：《关于学习贯彻习近平总书记给全国涉农高校书记校长和专家代表重要回信精神的通知》，教党〔2019〕39 号，2019 年 9 月 12 日，见 http：//www. moe. gov. cn/srcsite/A08/s7056/201909/t20190912_ 398971. html。

199. 中央教育工作领导小组：《关于深入学习宣传贯彻党的教育方针的通知》，2021 年 5 月 26 日，见 http：//www. moe. gov. cn/jyb _ xwfb/s6052/moe _ 838/202105/t20210526_ 533731. html。

后　记

2019年秋季学期的一天，学校党委宣传部门打来电话说，学校开会决定要笔者牵头准备申报《高校思想政治工作研究文库》项目，理由是这个项目必须由熟悉工作的正高级职称人员牵头申报、且笔者有一定基础，当时没多想就贸然应承了。回头再细看才发现项目中要求提交完整成熟的书稿时，笔者有点懵。但此时，申报项目基础信息已经上报，且已下发申报账号，没有退路，只能迎难而上。考虑再三，选定“实践育人”这一特色项目为主题。这个选题是基于以下考虑：一方面这是学校百年传承的特色育人项目，学校已于2017年被列为首批山西省高校思想政治工作实践育人协同中心，随后建立了相应工作机制；召开了首届“实践育人”论坛，营造了良好的实践育人改革氛围。另一方面考虑则是基于十多年来，笔者本人和团队积极投身教学改革工作，在这方面有一定的实践积累与理论思考，并且笔者先后从事新闻宣传工作、教务管理工作，具有山西农业大学百年集揽教学部分编纂经历，对学校教育教学改革工作相对比较熟悉，所以就有了这个项目和书稿的雏形。

笔者与团队成员仔细研读了高校思政文库管理办法，进一步明确“坚持问题导向，聚焦高校党的建设和思想政治工作领域的重大理论和实践问题。注重成果转化，推动研究成果在高校思想政治工作实践中的转化与应用”的工作定位与申报要求。由此，笔者对于申报课题的定位是：要立足高等学校思想政治教育工作的全局，立足农科院校百年“实践育人”的深厚积淀，去思考、去梳理、去总结、去展示、去交流。虽然笔者是项目牵头人，但笔者觉得这更应是集聚全校上下智慧力量的创新性育人工作的集中总结、凝练、展示与宣传，压力山大、责无旁贷，生怕遗漏掉“实践育人”方方面面形成的厚重的工作积淀与理论思考。我们能做好的唯有精心筹划设计，仔细搜寻整理素材，以电话为媒介一次次与相关部门沟通，与每一位相关工作参与人、相关材料的撰写人交流。即使尽全力做到细致，笔者仍恐怕挂一漏万。笔者衷心期盼，能够把学校交办的这项工作做到尽善尽美，努力争取到与全国同行交流、请教的机会，争取为高校思政育人工作添砖加瓦。

坦白来讲，笔者深感压力。时间紧任务重，最初申报时，许多地方考虑不周，难能有充足时间仔细打磨、仔细思考，心怀忐忑，惴惴不安。即使如此，笔者还是愿意尽全力一试，而不计个人荣辱得失。这也算是笔者作为一名共产党员、教师对高校“立德树人”根本任务的一种责任担当，也是笔者作为一名农科院校学人对习近平总书记给全国涉农高校书记校长和专家代表回信精神的认真贯彻学习与积极响应！

在学校领导关注与全校各有关部门大力支持下，2020 年 1 月 8 日教育部思政司公布名单，这一项目有幸入选，而且是三批入选 96 部文库书稿中的 2 所农林高校之一，另外一所是中国农业大学。如果，要归功的话，最应该感恩山西农业大学历经百年的传统与积淀，这里面凝结着一代人又一代人的心血，不能忘记！这部书稿凝聚了许多领导和同仁的智慧与心血，但申报人数有所限制，最多只能填写三人。因此，申报时就想好了，如能有机会入选出版，我们将会以脚注的形式，将所有实践育人单位或个人，即对本书的直接贡献者的名称一一标注于各章节相应地方，以体现每一位同志的辛勤劳动与卓越贡献！

书稿立项，恰遇百年不遇的新冠肺炎疫情，也正好让我们有机会再一次以更加冷静的态度审视和修改书稿，在人民出版社翟金明老师的直接指导与关心下，又对书稿进行细致打磨。本着一种认真负责的历史态度，对书稿初稿不太满意的部分，做彻底的“颠覆性”处理与修改。因此，回头再看书稿内容时，确实发生了很大变化。这直接得益于翟金明老师建议，要把学校实践育人生动鲜活的案例尽可能反映进来。现在看来，这个建议让书稿增色不少。另外，还特意就书稿向校领导作了专题汇报，他们高屋建瓴的指导，让书稿尽可能真实地反映山西农大百年实践育人的传统全貌，也使笔者这位承担这一特殊使命的牵头人心能稍安一些！

书稿即将完稿，特写下此后记，以记录一段历史！借此机会，笔者谨代表项目组对教育部、山西省教育厅的领导，以及校内外的各级领导、老师、同学及社会各界对农科院校“实践育人”工作及研究的鼎力支持，一并表示最诚挚谢意与最崇高敬意！最后也对人民出版社领导和编辑老师致以谢忱！如若有不周之处，也请各位领导老师提出宝贵的批评意见，也敬请诸位谅解我们可能的谬误与浅薄之处！

何云峰

二〇二一年九月于太谷

责任编辑：翟金明
封面设计：林芝玉
版式设计：王欢欢

图书在版编目(CIP)数据

农科院校"实践育人"特色化探索与实践/何云峰等 著. —北京：人民出版社，2021.9
(高校思想政治工作研究文库)
ISBN 978－7－01－023830－2

Ⅰ.①农…　Ⅱ.①何…　Ⅲ.①农业院校－人才培养－研究－中国　Ⅳ.①S－4

中国版本图书馆 CIP 数据核字(2021)第 200791 号

农科院校"实践育人"特色化探索与实践

NONGKE YUANXIAO "SHIJIAN YUREN" TESEHUA TANSUO YU SHIJIAN

何云峰　陈晶晶　王鹏　等　著

人民出版社 出版发行
(100706　北京市东城区隆福寺街 99 号)

中煤(北京)印务有限公司印刷　新华书店经销

2021 年 9 月第 1 版　2021 年 9 月北京第 1 次印刷
开本：710 毫米×1000 毫米 1/16　印张：23.5
字数：329 千字

ISBN 978－7－01－023830－2　定价：59.00 元

邮购地址 100706　北京市东城区隆福寺街 99 号
人民东方图书销售中心　电话 (010)65250042　65289539